"十四五"职业教育国家规划教材

高等职业教育系列教材

射频识别（RFID）应用技术
第 3 版（微课版）

主　编　唐志凌　沈　敏
副主编　王　佳　刘文晶
参　编　刘金亭　徐栋梁

机械工业出版社

本书全面、系统地阐述了射频识别（RFID）技术的基本原理、关键设备和技术应用。全书共7章，前3章主要为理论知识，介绍了物联网及RFID技术、RFID标准体系、RFID技术的工作原理、RFID的编码和调制原理、RFID的差错控制与数据安全设计、RFID系统关键设备（电子标签、RFID读写器、RFID中间件）的原理和应用。后4章为RFID实用系统的设计，内容包括RFID人员进出和车辆进出门禁系统设计、RFID企业智能安全管理和校园安全管理系统设计、RFID智能交通管理系统的设计和基于ARM处理器的RFID嵌入式系统开发。

本书理论和实践并重，每章均包含习题和实训项目，结合实训项目进行相应的知识点介绍，并有详细的实训步骤和考核要求。

本书适合作为高等职业院校通信及物联网相关专业的教材，也可作为相关专业技术人员的参考书。

本书配有微课视频，扫描二维码即可观看。本书还配有电子课件，需要的教师可登录机械工业出版社教育服务网（www.cmpedu.com）免费注册，审核通过后下载，或联系编辑索取（微信：13261377872，电话：010-88379739）。

图书在版编目（CIP）数据

射频识别（RFID）应用技术：微课版/唐志凌，沈敏主编. —3版. —北京：机械工业出版社，2021.10（2025.2重印）

高等职业教育系列教材

ISBN 978-7-111-69346-8

Ⅰ.①射… Ⅱ.①唐…②沈… Ⅲ.①无线射频识别-高等职业教育-教材 Ⅳ.①TP391.45

中国版本图书馆CIP数据核字（2021）第204124号

机械工业出版社（北京市百万庄大街22号 邮政编码100037）
策划编辑：和庆娣 责任编辑：和庆娣
责任校对：张艳霞 责任印制：邸 敏
三河市国英印务有限公司印刷
2025年2月第3版第11次印刷
184mm×260mm·14.75印张·368千字
标准书号：ISBN 978-7-111-69346-8
定价：59.90元

电话服务　　　　　　　　　网络服务
客服电话：010-88361066　　机 工 官 网：www.cmpbook.com
　　　　　010-88379833　　机 工 官 博：weibo.com/cmp1952
　　　　　010-68326294　　金 书 网：www.golden-book.com
封底无防伪标均为盗版　　机工教育服务网：www.cmpedu.com

关于"十四五"职业教育
国家规划教材的出版说明

为贯彻落实《中共中央关于认真学习宣传贯彻党的二十大精神的决定》《习近平新时代中国特色社会主义思想进课程教材指南》《职业院校教材管理办法》等文件精神，机械工业出版社与教材编写团队一道，认真执行思政内容进教材、进课堂、进头脑要求，尊重教育规律，遵循学科特点，对教材内容进行了更新，着力落实以下要求：

1. 提升教材铸魂育人功能，培育、践行社会主义核心价值观，教育引导学生树立共产主义远大理想和中国特色社会主义共同理想，坚定"四个自信"，厚植爱国主义情怀，把爱国情、强国志、报国行自觉融入建设社会主义现代化强国、实现中华民族伟大复兴的奋斗之中。同时，弘扬中华优秀传统文化，深入开展宪法法治教育。

2. 注重科学思维方法训练和科学伦理教育，培养学生探索未知、追求真理、勇攀科学高峰的责任感和使命感；强化学生工程伦理教育，培养学生精益求精的大国工匠精神，激发学生科技报国的家国情怀和使命担当。加快构建中国特色哲学社会科学学科体系、学术体系、话语体系。帮助学生了解相关专业和行业领域的国家战略、法律法规和相关政策，引导学生深入社会实践、关注现实问题，培育学生经世济民、诚信服务、德法兼修的职业素养。

3. 教育引导学生深刻理解并自觉实践各行业的职业精神、职业规范，增强职业责任感，培养遵纪守法、爱岗敬业、无私奉献、诚实守信、公道办事、开拓创新的职业品格和行为习惯。

在此基础上，及时更新教材知识内容，体现产业发展的新技术、新工艺、新规范、新标准。加强教材数字化建设，丰富配套资源，形成可听、可视、可练、可互动的融媒体教材。

教材建设需要各方的共同努力，也欢迎相关教材使用院校的师生及时反馈意见和建议，我们将认真组织力量进行研究，在后续重印及再版时吸纳改进，不断推动高质量教材出版。

机械工业出版社

Preface 前 言

《射频识别（RFID）应用技术》自2014年第1版和2018年第2版出版以来，已多次重印。本书配套的"RFID技术"网络课程于2021年荣获"重庆市在线精品课程"称号。为适应物联网和射频识别技术的迅速发展，现编写了第3版。本次改版保留了原书的体系结构，保持了每个章节中心明确、层次清楚、实训内容完整和丰富的特点，同时引入了最新的技术和软硬件系统，增加了课程教学资源，让学习者能方便地进行学习，教师能方便地进行授课。

党的二十大报告指出，加快建设国家战略人才力量，努力培养造就更多大师、战略科学家、一流科技领军人才和创新团队、青年科技人才、卓越工程师、大国工匠、高技能人才。本书的编写以目标岗位对学生能力的要求作为指导思想，力求实现高等职业教育"项目导向、任务驱动"教学理念。前3章主要对RFID技术进行理论介绍，重点对系统和设备应用进行介绍，让学生具备基础的理论概念。后4章着重于学生能力的培养，以几个典型的RFID应用系统为载体，从系统设计、系统框架组成、设备安装等步骤进行编写，真实对应实际工程项目设计流程。本书将理论知识融入实训项目中，让学生在完成实训项目的过程中逐步掌握RFID系统和设备的关键知识点，并具备一定的动手能力。完成本课程的学习之后，使学生对RFID技术和市场有所了解，对RFID系统和设备原理有充分的理解，熟练掌握RFID系统设计和设备安装的基本技能。

本书在第1版和第2版出版后受到一致好评，使用的教师和学生对本书提出了很好的意见和建议。本次改版中对部分理论知识点依据技术的进步和市场的发展进行了实时更新，实训部分增加了STM32单片机系统的介绍和相应的实训项目，使学生更加适应工作岗位要求。

本书由重庆工商职业学院唐志凌、沈敏担任主编，主要负责第2、4、5章的修改和所有课程资源的制作；北方联创通信有限公司的王佳担任副主编，主要负责实训项目的编写，重庆工商职业学院刘文晶担任副主编，重庆工商职业学院刘金亭和徐栋梁参编。实训项目由北京博创智联科技有限公司提供，在此表示感谢。本书第7章可作为选讲，有一定单片机和编程基础的学生可进行自学。

由于编者水平有限，书中难免存在一些疏漏和不足，恳请读者批评指正。

编 者

二维码资源清单

序号	名称	图形	页码	序号	名称	图形	页码
1	1.1 物联网概述		1	14	4.5.2 低频 RFID 设备的设计与安装		94
2	1.2 自动识别技术		5	15	4.5.3 高频 RFID 设备的通信协议设置		99
3	1.3 RFID 技术		10	16	4.5.4 高频 RFID 设备的安装及设计（模拟公交卡）		105
4	1.4 RFID 系统的组成、工作流程和分类		12	17	4.5.5 特高频 RFID 设备的安装及设计		109
5	2.1.1 电磁波传播物理学原理		23	18	5.3 基于 RFID 的校园安全智能管理系统的设计实例		134
6	2.1.3 RFID 天线技术		28	19	5.4.1 2.4G 有源 RFID 设备的安装及设计		140
7	2.3.6 RFID 数据的完整性实施及安全设计		45	20	5.4.2 2.4G 有源 RFID 人员定位设置		144
8	3.1 电子标签		55	21	5.4.3 RFID 实训箱串口通信设置		147
9	3.2 RFID 读写器		64	22	第 6 章 RFID 智能交通管理系统设计		166
10	3.3 RFID 中间件		73	23	6.4.1 模拟 LED 信号灯闪烁的安装调试		175
11	3.4 RFID 常用软硬件		78	24	6.4.2 模拟 LCD 显示屏显示交通管理信息的安装调试		178
12	4.2 RFID 门禁系统		84	25	6.4.3 模拟交通管理信息控制触摸屏的安装调试		181
13	4.5.1 RFID 实训开发环境的搭建及硬件测试		92				

目 录 Contents

前言

二维码资源清单

第 1 章 物联网及 RFID 技术 ·················· 1

1.1 物联网概述 ·············· 1
  1.1.1 物联网的定义 ············ 1
  1.1.2 物联网的发展背景 ········ 1
  1.1.3 物联网的应用领域 ········ 2
  1.1.4 物联网的体系结构 ········ 4
  1.1.5 物联网产业及市场 ········ 5
1.2 自动识别技术 ············ 5
  1.2.1 自动识别技术的分类及
      特点 ·················· 5
  1.2.2 条形码（Barcode）自动识别
      技术 ················· 6
  1.2.3 二维码自动识别技术 ····· 7
  1.2.4 其他自动识别技术及
      特点 ················· 8
1.3 RFID 技术 ·············· 9
  1.3.1 RFID 的技术特点 ······· 10
  1.3.2 RFID 的应用 ·········· 10
  1.3.3 RFID 的发展历程 ······· 11

1.4 RFID 系统的组成、工作流程和
    分类 ·················· 12
  1.4.1 RFID 系统的组成 ······· 12
  1.4.2 RFID 系统的工作流程 ··· 13
  1.4.3 RFID 系统的分类 ······· 13
1.5 RFID 标准体系简介 ······· 16
  1.5.1 ISO/IEC RFID 标准体系
      概述 ·················· 16
  1.5.2 ISO/IEC 18000 空中接口
      标准 ·················· 16
  1.5.3 ISO/IEC 数据标准 ······· 18
  1.5.4 ISO/IEC 应用标准 ······· 18
  1.5.5 软件标准 ·············· 20
  1.5.6 实时定位标准 ··········· 21
1.6 我国 RFID 技术的应用和发展
    前景 ·················· 21
1.7 习题 ·················· 22

第 2 章 RFID 技术及数据传输 ·················· 23

2.1 RFID 技术的工作原理 ······· 23
  2.1.1 电磁波传播物理学原理 ··· 23
  2.1.2 数据传输原理 ··········· 26

2.1.3 RFID 天线技术 ·········· 28
2.1.4 RFID 天线的应用和
    设计 ················· 29

2.2 RFID 的编码、调制与解调 … 31
  2.2.1 编码与解码 ……………… 31
  2.2.2 RFID 常用编码 …………… 32
  2.2.3 调制与解调 ……………… 35
  2.2.4 RFID 常用的调制方法 … 36
2.3 RFID 的差错控制与数据安全
    设计 …………………………… 38
  2.3.1 RFID 数据的差错控制 … 38
  2.3.2 纠错编码的基本原理 …… 40
  2.3.3 差错控制编码的基本
      概念 …………………… 41
  2.3.4 常用纠错的编码分类 …… 43
  2.3.5 RFID 编码方式的选择 … 44

2.3.6 RFID 数据的完整性实施及安
      全设计 ………………… 45
2.3.7 RFID 的安全设计 ……… 46
2.4 RFID 通信干扰要素及控制
    策略分析 …………………… 49
  2.4.1 RFID 通信存在的干扰
      要素 …………………… 49
  2.4.2 RFID 通信干扰的控制
      策略 …………………… 51
  2.4.3 RFID 通信网络安全与
      管理 …………………… 51
  2.4.4 RFID 网络安全关键技术 … 53
2.5 习题 …………………………… 54

第3章 RFID 系统关键设备 …………………… 55

3.1 电子标签 …………………… 55
  3.1.1 电子标签概述 …………… 55
  3.1.2 电子标签的分类 ………… 55
  3.1.3 电子标签的组成及基本工作
      原理 …………………… 57
  3.1.4 电子标签的应用 ………… 59
  3.1.5 电子标签的历史与发展
      趋势 …………………… 62
3.2 RFID 读写器 ……………… 64
  3.2.1 RFID 读写器概述 ……… 64
  3.2.2 RFID 读写器的分类 …… 64
  3.2.3 RFID 读写器的组成 …… 66
  3.2.4 RFID 读写器的工作
      方式 …………………… 68
  3.2.5 RFID 读写器产品 ……… 68

3.2.6 RFID 读写器的发展与
      应用 …………………… 72
3.3 RFID 中间件 ……………… 73
  3.3.1 中间件概述 ……………… 73
  3.3.2 RFID 中间件的分类 …… 74
  3.3.3 RFID 中间件的结构和
      标准 …………………… 75
  3.3.4 RFID 中间件产品 ……… 76
  3.3.5 RFID 中间件的发展和未来
      趋势 …………………… 76
3.4 RFID 系统常用软硬件 …… 77
  3.4.1 单片机系统 ……………… 78
  3.4.2 常用软件系统 …………… 79
3.5 习题 …………………………… 81

第4章　RFID 门禁系统的设计 ………………… 82

4.1　门禁系统简介 …………… 82
　4.1.1　门禁系统的发展 ………… 82
　4.1.2　门禁系统的种类 ………… 82
　4.1.3　门禁系统的功能 ………… 83
4.2　RFID 门禁系统 …………… 84
　4.2.1　RFID 门禁系统的功能 … 84
　4.2.2　RFID 门禁系统的硬件及
　　　　 软件 ………………… 85
4.3　人员进出控制 RFID 门禁系统的
　　　总体设计 ………………… 85
　4.3.1　门禁系统的控制原理 …… 86
　4.3.2　系统目标 ……………… 87
　4.3.3　系统网络结构 …………… 87
　4.3.4　系统软件体系结构 ……… 88
4.4　小区车辆自动管理 RFID 门禁系
　　　统的设计 ………………… 88
　4.4.1　小区车辆自动管理 RFID 门禁
　　　　 系统概述 ……………… 88
　4.4.2　小区车辆自动管理 RFID 门禁

　　　　 系统的构成 …………… 89
4.5　实训　门禁系统 RFID 设备的设计
　　　与安装 ………………… 91
　4.5.1　RFID 实训开发环境的搭建及
　　　　 硬件测试 ……………… 91
　4.5.2　低频 RFID 设备的设计与
　　　　 安装 ………………… 93
　4.5.3　高频 RFID 设备的通信协议
　　　　 设置 ………………… 99
　4.5.4　高频 RFID 设备的安装及
　　　　 设计 ……………… 104
　4.5.5　特高频 RFID 设备的安装及
　　　　 设计 ……………… 109
　4.5.6　智能家居门禁系统安装与
　　　　 调试 ……………… 111
　4.5.7　基于 Qt 开发环境的门禁监控
　　　　 软件设计 …………… 119
4.6　习题 ……………………… 128

第5章　RFID 智能安全管理系统的设计 ………… 129

5.1　智能安全管理简介 ………… 129
5.2　企业智能安全系统的设计
　　　实例 ……………………… 129
　5.2.1　企业智能安全系统的
　　　　 需求 ……………… 129
　5.2.2　企业智能安全系统的
　　　　 组成 ……………… 130
　5.2.3　企业智能安全系统总体方案
　　　　 设计 ……………… 131
　5.2.4　周界防入侵报警子系统的
　　　　 设计 ……………… 131
　5.2.5　企业智能防盗报警子系统的

　　　　 设计 ……………… 132
　5.2.6　闭路电视监控子系统的
　　　　 设计 ……………… 133
　5.2.7　离线式保安巡更子系统的
　　　　 设计 ……………… 133
5.3　基于 RFID 的校园安全智能管理系
　　　统的设计实例 …………… 134
　5.3.1　校园安全智能管理系统
　　　　 概述 ……………… 134
　5.3.2　校园安全管理系统的总体
　　　　 组成 ……………… 135
　5.3.3　校园门禁管理系统 …… 135

5.3.4 宿舍进出管理系统 …… 135

5.3.5 家校通管理系统 …… 137

5.3.6 越墙报警管理系统 …… 137

5.3.7 校园巡更管理系统 …… 138

5.3.8 校园一卡通管理系统 … 138

5.3.9 RFID 校园门禁考勤平安短信
系统的解决方案 …… 139

5.4 实训 RFID 智能安全管理系统的
设计与安装 …… 140

5.4.1 2.4GHz 有源 RFID 设备的安

装及设计 …… 140

5.4.2 2.4GHz 有源 RFID 人员定位
设置 …… 144

5.4.3 RFID 实训箱串口通信
设置 …… 147

5.4.4 基于 ZigBee 的家居监控应用
设置 …… 151

5.4.5 基于 Qt 开发环境的仓库物资
监控软件设计 …… 157

5.5 习题 …… 165

第 6 章 / RFID 智能交通管理系统设计 …… 166

6.1 RFID 智能交通管理系统
简介 …… 166

6.1.1 智能交通管理系统的
发展 …… 166

6.1.2 RFID 技术在智能交通管理系
统中的应用 …… 166

6.2 RFID 智能交通管理系统
架构 …… 168

6.2.1 智能交通系统整体
架构 …… 168

6.2.2 智能交通应用系统
架构 …… 169

6.2.3 道路交通信息采集系统
架构 …… 170

6.2.4 智能信号灯控制系统
架构 …… 171

6.3 智能公交管理系统的设计 … 171

6.3.1 智能公交系统的总体
设计 …… 171

6.3.2 系统应用方案设计 …… 171

6.3.3 交通管理系统的组成 … 172

6.4 智能交通管理系统 RFID 设备的
设计与安装实训 …… 175

6.4.1 模拟 LED 信号灯闪烁的安装
调试 …… 175

6.4.2 模拟 LCD 显示屏显示交通管
理信息的安装调试 …… 178

6.4.3 模拟交通管理信息控制触摸
屏的安装调试 …… 181

6.5 实训 ETC 系统原理及
应用 …… 186

6.5.1 智能交通 ETC 收费系统的
认知 …… 186

6.5.2 基于 Android 平台的获取 ETC
扣费信息的程序设计 … 190

6.5.3 基于 Qt 开发环境的高速
公路 ETC 收费系统软件
设计 …… 195

6.6 习题 …… 202

第7章　RFID 嵌入式系统开发 …… 203

7.1　嵌入式系统简介 ………… 203
　7.1.1　嵌入式系统的特点 …… 203
　7.1.2　嵌入式系统的组成 …… 204
7.2　基于 ARM 处理器的嵌入式 Linux
　　操作系统 ………………… 206
　7.2.1　ARM 处理器 ………… 206
　7.2.2　嵌入式 Linux 操作
　　　　系统 ………………… 207
7.3　嵌入式系统的开发流程 …… 207
7.4　嵌入式系统在 RFID 中的

应用 ……………………… 209
7.5　实训　RFID 嵌入式系统 Linux 开
　　发应用 …………………… 209
　7.5.1　基于 ARM 9 实训箱的 LED 灯
　　　　控制 ………………… 209
　7.5.2　基于 ARM 9 实训箱的嵌入
　　　　式 Linux 内核移植 …… 213
　7.5.3　将 ARM 9 开发板接入无线局
　　　　域网 ………………… 217
7.6　习题 …………………… 222

参考文献 …… 223

第1章 物联网及RFID技术

1.1 物联网概述

1.1.1 物联网的定义

物联网是新一代信息技术的重要组成部分，其英文名称是"The Internet of things"。顾名思义，"物联网就是物物相连的互联网"。这里有两层意思：第一，物联网的核心和基础仍然是互联网，是在互联网基础上的延伸和扩展的网络；第二，其用户端延伸和扩展到了在任何物品与物品之间进行信息交换和通信。物联网通过智能感知、识别技术与普适计算和泛在网络的融合应用，被称为继计算机、互联网之后世界信息产业发展的

1.1 物联网概述

第三次浪潮。物联网是互联网的应用拓展，与其说物联网是网络，不如说物联网是业务和应用。因此，应用创新是物联网发展的核心，以用户体验为核心是物联网发展的灵魂。

1999 年麻省理工学院 Auto – ID 实验室最早明确提出物联网的概念，认为物联网就是将所有物品通过射频识别（Radio Frequency Identification，RFID）等信息传感设备与互联网连接起来，实现智能化识别和管理的网络。此时，物联网技术仅限于射频识别（RFID）和互联网。随着物联网不断发展，国际电信联盟（ITU）、欧洲智能系统集成技术平台（EPoSS）、欧盟物联网研究项目组（CERP – IoT）等机构纷纷给出各自的"物联网"定义，物联网概念由萌芽走向清晰。

"物联网"是在"互联网"的基础上，将其用户端延伸和扩展到任何物品，在物品与物品之间进行信息交换和通信的一种网络。

1.1.2 物联网的发展背景

2008 年 11 月，国际商业机器公司（IBM）提出"智慧地球"战略，得到了美国政府的支持和认可，国际多家知名物联网研究机构进一步将"智慧地球"的内容融入其发布的物联网相关报告中。

世界各国和地区对物联网给予了高度关注，韩国、日本、美国、欧盟等纷纷发布物联网战略，将物联网作为重点发展领域，如日本、韩国基于物联网的"U 社会"战略、欧洲"物联网行动计划"及美国"智能电网""智慧地球"等计划相继实施。我国政府也积极谋划和布局物联网的发展，2009 年 8 月，时任国务院总理温家宝在无锡考察时指出，"要在激烈的国际竞争中，迅速建立中国的传感信息中心或'感知中国'中心"。2011 年 11 月，工业和信息化部印发了《物联网"十二五"发展规划》，明确了物联网发展的方向和重点，加快培育和壮大物联网发展。2013 年 2 月，国务院发布了《关于推进物联网有序健康发展的指导意见》，明确了

发展物联网的指导思想、基本原则，提出了发展目标、主要任务和保障措施。

随着物联网不断发展，其技术体系逐渐丰富。物联网技术体系一般包括信息感知、传输、处理及共性支撑技术。物联网产业主要涵盖物联网感知制造业、物联网通信业和物联网服务业。

1.1.3　物联网的应用领域

信息时代，物联网无处不在。物联网应用涉及国民经济和人类社会生活的方方面面。物联网具有实时性和交互性的特点，其应用领域如图 1-1 所示。

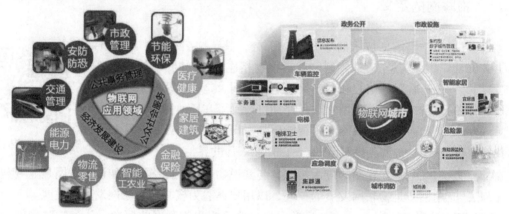

图 1-1　物联网应用领域

1. 智能家居

人们将智能家居产品集自动化控制系统、计算机网络系统和网络通信技术于一体，将各种家庭设备（如音视频设备、照明系统、窗帘控制、空调控制、安防系统、数字影院系统和网络家用电器等）通过智能家庭网络联网实现自动化，通过电信运营商的宽带、固话和移动通信网络，可以实现对家庭设备的远程操控。与普通家居相比，智能家居不仅提供舒适宜人且高品质的家庭生活空间，实现更智能的家庭安防系统；而且将家居环境由原来的被动静止结构转变为具有能动智慧的工具，提供全方位的信息交互功能。

2. 智能医疗健康

人们通过智能医疗系统，借助简易实用的家庭医疗传感设备，对家中病人或老人的生理指标进行自测，并将生成的生理指标数据通过固定网络或移动通信无线网络传给护理人或有关医疗单位。根据用户需求，运营商还提供相关增值业务，如紧急呼叫救助服务、专家咨询服务、终生健康档案管理服务等。智能医疗系统真正解决了现代社会子女们因工作忙碌无暇照顾家中老人的无奈，可以随时关注老人的情况。

3. 智慧城市

智慧城市产品包括对城市的数字化管理和城市安全的统一监控。前者利用"数字城市"理论，基于 3S［即地理信息系统（Geographic Information System，GIS）、全球定位系统（Global Positioning System，GPS）、遥感系统（Remote Sensing，RS）］等关键技术，深入开发和应用空间信息资源，建设服务于城市规划、城市建设和管理，服务于政府、企业、公众以及人口、资源环境、经济社会的可持续发展的信息基础设施和信息系统；后者基于宽带互联网的实时远程监控、传输、存储和管理的业务，利用无处不达的宽带和移动通信网络，将分散、独立的图像采集点进行联网，实现对城市安全的统一监控、统一存储和统一管理，为城市管理和建设者提供一种全新、直观和视听觉范围延伸的管理工具。

4. 智能环保

智能环保产品通过对实施地表水水质的自动监测，可以实现水质的实时连续监测和远程监控，及时掌握主要流域重点断面水体的水质状况，预警、预报重大或流域性水质污染事故，解决跨行政区域的水污染事故纠纷，监督总量控制制度的落实情况。如太湖环境监控项目，通过安装在环太湖地区的各个监控的环保和监控传感器，将太湖的水文和水质等环境状态提供给环保部门，实时监控太湖流域水质等情况，并通过互联网将监测点的数据报送至相关管理部门。

5. 智能交通管理

智能交通系统包括公交行业无线视频监控平台、智能公交站台、电子票务、车管专家和公交手机一卡通5种业务。

1）公交行业无线视频监控平台利用车载设备的无线视频监控和GPS定位功能，对公交运行状态进行实时监控。

2）智能公交站台通过媒体发布中心与电子站牌的数据交互，实现公交调度信息数据的发布和多媒体数据的发布功能，还可以利用电子站牌实现广告发布等功能。

3）电子票务是二维码应用于手机凭证业务的典型应用。从技术实现的角度，手机凭证业务就是手机凭证，是以手机为平台、以手机身后的移动网络为媒介，通过特定的技术实现完成凭证功能。

4）车管专家利用全球定位系统（GPS）、无线通信技术、码分多址（Code-Division Multiple Access，CDMA）、地理信息系统（GIS）、移动通信等高新技术，将车辆的位置与速度和车内外的图像、视频等各类媒体信息及其他车辆参数等进行实时管理，有效满足用户对车辆管理的各类需求。

5）公交手机一卡通将手机终端作为城市公交一卡通的介质，除完成公交刷卡功能外，还可以实现小额支付、空中充值等功能。

6. 智能农业

智能农业产品通过实时采集温室内温度、湿度信号以及光照、土壤温度、CO_2浓度、叶面湿度和露点温度等环境参数，自动开启或者关闭指定设备。可以根据用户需求，随时进行处理，对设施农业综合生态信息自动监测、为环境进行自动控制和智能化管理提供科学依据。通过模块采集温度传感器等信号，经由无线信号收发模块传输数据，实现对大棚温度、湿度的远程控制。智能农业产品还包括智能粮库系统，该系统通过将粮库内温湿度变化的感知与计算机或手机的连接进行实时观察，记录现场情况，以保证粮库内的温、湿度平衡。

7. 智能物流零售

智能物流打造了集信息展现、电子商务、物流配载、仓储管理、金融质押、园区安保和海关保税等功能为一体的物流园区综合信息服务平台。信息服务平台以功能集成、效能综合为主要开发理念，以电子商务、网上交易为主要交易形式，建设了高标准、高品位的综合信息服务平台，并为金融质押、园区安保以及海关保税等功能预留了接口，可以为园区用户及管理人员提供一站式综合信息服务。

8. 智能校园

校园手机一卡通和金色校园业务促进了校园的信息化和智能化。校园手机一卡通主要实现电子钱包、身份识别和银行圈存等功能。电子钱包即通过手机刷卡实现主要校内消费；身份识别包括门禁、考勤、图书借阅和会议签到等；银行圈存即实现银行卡到手机的转账充值、余额查询。目前校园手机一卡通的建设，除了满足普通一卡通功能外，还实现了借助手机终端实现空中圈存、短信互动等应用。

1.1.4　物联网的体系结构

物联网系统有 3 个层次：一是感知层，即利用 RFID、传感器和二维码等随时随地获取物体的信息；二是网络层，通过各种电信网络与互联网的融合，将物体的信息实时准确地传递出去；三是应用层，把从感知层得到的信息进行处理，实现智能化识别、定位、跟踪、监控和管理等实际应用。物联网技术体系结构如图 1-2 所示。

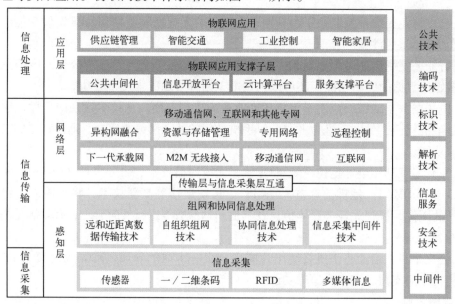

图 1-2　物联网技术体系结构

1. 感知层

感知层是物联网的"皮肤和五官"。感知层包括二维码标签和识读器、RFID 标签和读写器、摄像头、GPS、传感器、终端和传感器网络等，主要是识别物体，采集信息，与人体结构中皮肤和五官的作用相似。

2. 网络层

网络层是物联网的"神经中枢"以及"大脑"信息传递和处理。网络层包括通信与互联网的融合网络、网络管理中心、信息中心和智能处理中心等。网络层将感知层获取的信息进行传递和处理，类似于人体结构中的神经中枢和大脑。

3. 应用层

应用层是将物联网的"社会分工"与行业专业技术深度融合，与行业需求结合，实现行业智能化，类似于人的社会分工，最终构成人类社会。

1.1.5 物联网产业及市场

全球都将物联网视为信息技术的第三次浪潮，是确立未来信息社会竞争优势的关键。据美国独立市场研究机构（Forrester）预测，物联网所带来的产业价值要比互联网高 30 倍，物联网将形成下一个上万亿元规模的高科技市场。

将整体物联网按价值分类，硬件厂商的价值较小，传感器和芯片厂商加上通信模块提供商约占整体产业价值的 15% 左右，电信运营商提供的管道约占整体产业价值 15%，剩下 70% 的市场价值均由系统集成商、服务提供商、中间件及应用商分享，而这类占产业价值大头的公司通常都集多种角色于一体，以系统集成商的角色出现。

 小知识

从互联网到人联网再到物联网

计算机刚开始发明出来只能计算，后来可以实现办公自动化，代替了很多人的工作，于是也被叫作"电脑"。

随着互联网产生，计算机有了更大的用途。

后来乔布斯推出了 iPhone 4，用手指在手机屏幕上进行操作，意味着人能随时随地的上网。

对于没有智能，甚至没有电能的万物，该怎么联网呢？物联网、RFID 技术让世界万物接入互联网成为可能。

1.2 自动识别技术

1.2.1 自动识别技术的分类及特点

自动识别（Automatic Identification，Auto – ID）是先将定义的识别信息编码按特定的标准实现现代码化，并存储于相关的载体中，借助特殊的设备，实现定义编码信息的自动采集，并输入信息处理系统从而完成基于代码的识别。

1.2 自动识别技术

自动识别技术是以计算机技术和通信技术的发展为基础的综合性科学技术，它是信息数据自动识读、自动输入计算机的重要方法和手段，归根到底，自动识别技术是一种高度自动化的信息和数据采集技术。

自动识别的方法有多种，包括光学符号识别、智能 IC 卡识别、生物（指纹和语音）识别、条形码识别、射频识别等。

目前，市场上大量应用的自动识别技术主要有条形码 Barcode 自动识别技术、二维码自动识别技术、生物识别技术、RFID 技术等，每种识别技术均有自身的优缺点和应用场景。

1.2.2 条形码（Barcode）自动识别技术

条形码技术是随着计算机与信息技术的发展和应用而诞生的，它是集编码、印刷、识别、数据采集和处理于一身的新型技术。

条形码（也称条码）是将宽度不等的多个黑条和空白，按照一定的编码规则排列，用以表达一组信息的图形标识符。常见的条形码是由反射率相差很大的黑条（简称条）和空白（简称空）排成的平行线图案。条形码可以标出物品的生产国、制造厂家、商品名称、生产日期、图书分类号、邮件起止地点、类别、日期等信息，因而在商品流通、图书管理、邮政管理、银行系统等许多领域都得到了广泛的应用。常见的条形码如图 1-3 所示。

图 1-3 常见的条形码

1. 条形码工作原理

条形码是由一组条、空及对应的字符按照一定的编码规则组合起来的一种信息符号。"条"指对光线反射率较低的部分，"空"指对光线反射率较高的部分，由于条形码符号中"条""空"对光线具有不同的反射率，从而使条形码扫描器接收到强弱不同的反射光信号，相应地产生电位高低不同的电脉冲。扫描器接收到的光信号需要经光电转换成为电信号，并通过放大电路进行放大。这种信号被称为"模拟电信号"。"模拟电信号"需经整形变成常用的"数字信号"。根据码制所对应的编码规则，译码器可将"数字信号"识读并译成数字、字符信息。这些条和空组成的数据表达一定的信息，并能够用特定的设备识读，转换成与计算机兼容的二进制和十进制信息。

要将按照一定规则编译出来的条形码转换成有用的信息，需要经历扫描和译码两个过程。物体的颜色是由其反射光的类型决定的，白色物体能反射各种波长的可见光，黑色物体则吸收各种波长的可见光，所以当条形码扫描器光源发出的光在条形码上反射后，反射光照射到条码扫描器内部的光电转换器上，光电转换器根据强弱不同的反射光信号，转换成相应的电信号。

条形码扫描器一般由光源、光学透镜、扫描模组、模拟–数字转换电路及塑料或金属外壳等构成。对于一维条形码扫描器，如激光型、影像型扫描器，扫描器都通过从某个角度将光束发射到标签上并接收其反射回来的光线读取条形码信息。因此，在读取条形码信息时，光线要与条形码呈一个倾斜角度，这样，整个光束就会产生漫反射，可以将模拟波形转换成数字波形。如果光线与条形码垂直照射，则会导致一部分模拟波形幅值过高而不能正常地转换成数字波形，从而无法读取信息。

2. 条形码识别系统

条形码识别系统是由光学阅读系统、放大电路、整形电路、译码电路、接口电路、开关和计算机系统等组成。当打开条码扫描器开关，条码扫描器光源发出的光照射到条码上时，反射光经凸透镜聚焦后，照射到光电转换器上。光电转换器接收到与空和条相对应的强弱不同的反射光信号，并将光信号转换成相应的电信号输出到放大电路进行放大。条形码识别系统组成及信号流程如图1-4所示。

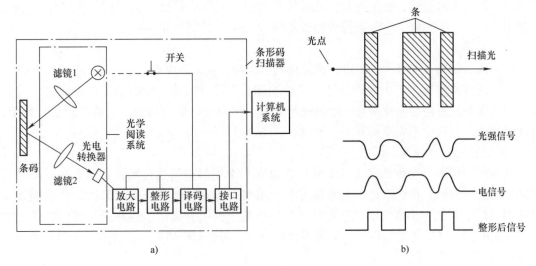

图1-4　条形码识别系统组成及信号流程
a）系统组成　b）信号流程

3. 编码方案

（1）宽度调节法

组成条码的条或空只能由两种宽度的单元构成，尺寸较小的单元叫窄单元，尺寸较大的单元叫宽单元，通常宽单元是窄单元的2~3倍。窄单元用来表示数字0，宽单元用来表示数字1，采用这种方法编码的条码有25码、39码、93码、库德巴码等。

（2）模块组配法

组成条码的每一个模块宽度相同，一个条或一个空是由若干个模块构成的，每个条的模块表示一个数字1，每个空的模块表示一个数字0。第一个条是由3个模块组成的，表示111；第二个空是由两个模块组成的，表示00；而第一个空和第二个条则只有一个模块，分别表示0和1。模块组配法编码的条码有商品条码、CODE-128等。

1.2.3　二维码自动识别技术

二维码（2-Dimensional Barcode）是用某种特定的几何图形按一定规律在平面（二维方向上）上分布的黑白相间的记录数据符号信息的图形；在代码编制上巧妙地利用了构成计算机内部逻辑基础的"0"和"1"比特流的概念，使用若干个与二进制相对应的几何图形来表示文字或数值信息，通过图像输入设备或光电扫描设备自动识读以实现信息自动处理：它具有条码技术的一些共性：每种码制有其特定的字符集；每个字符占有一定的宽度；具有一定的校验功能等。

二维码是一种比一维码更高级的条码格式。一维码只能在一个方向（一般是水平方向）上表达信息，而二维码在水平和垂直方向都可以存储信息。一维码只能由数字和字母组成，而二维码能存储汉字、数字和图片等信息，因此二维码的应用领域要广得多。

1. 二维码原理及分类

二维码可以分为堆叠式和矩阵式。堆叠式二维码由多行短的一维码堆叠而成；矩阵式二维码以矩阵的形式组成，在矩阵相应元素位置上用"点"表示二进制"1"，用"空"表示二进制"0"，"点"和"空"的排列组成条码。

（1）堆叠式二维码

堆叠式二维码又称堆积式二维码或层排式二维码，其编码原理是在一维码基础上，按需要堆积成两行或多行。它在编码设计、校验原理、识读方式等方面继承了一维码的一些特点，识读设备及条码印刷技术与一维码技术兼容。但由于行数的增加，需要对行进行判定，其译码算法与软件也不完全相同于一维码。

（2）矩阵式二维码

矩阵式二维码（又称棋盘式二维码）它是在一个矩形空间通过黑、白像素在矩阵中的不同分布进行编码。在矩阵相应元素位置上，用点（方点、圆点或其他形状）的出现表示二进制"1"，点的不出现表示二进制的"0"，点的排列组合确定了矩阵式二维码所代表的意义。矩阵式二维码是建立在计算机图像处理技术、组合编码原理等基础上的一种新型图形符号自动识读处理码制。

常用的二维码有 Date Matrix、Maxi Code、Aztec Code、QR Code、Vericode、 PDF417、 Ultracode、 Code 49、 Code 16K 等种类，如图 1-5 所示。

Data Matrix　　Maxi Code　　Aztec Code　　QR Code　　Vericode

PDF417　　　　Ultracode　　　　Code 49　　　　Code 16K

图 1-5　常用的二维码种类

2. 二维码特点

二维码具有如下特点。

- 高密度编码，信息容量大：可容纳多达 1850 个大写字母、2710 个数字、1108 个字节或 500 多个汉字。

- 编码范围广：可以把图片、声音、文字、签字、指纹等可以数字化的信息进行编码，用条码表示出来；可以表示多种语言文字；可表示图像数据。

- 容错能力强，具有纠错功能：二维条码因穿孔、污损等引起局部损坏时，照样可以正确得到识读，损毁面积达 30% 仍可恢复信息。

- 译码可靠性高：它比普通条码译码错误率百万分之二要低得多，误码率不超过千万分之一。

- 可引入加密措施：保密性、防伪性好。

- 成本低，易制作，持久耐用。

- 条码符号形状、尺寸大小和比例可变。

1.2.4　其他自动识别技术及特点

目前，应用较为广泛的其他自动识别技术主要有生物特征识别技术、自动识别 IC 卡和自动识别 CPU 卡等技术。

1. 生物特征识别技术

生物特征识别技术目前主要应用于对人的识别。生物特征识别技术是通过计算机与各种传感器和生物统计学原理等高科技手段密切结合，利用人体固有的生理特性和行为特征，来进行个人身份的鉴定。常用的生理特征有人脸、指纹、虹膜等；常用的行为特征有步态、签名等。声纹兼具生理和行为的特点，介于两者之间。

（1）指纹识别技术

指纹识别技术是通过取像设备读取指纹图像，然后用计算机识别软件分析指纹的全局特征和指纹的局部特征的一种技术。

指纹识别的优点表现在：技术相对成熟；指纹图像提取设备小巧；同类产品中，指纹识别的成本较低。

（2）虹膜识别技术

虹膜是指眼球中瞳孔和眼白之间是充满了丰富纹理信息的环形区域，每个虹膜都包含一个独一无二的基于水晶体、细丝、斑点、凹点和条纹等特征的结构。虹膜识别技术是利用虹膜终身不变性和差异性的特点来识别身份的。

（3）基因（DNA）识别技术

脱氧核糖核酸（DNA）存在于一切有核的动（植）物中，生物的全部遗传信息都储存在 DNA 分子里。DNA 识别是利用不同人体细胞中具有不同的 DNA 分子结构，人体内的DNA 在整个人类范围内具有唯一性和永久性。

（4）语音识别技术

语音识别技术以语音信号为研究对象，是语音信号处理的一个重要研究方向。其目标是实现人与机器进行自然语言通信。

（5）步态识别技术

步态是指人们行走时的方式，这是一种复杂的行为特征。步态识别主要提取的特征是人体每个关节的运动。步态识别的输入是一段行走的视频图像序列，因此其数据采集与人脸识别类似，具有非侵犯性和可接受性。

2. 自动识别 IC 卡、CPU 卡技术

自动识别 IC 卡和自动识别 CPU 卡技术主要应用于保密性较高、不考虑成本的系统和场所中。

（1）自动识别 IC 卡

集成电路卡（Integrated Circuit Card，IC）也称智能卡（Smart Card）、智慧卡（Intelligent Card）、微电路卡（Microcircuit Card）或微芯片卡等。它是将一个微型电子芯片嵌入符合 ISO 7216 标准的卡基中，做成卡片形式。IC 卡是继磁卡之后的又一种新型信息工具。

（2）自动识别 CPU 卡

CPU 卡也称智能卡，卡内的集成电路中带有微处理器 CPU、存储单元（随机存储器 RAM）、程序存储器 ROM（FLASH）、用户数据存储器（E^2PROM）及芯片操作系统（COS）。装有 COS 的 CPU 卡相当于一台微型计算机，不仅具有数据存储功能，同时具有命令处理和数据安全保护等功能。

1.3　RFID 技术

射频识别技术（Radio Frequency Identification，RFID）是从 20 世纪 90 年代兴起的一项自动识别技术。它通过磁场或电磁场，利用无线射频方式进行非接触双向通信，以达到识别目的并交换数据。

1.3.1　RFID 的技术特点

与之前广泛应用的识别方式—条形码相比，RFID 技术无须直接接触、无须光学可视、无须人工干预即可完成信息输入和处理，操作方便快捷。RFID 自动识别技术的优势及特点主要表现在如下几个方面。

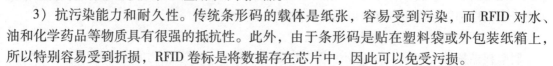

1.3　RFID 技术

1）快速扫描。条形码一次只能有一个条形码受到扫描，RFID 读写器可以同时辨识读取数个 RFID 标签。

2）体积小型化、形式多样化。RFID 在读取上并不受尺寸大小与形状限制，不需要为了读取精确度而配合纸张的固定尺寸和印刷品质。此外，RFID 标签更可向小型化与多样形态发展，以应用于不同产品。

3）抗污染能力和耐久性。传统条形码的载体是纸张，容易受到污染，而 RFID 对水、油和化学药品等物质具有很强的抵抗性。此外，由于条形码是贴在塑料袋或外包装纸箱上，所以特别容易受到折损，RFID 卷标是将数据存在芯片中，因此可以免受污损。

4）可重复利用。现今的条形码被印制上去之后就无法更改，而 RFID 标签则可以重复地新增、修改和删除其卷标中储存的数据，方便信息的更新。

5）穿透性和无屏障阅读。在被覆盖的情况下，RFID 能穿透纸张、木材和塑料等非金属或非透明的材质，并能进行穿透性通信，而条形码扫描机必须在近距离且没有物体阻挡的情况下，才能读取条形码。

6）数据的记忆容量大。条形码最大的容量可存储数千字符，而 RFID 最大容量达到数兆字符。随着时代发展，数据容量有不断扩大的趋势，未来物品所需携带的资料量会越来越大，对标签所能扩充容量的需求也相应增加。

7）安全性。RFID 承载的是电子式信息，其数据内容可经由密码保护，使其内容不易被伪造及更改。近几年来，RFID 因其所具备的远距离读取、高存储量等特性而备受瞩目。

1.3.2　RFID 的应用

RFID 技术最早的应用可追溯到第二次世界大战中飞机的敌我目标识别，英国空军受到雷达工作原理的启发开发了敌我飞机识别（Identification Friend or Foe，IFF）系统，希望被物体反射回来的雷达无线电波信号中能够包含敌我识别的信息，从而避免误伤己方飞机，但当时的应用方式仅仅是一种加密的 ID 号而已。随后的几十年间，随着晶体管、集成电路、微处理器和通信网络等技术相继取得突破，在商场和超市中使用电子防盗器（Electronic Article Surveillance，EAS）来对付窃贼成为 RFID 技术首个世界范围内的商业应用。

RFID 技术在 20 世纪 80 年代全面开花，在不同地域和不同应用方向上焕发生机。美国人的兴趣主要在交通管理、人员控制；而欧洲人则主要关注短距离动物识别以及工商业的应用。挪威于 1987 年建成了全球第一个商业化的公路电子收费系统，美国铁路协会和集装箱管理合作计划委员会也积极推动 RFID 技术的应用，在公路管理和林肯隧道的公共汽车上商业运行 RFID 系统。RFID 技术终于通过电子收费系统找到实用化的立足点，并不断扩大应用领域。20 世纪 90 年代中期，中国建设的铁路车号自动识别系统以 RFID 技术作为解决"货车自动抄车号"的最佳方案，从而为铁路管理信息等系统提供列车、车辆、集装箱实时追踪管理所需的准确和实时的基础信息，成为亚洲 RFID 技术最成功的应用之一。

进入 21 世纪后，几家跨国大型零售商 WalMart、Metro 和 Tesco 等相继宣布了各自的 RFID 计划，以提高供应链的透明度和效率，并得到供应商的支持。从此，RFID 技术打开了一个新的巨大市场。RFID 技术的诸多特点决定了其应用领域具有广泛性，但是各项核心技术的成熟度不同又决定了其应用必是分阶段实现的。20 世纪 70 年代兴起的不停车收费技术是基于管理部门提高服务水平要求的结果，而 RFID 标签的体积和成本则不是主要的考虑内容。随后出现的电子防盗系统关注的是可靠性和成本，尽管功能相对简单，但仍取得了商业上的成功。进入新世纪，一方面大规模集成电路设计技术取得突飞猛进的发展，另一方面企业出于提高自身竞争力的考虑，主动寻找新的技术提高管理和流通效率，成本越来越低的 RFID 标签可被方便地粘贴于射频的包装上，并取代条形码成为供应链管理增值的主要手段。

此外，生物特征识别技术、微电子机械系统技术的兴起，也促成了一些集成多种功能的 RFID 应用，比如集成指纹、虹膜等身份信息的机器可读旅行证件（Machine Readable Traveling Document，MRTD）又称为电子护照或集成微传感器的 RFID 标签传感器等。

基于下一代移动通信技术与互联网技术的不断成熟，对物品进行精确管理的涉及公共安全方面的需求也在不断产生，如高价值资产管理、危险品跟踪和食品安全追溯等。特别是 RFID 技术与卫星定位及移动通信技术具有很强的互补性，未来组成的无线传感网可以应用于室内定位和未知环境探测等方面。

1.3.3 RFID 的发展历程

近年来，随着大规模集成电路、网络通信和信息安全等技术的发展，RFID 技术进入商业化应用阶段。RFID 技术具有非接触识别、多目标识别和高速移动物体识别等特点，显示出巨大的发展潜力和应用空间，被认为是 21 世纪最有发展前途的信息技术之一，已得到全球业界的高度重视。RFID 技术的发展基本可按每 10 年为周期划分为以下几个阶段，如表 1-1 所示。

表 1-1 RFID 技术的发展阶段

时 间	RFID 技术发展
1940—1950 年	雷达的应用催生了 RFID 技术，奠定了 RFID 技术的理论基础，处于实验室实验阶段
1950—1960 年	RFID 技术理论得到了发展，开始一些应用尝试
1960—1970 年	RFID 技术与产品处于大发展时期，各种 RFID 技术测试技术得到加速发展
1970—1980 年	出现了一些最早的 RFID 应用，RFID 产品进入商业应用阶段，各种封闭应用系统开始出现
1980—1990 年	RFID 技术标准化问题日趋为人们所重视，产品得到广泛应用
1990—2000 年	产品标准化得到统一，RFID 产品种类更加丰富
2000—2010 年	各种电子标签得到发展，成本降低，中间件系统层出不穷
2010 年至今	RFID 产业链已经不断完善，随着 RFID 技术的持续突破，将会有越来越多的 RFID 应用场景出现，实现数据采集自动化

RFID 技术一方面在不断拓展应用领域的广度，另一方面也在拓展应用领域的深度。例如在制造业中，RFID 技术就正在进入制造过程的核心，在信息管理、制造执行、质量控制、标准符合性、跟踪和追溯、资产管理以及仓储量可视化等方面发挥着越来越大的作用。

RFID 技术涉及信息、制造和材料等诸多高科技领域，涵盖无线通信、芯片设计与制造、天线设计与制造、标签封装、系统集成和信息安全等技术，一些国家和国际跨国公司都在加速推动 RFID 技术的研发和应用进程。在过去几十年间，共产生数千项关于 RFID 技术的专利。近年来，射频识别技术在国内外发展很快，RFID 产品种类很多，像 TI、Motorola、Philips 和 Microchip 等世界知名厂商都在生产 RFID 产品，并且各有特点，自成体系。RFID 技术已经被广泛应用在工业自动化、商业自动化和交通运输控制管理等诸多领域。随着成本的下降和标准化的实现，RFID 技术的全面推广和应用具有不可逆转的趋势。

　　由我国多个部委联合发布的《中国射频识别技术政策白皮书》和《中国射频识别技术发展与应用报告》不仅为中国 RFID 产业发展指明了方向，而且全面带动了全国范围内 RFID 应用的发展。在推进物联网发展、实现流通现代化的目标后，RFID 应用的全面推进更是指日可待。

1.4 　RFID 系统的组成、工作流程和分类

1.4.1 　RFID 系统的组成

　　作为物联网的核心技术之一，RFID 技术的应用领域非常广泛。不同领域的应用需求不同，造成了目前多种标准和协议的 RFID 设备共存的局面，这就使得应用系统架构复杂程度大为提高，但就基本的 RFID 系统来说，其组成相对简单而清晰，主要包括 RFID 标签、读写器、天线、中间件和应用软件 5 部分。

1.4　RFID 系统的组成、工作流程和分类

　　（1）RFID 标签

RFID 标签俗称为电子标签，也称为应答器（Transponder Responder，TAG），根据工作方式可分为主动式（有源）和被动式（无源）两大类。被动式是 RFID 系统是目前研究的重点。被动式 RFID 标签由标签芯片和标签天线或线圈组成，利用电感耦合或电磁反向散射耦合原理实现与读写器之间的通信。RFID 标签中存储一个唯一编码，通常为 64bit、96bit 甚至更高。其地址空间大大高于条形码所能提供的空间，因此可以实现单品级的物品编码。图 1-6 所示是一款 RFID 标签芯片的内部结构框图，主要包括射频

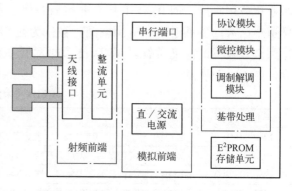

图 1-6　一款 RFID 标签芯片的内部结构框图

前端、模拟前端、数字基带处理单元和 E^2PROM 存储单元 4 部分。

　　（2）读写器

读写器又称为阅读器（Reader）或询问器（Ingerrogator），是对 RFID 标签进行读/写操作的设备，主要包括射频模块和数字处理单元两部分。一方面，RFID 标签返回的微弱电磁信号通过天线进入读写器的射频模块并转换为数字信号，再经过读写器的数字信号处理单元对其进行必要的加工整形，最后从中解调并返回信息，完成对 RFID 标签的识别或读/写操作；另一方面，上层中间件及应用软件与读写器进行交互，实现操作指令的执行和数据汇总上传，在上传数据时，读写器会对 RFID 标签数据进行去重过滤或简单的条件过滤，因此在很多读写器中还

集成了微处理器和嵌入式系统，实现一部分中间件的功能，如信号状态控制、奇偶位错误校验与修正等。未来的读写器呈现出智能化、小型化和集成化的趋势。在物联网系统中，读写器将成为同时具有通信、控制盒、计算（Communication，Control，Computing）功能的核心设备。

（3）天线

天线（Antenna）是RFID标签与读写器之间实现射频信号空间传播和建立无线通信连接的设备。RFID系统包括两类天线，一类是RFID标签上的天线，与RFID标签集成为一体；另一类是读写器天线，既可以内置于读写器中，又可以通过同轴电缆与读写器的射频输出端口相连。在实际应用中，天线设计参数是影响RFID系统识别范围的主要因素。对高性能的天线，不仅要求其具有良好的阻抗匹配特性，而且需要根据应用环境的特点对其方向特性、极化特性和频率特性进行专门设计。

（4）中间件

中间件（Middleware）是一种面向消息的、可以接收应用软件端发送的请求，对指定的一个或多个读写器发起操作并接收、处理后向应用软件返回结果数据的特殊化软件。中间件在RFID应用中除了可以屏蔽底层硬件带来的多种业务场景、硬件接口、使用标准造成的可靠性和稳定性问题，还可以为上层应用软件提供多层次、分布式、异构的信息环境下业务信息和管理信息的协同。

（5）应用软件

应用软件（Application Software）是直接面向最终用户的人机交互界面，协助使用者完成对读写器的指令操作以及对中间件的逻辑设置，逐级将RFID原始数据转化为使用者可以理解的业务事件，并使用可视化界面进行展示。

1.4.2 RFID系统的工作流程

RFID系统工作流程图如图1-7所示。读者希望获得经过某个位置的RFID标签列表，即在应用软件端向与该位置相关的逻辑读写器ID发出读取RFID标签指令。该指令传送到中间件后，将逻辑读写器ID转换为映射表中的物理读写器ID，并按照该物理读写器的通信协议向其发出指令。读写器接收到该指令后，通过天线散射一定频率的射频信号，当RFID标签进入天线工作区域时产生感应电流，RFID标签获得能

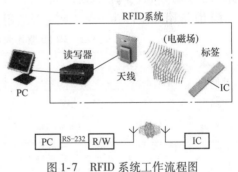

图1-7 RFID系统工作流程图

量被激活。处于激活状态的RFID标签将返回应答信号。天线接收到从RFID标签发送来的载波信号后传送到读写器，读写器进行解调和过滤后将RFID标签ID信息返回给中间件。中间件首先将来自不同物理读写器的信息格式进行统一，然后存入内存数据库中，并根据预先设定的过滤规则将读写器事件转化为满足用户请求的信息，发送给应用软件端，并将RFID标签列表展现给使用者。

1.4.3 RFID系统的分类

自RFID技术诞生以来，在使用频率、交互原理以及供电方式等方面都呈现出多样化的

趋势，可将 RFID 系统按照以下几种类型进行分类。

1. 按照使用频率进行分类

RFID 系统主要依赖电磁波传播，除了交互原理外，不同的发射频率还会在 RFID 系统的读写距离、数据传输速率和可靠性等参数上产生比较大的差异。可以说，RFID 系统的工作频率是决定系统性能和可行性的主导因素。

目前，国际上常用的 RFID 系统大多工作在供工业、科研及医疗机构（Industrial、Scientific and Medical，ISM）使用的专用频段，即 ISM 频段。RFID 系统主要工作在以下 4 个频段。

（1）低频（LF，135kHz）

低频这个频段的识别距离只有几厘米，但由于该频段的信号能穿透动物体内的高湿环境，因此被广泛应用于动物识别。

（2）高频（HF，13.56MHz）

高频是一个开放频段，标签的识别距离最远为 1~1.5m，写入距离最远也可达 1m。在这个频段运行的标签绝大部分是无源的，依靠读写器供给能源，我国的第二代身份证采用这个频段的 RFID 产品。

（3）超高频（UHF，433MHz、860~960MHz）

超高频这个频段的标签和读写器在空气中的有效通信距离最远。这个频段的信号虽然不能穿透金属、液体、湿气等悬浮颗粒物质，但是数据传输速率更快，并可同时读取多个标签。但这个频段在各国均被发配为移动通信专用频段，频谱资源比较紧张，不同国家之间会产生一定程度的频率冲突。

（4）微波（MW，2.45GHz、5.8GHz）

微波这个频段的优势在于其受各种强电磁场（如电动机、焊接系统等）的干扰小，识别距离介于高频和超高频系统之间，且可以将标签设计得很小，但成本较高。

RFID 常用频段特性的对比和主要应用方面如表 1-2 所示。

表 1-2　RFID 常用频段特性的对比和主要应用方面

频　率	低　频	高　频	超　高　频		微　波
工作原理	电感耦合	电感耦合	电磁反向散射耦合		电磁反向散射耦合
带宽	——	7kHz	870kHz	几十~几百 MHz	50MHz
识别距离	<10cm	10cm~1m	1~10m	1~6m	25~50cm（主动式）1~15m（被动式）
一般特性	价格较高，几乎不会受到环境影响导致性能下降	价格低廉，适合短距离识别和需要多重标签识别的领域	适合长距离识别、实时跟踪，对集装箱内部湿度、冲击等环境敏感	价格最低廉，多重标签的识别距离和性能最突出	与 960MHz 标签性能类似，但受环境影响最多
运行方式	无源型	无源型	有源型	有源型、无源型	有源型、无源型
应用领域	动物识别、工厂数据采集	非接触式 IC 卡	集装箱、物流管理	车辆管理	蓝牙应用、CT 应用、车辆管理
无线电管制	基本没有管制	ISM 频段	短距离装置、定位系统	工业、科学和医疗领域管制，功率略有不同	工业、科学和医疗领域管制，功率略有不同
识别速度	低速<--------------------------> 高速				
环境影响	迟钝<--------------------------> 敏感				
标签大小	大型<--------------------------> 小型				

2. 根据交互原理进行分类

在目前广泛应用的 RFID 技术体系中，电感耦合和电磁反向散射耦合是 RFID 标签与读写器数据交互的主要技术原理，此外还有声表面波技术和有机 RFID 技术等。

（1）电感耦合

读写器线圈的近场辐射通过电感耦合的方式供给标签能量，同时通过负载调制方法读取标签内容，由于近场辐射强度随着距离增加有很大的衰减，采用这种技术的 RFID 系统只能在近距离范围内（小于1m），其原理与变压器的工作原理系统相同，因此又被称为变压器模型。

读写器天线产生一个电磁场，标签线圈通过该磁场感应出电压，以提供给标签工作的能量，从读写器到标签的数据传输是通过改变传输场的一个参数（幅度、频率或相位）来实现的。从标签返回的数据传输是通过改变传输场的负载来实现（幅度和相位）的。

（2）电磁反向散射耦合

电磁反向散射耦合主要用于远距离读取的超高频和微波系统中。远场的电磁传播基于电磁波的空间传播规律，发射后的电磁波遇到目标后，一部分能量被标签吸收用来对内部芯片进行供电；另一部分能量通过电磁反向散射的方式被反射回读写器中，同时带回目标信息。其工作原理与雷达工作原理相同，因此又称为雷达模型。

（3）声表面波

声表面波是沿物体表面传播的一种弹性波，由英国物理学家瑞利在 19 世纪 80 年代研究地震波的过程中偶尔发现。利用声表面波原理设计的 RFID 标签最早出现于 20 世纪 80 年代，其基本结构是在具有压电特性的基片材料抛光面上制作两个声电换能器，分别作为输入换能器和输出换能器。换能器的两条总线与 RFID 标签天线相连，在换能器之间的晶体表面设有按照特定规律设计的反射器，以表示编码信息。

在声表面波 RFID 标签接收到高频脉冲后，输入换能器将高频脉冲转换为声表面波，并沿晶体表面的反射器组传播，反射器组对入射表面波部分反射，再经过输出换能器将反射声脉冲串重新转换为高频脉冲串，从而达到数据交互的目的。

（4）有机 RFID 标签技术

有机 RFID 标签技术采用有机薄膜晶体管（OTFT），又称为塑料晶体管，与 MOS 晶体管的最大不同在于 OTFT 采用有机半导体材料取代 MOS 中的无机半导体材料。有机 RFID 标签通过印制电子技术使用金属和有机墨水将有机薄膜晶体管直接制备在同一基底上形成标签芯片和天线，再通过印制技术批量生产，使制造工艺得到简化，制造成本大大降低。

有机印制标签其基本交互原理与基于硅片制备的 RFID 标签一样，也是基于电感或电磁耦合实现自动识别，二者的主要区别在于基底材料和加工工艺不同。

3. 根据 RFID 产品供电方式进行分类

根据 RFID 产品供电方式进行分类，可分为 3 大类，即无源 RFID 产品、有源 RFID 产品和半有源 RFID 产品。

（1）无源 RFID 产品

无源 RFID 产品发展最早，也是发展最成熟、市场应用最广的产品。比如，公交卡、食堂餐卡、银行卡、宾馆门禁卡和二代身份证等，这些应用在人们的日常生活中随处可见，属于近距离接触式识别类。其产品的主要工作频率有低频 125kHz、高频 13.56MHz、超高频 433MHz 和超高频 915MHz。

（2）有源 RFID 产品

有源 RFID 产品是近几年发展起来的，其远距离自动识别的特性，决定了其巨大的应用空间和市场潜质。在远距离自动识别领域（如智能监狱、智能医院、智能停车场、智能交通、智慧城市、智慧地球及物联网等）有重大应用。有源 RFID 在这个领域异军突起，属于远距离自动识别类。产品主要工作频率有超高频 433MHz、微波 2.45GHz 和 5.8GHz。

（3）半有源 RFID 产品

半有源 RFID 产品结合了有源 RFID 产品及无源 RFID 产品的优势，在低频 125kHz 频率的触发下，让微波 2.45GHz 发挥优势。半有源 RFID 技术也可以叫作低频激活触发技术，利用低频近距离精确定位，微波远距离识别和上传数据来解决单纯的有源 RFID 和无源 RFID 没有办法实现的功能。简单来说，就是近距离激活定位、远距离识别及上传数据。

半有源 RFID 是一项易于操控、简单实用且特别适合用于自动化控制的灵活性应用技术，识别工作无须人工干预，它既可支持只读工作模式，又可支持读写工作模式，且无须接触或瞄准；可在各种恶劣环境下自由工作，短距离射频产品不怕油渍、灰尘污染等恶劣的环境，可以替代条码，例如用在工厂的流水线上跟踪物体；长距射频产品多用于交通上，识别距离可达几十米，如自动收费或识别车辆身份等。该产品集有源 RFID 和无源 RFID 的优势于一体，在门禁进出管理、人员精确定位、区域定位管理、周界管理、电子围栏及安防报警等领域有着很大的优势。

1.5 RFID 标准体系简介

随着 RFID 技术的不断成熟和跨企业、跨地区商业应用的增多，RFID 产品间的互通性变得越来越重要，标准化工作已经成为 RFID 领域普遍关注的热点。RFID 标准体系通常由空中接口规范、物理特性、读写器协议、编码体系、测试规范、应用规范、数据管理以及信息安全等标准组成。

目前国际上制定 RFID 标准的主要组织是国际标准化组织（International Organization for Standardization，ISO）和国际电工委员会（International Electrotechnical Commission，IEC），其中 ISO/IEC JTC1 SC31 负责制定与 RFID 技术相关的国际标准。除了 ISO 以外，还有一些相关组织，如 EPCglobal 也在 RFID 标准化方面起到重要的影响作用。在国际标准化组织的积极推动下，各区域性和行业性 RFID 组织已经开始重视应用层面上的互联互通工作，未来的标准有望实现最终统一。

1.5.1 ISO/IEC RFID 标准体系概述

ISO 和 IEC 作为一个整体，担负着制定全球国际标准的任务，是世界上历史最长、涉及领域最多的国际标准制定组织，也是制定 RFID 标准最早的组织，主要涵盖了技术标准、数据结构、性能标准、应用标准和标准解析等内容。

1.5.2 ISO/IEC 18000 空中接口标准

ISO/IEC 18000 空中接口通信协议主要规范了读写器与电子标签之间信息交互，目的是

实现不同厂家生产设备之间的互
联互通。ISO/IEC 制定了 5 种频段
的空中接口协议，这种思想充分体
现出标准统一的相对性，一个标准
是满足相当广泛的应用系统的共同
需求，但不是满足所有应用系统的
需求，而一组标准可以满足更大范
围的应用需求。ISO/IEC 18000 标
准的结构图如图 1-8 所示。

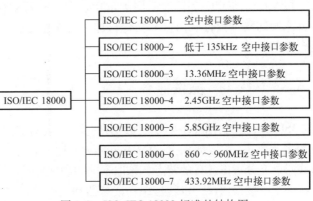

图 1-8　ISO/IEC 18000 标准的结构图

（1）ISO/IEC 18000 – 1 标准

ISO/IEC 18000 – 1 标准基于
单品管理的射频识别参考结构和标准化的参数定义。它规范空中接口通信协议中共同遵守的
读写器与标签的通信参数表、知识产权基本规则等内容。这样每一个频段对应的标准不需要
对相同内容进行重复规定。

（2）ISO/IEC 18000 – 2 标准

ISO/IEC 18000 – 2 标准基于单品管理的射频识别，适用于中频 125～134kHz，规定在标
签和读写器之间通信的物理接口，读写器应具有与 Type A（FDX）和 Type B（HDX）标签
通信的能力；规定协议和指令再加上多标签通信的防碰撞方法。

（3）ISO/IEC 18000 – 3 标准

ISO/IEC 18000 – 3 标准基于单品管理的射频识别，适用于高频段 13.56MHz，规定读写
器与标签之间的物理接口、协议和命令再加上防碰撞方法。关于防碰撞协议可以分为两种模
式，而模式 1 又被分为基本型与两种扩展型协议（无时隙无终止多应答器协议和时隙终止自
适应轮询多应答器读取协议）。模式 2 采用时频复用 FTDMA 协议，共有 8 个信道，适用于
标签数量较多的情形。

（4）ISO/IEC 18000 – 4 标准

ISO/IEC 18000 – 4 标准基于单品管理的射频识别，适用于微波段 2.45GHz，规定读写器
与标签之间的物理接口、协议和命令再加上防碰撞方法。该标准包括两种模式：模式 1 是无
源标签，工作方式是读写器先讲；模式 2 是有源标签，工作方式是标签先讲。

（5）ISO/IEC 18000 – 5 标准

ISO/IEC 18000 – 5 标准基于单品管理的射频识别，适用于微波段 5.85GHz，规定读写器
与标签之间的物理接口、协议和命令再加上防碰撞方法。该标准主要用于有源标签，适用于
人员跟踪及定位。

（6）ISO/IEC 18000 – 6 标准

ISO/IEC 18000 – 6 标准基于单品管理的射频识别，适用于超高频段 860～960MHz，规定
读写器与标签之间的物理接口、协议和命令再加上防碰撞方法。它包含 TypeA、TypeB 和
TypeC 三种无源标签的接口协议，通信距离最远可以达到 10m。其中 TypeC 是由 EPCglobal
起草的，它在识别速度、读写速度、数据容量、防碰撞、信息安全、频段适应能力和抗干扰
等方面有较大提高。V4.0 草案针对带辅助电源和传感器电子标签的特点进行扩展，包括标
签数据存储方式和交互命令。带电池的主动式标签可以提供较大范围的读取能力和更强的通
信可靠性，不过其尺寸较大，价格也更贵一些。

（7）ISO/IEC 18000 – 7 标准

ISO/IEC 18000－7 标准适用于超高频段 433.92MHz，属于有源电子标签，规定读写器与标签之间的物理接口、协议和命令再加上防碰撞方法。有源标签识读范围大，适用于大型固定资产的跟踪。

1.5.3　ISO/IEC 数据标准

ISO/IEC 数据标准主要规定数据在标签、读写器到主机（即中间件或应用程序）各个环节的表示形式。因为标签能力（存储能力、通信能力）的限制，所以在各个环节的数据表示形式必须充分考虑各自的特点，采取不同的表现形式。另外，主机对标签的访问可以独立于读写器和空中接口协议，也就是说，读写器和空中接口协议对应用程序来说是透明的。RFID 数据协议的应用接口基于 ASN.1，它提供一套独立于应用程序、操作系统和编程语言，也独立于标签读写器与标签驱动之间的命令结构。ISO/IEC 数据标准的结构图如图 1-9 所示。

（1）ISO/IEC 15961 标准

ISO/IEC 15961 标准规定了读写器与应用程序之间的接口，侧重于应用命令与数据协议加工器交换数据的标准方式，这样应用程序可以完成对电子标签数据的读取、写入、修改和删除等操作功能，该协议也定义了错误响应消息。

（2）ISO/IEC 15962 标准

ISO/IEC 15962 标准规定了数据的编码、压缩和逻辑内存映射格式，再加上如何将电子标签中的数据转化为应用程

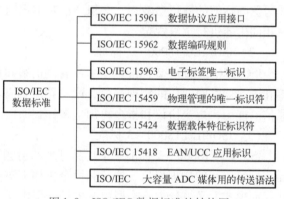

图 1-9　ISO/IEC 数据标准的结构图

序有意义的方式。该协议提供了一套数据压缩的机制，能够充分利用电子标签中有限数据存储空间再加上空中通信能力。

（3）ISO/IEC 24753 标准

ISO/IEC 24753 标准扩展了 ISO/IEC 15962 数据处理能力，适用于具有辅助电源和传感器功能的电子标签。增加传感器以后，电子标签中存储的数据量再加上对传感器的管理任务大大增加，ISO/IEC 24753 规定了电池状态监视、传感器设置与复位和传感器处理等功能。ISO/IEC 24753 与 ISO/IEC 15962 一起，规范了带辅助电源和传感器功能电子标签的数据处理与命令交互。它们的作用使得 ISO/IEC 15961 独立于电子标签和空中接口协议。

（4）ISO/IEC 15963 标准

ISO/IEC 15963 标准规定了电子标签唯一标识的编码标准，兼容 ISO/IEC 7816－6、ISO/TS 14816、EAN.UCC 标准编码体系、INCITS 256 再加上保留对未来扩展。需注意的是与物品编码的区别，物品编码是对标签所贴附物品的编码，而该标准标识的是标签自身。

1.5.4　ISO/IEC 应用标准

ISO/IEC 比较重视 RFID 应用系统的标准化工作，将 ISO/IEC 24752 调整为 6 个部分，并重新命名为 ISO/IEC 24791。制定该标准的目的是对 RFID 应用系统提供一种框架，并规范了数据安全和多种接口，便于 RFID 系统之间的信息共享；使得应用程序不再关心多种设

备和不同类型设备之间的差异，便于应用程序的设计和开发；能够支持设备的分布式协调控制和集中管理等功能，优化密集读写器组网的性能。ISO/IEC 应用技术标准的主要目的是解决读写器之间再加上应用程序之间共享数据信息，随着 RFID 技术的广泛应用，RFID 数据信息的共享越来越重要。

应用技术标准与用户应用系统既有相同点又有区别，应用技术标准针对一大类应用系统的共同属性，而用户应用系统针对具体的一个应用。如果用面向对象分析思想来比喻、把通用技术标准看成是一个基础类的话，那么应用技术标准就是一个派生类。

在 20 世纪 90 年代，ISO/IEC 已经开始制定集装箱自动识别标准 ISO 10374，后来又制定集装箱电子官方标准 ISO 18185，动物管理标准 ISO 11784/5、ISO 14223 等。随着 RFID 技术的应用越来越广泛，ISO/IEC 认识到需要针对不同应用领域中所涉及的共同要求和属性制定通用技术标准，而不是完全独立制定每一个应用技术标准，即通用技术标准。

1. 集装箱运输应用标准

ISO TC 104 技术委员会专门负责集装箱标准制定，是集装箱制造和操作的最高权威机构。与 RFID 相关的标准，由第四子委员会（SC4）负责制定，包括如下标准。

（1）ISO 6346 集装箱编码、ID 和标识符号标准

ISO 6346 集装箱编码、ID 和标识符号标准提供集装箱标识系统。集装箱标识系统用途很广泛，比如在文件、控制和通信（包括自动数据处理）方面，与集装箱本身显示一样。对集装箱标识中的强制标识再加上在自动设备标识（Automatic Equipment Identification，AEI）和电子数据交换（Electronic Data Interchange，EDI）应用的可选特征。该标准规定在集装箱尺寸、类型等数据的编码系统中再加上相应的标记方法、操作标记和集装箱标记的物理展示。

（2）ISO 10374 集装箱自动识别标准

ISO 10374 集装箱自动识别标准基于微波应答器的集装箱自动识别系统，把集装箱当作一个固定资产来看。应答器为有源设备，工作频率为 850 ~ 950MHz 及 2.4 ~ 2.5GHz。只要应答器处于此场内，就会被活化并采用变形的 FSK 副载波通过反向散射调制做出应答。信号在两个副载波频率 40kHz 和 20kHz 之间被调制。因为它在 1991 年制定，所以还没有用 RFID 这个词，实际上有源应答器就是今天的有源 RFID 电子标签。此标准和 ISO 6346 共同应用于集装箱的识别，ISO 6346 规定光学识别，ISO 10374 则用微波的方式来表征光学识别的信息。

（3）ISO 18185 集装箱电子官方标准

ISO 18185 集装箱电子官方标准被海关用于监控集装箱装卸状况，包含 7 部分，即空中接口通信协议、应用要求、环境特性、数据保护、传感器、信息交换的消息集和物理层特性要求。此标准涉及的空中接口协议并没有引用 ISO/IEC 18000 系列空中接口协议，主要原因是它们的制定时间早于 ISO/IEC 18000 系列空中接口协议。

2. 物流管理应用标准

为使 RFID 能在整个物流供应链领域发挥重要作用，ISO TC 122 包装技术委员会和 ISO TC 104 货运集装箱技术委员会成立联合工作组 JWG，负责制定物流供应链系列标准。工作组按照应用要求、货运集装箱、装载单元、运输单元、产品包装和单品 5 级物流单元，制定了 6 个应用标准。

（1）ISO 17358 应用标准

ISO 17358 应用标准是供应链 RFID 的应用要求标准，由 TC 122 技术委员会主持。该标准定义供应链物流单元各个层次的参数，定义了环境标识和数据流程。

（2）ISO 17363 ~ 17367 系列标准

ISO 17363 ~ 17367 系列标准是供应链 RFID 物流单元系列标准分别对货运集装箱、可回收运输单元、运输单元、产品包装、产品标签的 RFID 应用进行规范。该系列标准内容基本相同，如空中接口协议采用 ISO/IEC 18000 系列标准。在具体规定上存在差异，分别针对不同的使用对象进行补充规定，如使用环境条件、标签的尺寸和标签张贴的位置等特性；根据对象的差异，要求采用电子标签的载波频率也不同。货运集装箱、可回收运输单元和运输单元使用的电子标签一定是重复使用的，产品包装则要根据实际情况而定，而产品标签通常来说是一次性的。另外，还要考虑数据的完整性、可视识读标识等因素。可回收单元在数据容量、安全性和通信距离方面的要求较高。这个系列标准正在制订过程中。

3. 动物管理应用标准

ISO TC 23/SC 19 负责制订动物管理 RFID 方面标准，包括 ISO 11784/11785 和 ISO 14223 标准。

ISO 11784 编码结构标准规定动物射频识别码的 64 位编码结构。动物射频识别码要求读写器与电子标签之间能够互相识别。通常由包含数据的比特流再加上为保证数据正确所需要的编码数据。代码结构为 64 位，其中的 27 ~ 64 位可由各个国家自行定义。

1.5.5　软件标准

ISO/IEC 24791 - 1 体系架构给出软件体系的总体框架和各部分标准的基本定位。它将体系架构分成 3 大类，即数据平面、控制平面和管理平面。数据平面侧重于数据的传输与处理，控制平面侧重于运行过程中对读写器中空中接口协议参数的配置，管理平面侧重于运行状态的监视和设备管理。这 3 个平面的划分使得软件架构体系的描述得以简化，每一个平面包含的功能将减少，在复杂协议的描述中经常采用这种方法。每个平面包含数据管理、设备管理、应用接口、设备接口和数据安全 5 个标准的部分内容。

（1）ISO/IEC 24791 - 2 数据管理标准

ISO/IEC 24791 - 2 数据管理标准主要包括读、写、采集、过滤、分组、事件通告和事件订阅等功能。另外支持 ISO/IEC 15962 提供的接口，也支持其他标准的标签数据格式。该标准位于数据平面，已经给出标准草案。

（2）ISO/IEC 24791 - 3 设备管理标准

ISO/IEC 24791 - 3 设备管理标准类似于 EPCglobal 读写器管理协议，能够支持设备的运行参数设置、读写器运行性能监视和故障诊断。性能监视包括历史运行数据收集和统计等功能。故障诊断包括故障的检测和诊断等功能。

（3）ISO/IEC 24791 - 4 应用接口标准

位于最高层，提供读、写功能的调用格式和交互流程。据估计，类似于 ISO/IEC 15961 应用接口，但是肯定还需要扩展和调整，该标准位于数据平面。

（4）ISO/IEC 24791 - 5 设备接口标准

ISO/IEC 24791 - 5 设备接口标准类似于 EPCglobal LLRP 低层读写器协议，它为用户控制和协调读写器的空中接口协议参数提供通用接口规范，它与空中接口协议相关。

（5）ISO/IEC 24791 - 6 数据安全标准

ISO/IEC 24791 - 6 数据安全标准正在制订中。

1.5.6　实时定位标准

实时定位系统可以改善供应链的透明性，提高船队管理、物流和船队的安全性等。RFID 标签可以解决短距离尤其是室内物体的定位，可以弥补 GPS 等定位系统只能适用于室外大范围的不足。GPS 定位、手机定位再加上 RFID 短距离定位手段与无线通信手段一起可以实现物品位置的全程跟踪与监视。正在制订的标准如下。

（1）ISO/IEC 24730-1 标准

ISO/IEC 24730-1 标准适用于应用编程接口（API），它规范实时定位系统（RTLS）服务功能再加上访问的方法，目的是应用程序可以方便地访问 RTLS 系统。它独立于 RTLS 的低层空中接口协议。

（2）ISO/IEC 24730-2 标准

ISO/IEC 24730-2 标准适用于 2450MHz 的 RTLS 空中接口协议。它规范一个网络定位系统，该系统利用 RTLS 发射机发射无线电信标，接收机根据收到的几个信标信号解算位置。发射机的许多参数可以远程实时配置。

（3）ISO/IEC 24730-3 标准

ISO/IEC 24730-3 标准适用于 433MHz 的 RTLS 空中接口协议。内容与 ISO/IEC 24730-2 类似。

🖐 小知识

战斗机飞行员在不能看到对方的情况下是如何知道对方是敌是友？

当雷达发现空中的飞机时，操纵手迅速将询问机天线对准目标，打开"询问"开关，向飞机发出一串串询问信号。飞机上装有空中答应机，这种答应机在询问信号的作用下，会自动发出一串串密码无线电波来回答询问，如果没有回答信号或回答信号的密码不对，就证明是敌机了。

1.6　我国 RFID 技术的应用和发展前景

物联网产业已被确定为我国战略性新兴产业之一，而 RFID 技术作为物联网发展的最关键技术，其应用市场必将随着物联网的发展而扩大。受经济形势的好转和物联网产业发展等利好因素的推动，全球 RFID 市场也持续升温，并呈现持续上升趋势。与此同时，RFID 的应用领域越来越多，人们对 RFID 产业发展的期待也越来越高。RFID 技术正处于迅速成熟的时期，许多国家都将 RFID 作为一项重要产业予以积极推动。

2006 年，科技部等多部门共同编制的《中国射频识别（RFID）技术政策白皮书》发布，该白皮书主要阐述了 RFID 技术发展现状与趋势、我国发展 RFID 技术战略、我国 RFID 技术发展及优先应用领域、产业化推进战略和宏观环境建设。

我国已经将 RFID 技术应用于铁路车号识别、身份证和票证管理、动物标识、特种设备与危险品管理、公共交通以及生产过程管理等多个领域。

我国 RFID 技术与应用的标准化研究工作已有一定基础，目前已经从多个方面开展了相关标准的研究和制定工作。制定了《集成电路卡模块技术规范》、《建设事业 IC 卡应用技术》等应用标准，并且得到了广泛应用；在频率规划方面，已经做了大量的试验；在技术标准方面，依据 ISO/IEC 15693 系列标准已经基本完成国家标准的起草工作，参照 ISO/IEC 18000 系列标准制定国家标准的工作已列入国家标准制订计划。此外，我国 RFID 标准体系框架的研究工作也已基本完成。

我国发展 RFID 技术的总体目标为：通过技术攻关，突破 RFID 一系列共性关键技术、产业化关键技术和应用关键技术，培养一支与技术研究和产业发展相适应的人才队伍，建立中国 RFID 技术自主创新体系，取得核心技术的自主知识产权；以自主研发技术为基础，实施竞争前联合战略，通过组织产业联盟、产业基地等企业创新集群，形成联合、协同、掌握自主知识产权技术的产业链，实现自主研制产品占市场主要份额；通过实施示范工程，创新应用模式，带动 RFID 技术在行业的广泛应用，逐步形成大规模、辐射相关领域的公共应用；通过研究与制定相关的国家标准，形成我国 RFID 标准体系。

我国鼓励和支持在公共安全、生产管理与控制、现代物流与供应链管理、交通管理、军事应用、重大工程与活动等领域中优先应用 RFID 技术，为 RFID 技术大规模应用提供经验。

总之，我国无源超高频市场还处于发展的初期，核心技术急需突破，商业模式有待创新和完善，产业链需要进一步发展和壮大，只有核心问题得到有效解决，才能够真正迎来 RFID 无源超高频市场的发展。

1.7　习题

1. 简述物联网的基本概念和发展历程。
2. 物联网对社会发展的哪些方面起到了哪些推动作用？
3. 什么是自动识别技术？简述自动识别技术的分类方法。
4. 条形码识别的原理是什么？一维条形码和二维条形码有什么异同？
5. 简述磁卡识别和 IC 卡识别的工作原理。IC 卡对比磁卡有什么优点？
6. RFID 技术的技术特点是什么？在物联网系统中 RFID 技术主要的作用是什么？
7. 简述射频识别的发展历史。
8. RFID 技术有哪些应用领域？
9. 简述 RFID 系统的主要组成设备和系统工作流程。
10. 试将 RFID 系统按不同方式进行分类？
11. RFID 系统工作在不同的频率有什么技术特点？
12. 最新发展的有机印制 RFID 标签有什么优势？
13. 目前全球主要存在哪 3 个 RFID 技术标准体系？各自有何特点？
14. 可将 ISO/IEX 的 RFID 标准体系结构分为哪 4 个方面？
15. ISO/IEX18000 空中接口通信协议主要规定了什么参数？规范了读写器与电子标签之间的什么频段的协议？
16. ISO/IEX 数据结构标准主要规定了什么内容？
17. ISO/IEX 应用标准主要涉及什么领域？
18. ISO/IEX 软件标准的主要内容是什么？
19. ISO/IEX 实时定位标准的主要内容是什么？
20. 我国物联网发展前景和 RFID 系统发展的关键突破点在哪里？

第2章 RFID技术及数据传输

2.1 RFID 技术的工作原理

2.1.1 电磁波传播物理学原理

什么叫电磁波？电磁波是一种能量传输形式，在传播过程中，电场和磁场在空间是相互垂直的，同时这两者又都垂直于传播方向，如图2-1所示。

2.1.1　电磁波传播物理学原理

1. 电磁波的波长、频率与传播速度的关系

电磁波的电场（或磁场）随时间变化，具有周期性。在一个振荡周期中传的距离叫波长。振荡周期的倒数，即每秒钟振动（变化）的次数称为频率。很显然，波长与频率的乘积就是每秒钟传播的距离，即波速。令波长为 λ，频率为 f，速度为 V，得到

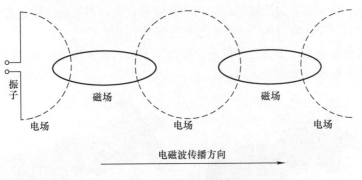

图 2-1　电磁波的传播

$$\lambda = V/f \tag{2-1}$$

波长 λ 的单位是米（m），速度的单位是米/秒（m/s），频率的单位为赫兹（Hz）。

由上述关系式不难看出，同一频率的无线电磁波在不同的媒质中传播时，速度是不同的，因此波长也不一样。

通常使用的聚四氟乙烯型绝缘同轴射频电缆其相对介电常数 ε 约为 2.1，因此，$V_\varepsilon \approx C/1.44$，$\lambda_\varepsilon \approx \lambda/1.44$。

整个电磁频谱，包含从电波到宇宙射线的各种波、光和射线的集合。不同频率段落分别命名为无线电波（3kHz ~ 3000GHz）、红外线、可见光、紫外线、X 射线、γ 射线和宇宙射线。

电磁波和光波一样，它的传播速度和传播媒质有关。电磁波在真空中的传播速度等于光速，使用 $C = 300000$km/s 表示。电磁波在空气中的传播速度略小于光速，通常认

为它等于光速。

2. 电磁波的极化

（1）极化

电磁波在空间传播时，其电场方向是按一定的规律而变化的，这种现象称为无线电磁波的极化。无线电磁波的电场方向称为电磁波的极化方向。如果电磁波的电场方向垂直于地面，则称它为垂直极化波。如果电磁波的电场方向与地面平行，则称它为水平极化波。

天线的极化如图2-2所示。

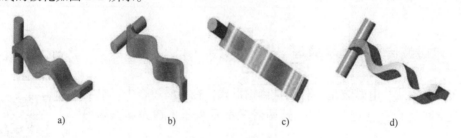

图2-2　天线的极化

a）垂直极化　b）水平极化　c）+45°倾斜的极化　d）−45°倾斜的极化

（2）圆极化波

如果电波在传播过程中电场的方向是旋转的，则称之为椭圆极化波。旋转过程中，如果电场的幅度，即大小保持不变，则称之为圆极化波。向传播方向看去顺时针方向旋转的称之为右旋圆极化波，反时针方向旋转的称之为左旋圆极化波。当来波的极化方向与接收天线的极化方向不一致时，在接收过程中通常都要产生极化损失。

一般在无线电通信系统中，会尽量采用双极化天线来减少极化损失，两个天线为一个整体，传输两个独立的波，如图2-3所示。

图2-3　双极性天线

a）V/H（垂直/水平）双极化天线　b）倾斜45°双极化天线

3. 电磁波的传播特性

电磁波的波长不同，传播特点也不完全相同。目前GSM（全球移动通信系统）和CDMA（码分多址）移动通信使用的频段都属于UHF（特高频）超短波段，其高端属于微波。

超短波和微波的频率很高，波长较短，它的地面波衰减很快。因此也不能依靠地面波做较远距离的传播，它主要是由空间波来传播的。空间波一般只能沿直线方向传播到直接可见的地方。在直视距离内超短波的传播区域习惯上称为"照明区"。在直视距离内超短波接收装置才能稳定地接收信号。

4. 电磁波的多径传播

电磁波除了直接传播外，遇到障碍物，例如，山丘、森林、地面或楼房等高大建筑物，还会产生反射，因此，到达接收天线的超短波不仅有直射波，还有反射波，这种现象就叫多径传输。

由于多途径传播使得信号场强分布相当复杂，波动很大；也由于多径传输的影响，会使电磁波的极化方向发生变化，因此，有的地方信号场强增强，有的地方信号场强减弱。

不同的障碍物对电波的反射能力也不同。例如：钢筋水泥建筑物对超短波的反射能力比砖墙强。日常应尽量避免多径传输效应的影响。同时可采取空间分集或极化分集的措施加以对应。电磁波的多径传播如图 2-4 所示。

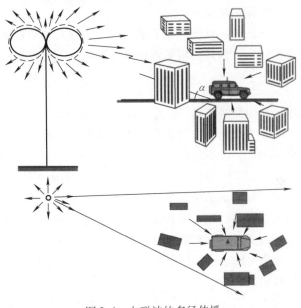

电磁波在传播途径上遇到障碍物时，总是力图绕过障碍物，再向前传播。这种现象叫作电波的绕射。超短波的绕射能力较弱，在高大建筑物后面会形成所谓的"阴影区"。信号质量受到影响的程度不仅和接收天线距建筑物的距离及建筑物的高度有关，还和频率有关。

图 2-4　电磁波的多径传播

5. RFID 系统中的电磁波原理

读写器和电子标签通过各自的天线构建了两者之间的非接触信息传输信道，这种空间信息传输信道的性能完全由天线周围的场区特性决定，这是电磁传播的基本规律。射频信息被加载到天线上以后，在紧邻天线的空间中，除了辐射场以外，还有一个非辐射场，该场与距离的高次幂成反比，随着离开天线的距离增大而迅速减小。在这个区域，由于电抗场占优势，因此该区域被称为电抗近场区，它的边界约为一个波长。超过电抗近场区，就是辐射场区。按照离开天线距离的远近，又把辐射场区分为辐射近场区和辐射远场区。根据观测点距离天线距离的不同，天线周围辐射的场呈现出来的性质也不相同。通常可以根据观测点距天线的距离将天线周围的场划分为 3 个区域，即无功近场区、辐射近场区和辐射远场区。

无功近场区也被称为电抗近场区，它是天线辐射场中紧邻天线口径的一个近场区域。在该区域中，电抗性储能场占支配地位。通常，该区域的界限取为距天线口径表面 λ/π 处。从物理概念上讲，无功近场区是一个储能场，其中电场与磁场的转换类似于变压器中的电场、磁场之间的转换。如果在其附近还有其他金属物体，这些物体就会以类似电容、电感耦合的方式影响储能场，因而也可以将这些金属物体看作组合天线（原天线与这些金属物组成的新的天线）的一部分。在该区域中束缚于天线的电磁场没有做功（只是进行相互转换），因而将该区域称为无功近场区。

超过电抗近场区就到了辐射场区，辐射场区的电磁能已经脱离了天线的束缚，并作为电磁波进入了空间。按照离开天线距离的远近，又把辐射场区分为辐射近场区和辐射远场区。在辐射近场区中，场区中辐射场占优势，并且辐射场的角度分布与距离天线口径的距离有关。天线各单元对观察点辐射场的贡献，其相对相位和相对幅度是天线距离的函数。对于通常的天线，此区域也被称为菲涅尔区。由于大型天线的远场测试距离很难满足，因此研究该区域中场的角度分布对于大型天线的测试非常重要。

辐射远场区就是人们常说的远场区，又称为夫琅禾费区。在该区域中，辐射场的角分布与距离无关。严格来讲，只有距离天线无穷远处才到达天线的远场区。但在某个距离上，当辐射场的角度分布与无穷远时的角度分布误差在允许的范围以内时，即把该点至无穷远的区域称为天线远场区。

天线的方向性图即指该辐射区域中辐射场的角度分布，因此远场区是天线辐射场区中最重要的一个。公认的辐射近场区与远场区的分界距离 R 为

$$R = \frac{2D^2}{\lambda} \tag{2-2}$$

式中，D 为天线直径，λ 为天线波长，$D \geqslant \lambda$。

对于天线而言，当满足天线的最大尺寸 L 小于波长 λ 时，天线周围只存在无功近场区与辐射远场区，没有辐射近场区。无功近场区的外界约为 $\lambda/2\pi$，超过了这个距离，辐射场就占主要地位。一般满足 $L/\lambda < 1$ 的天线称为小天线。

对射频识别系统和电子标签而言，一般情况下，受对电子标签尺寸以及读写器天线应用时的尺寸限制，绝大多数情况下，采用 $L/\lambda \ll 1$ 或 $L/\lambda < 1$ 的天线结构模式。天线的无功近场区和远场区的距离可以根据波长进行估算。

表 2-1 给出了常用射频识别系统的不同工作频率的波长、无功近场区、辐射远场区的距离估算值。

表 2-1 的计算数据是基本的数值参考。对于给定的工作频率，无功近场区的外界基本上由波长决定，辐射远场区的内界应该满足大于无功近场区外界的约束。当天线尺寸（D 或 L）与波长可比或大于波长时，其辐射近场区的区域大致在 R_1 与 R_2 之间。

有关天线场区的划分，一方面表示了天线周围场的分布特点，即辐射场中的能量以电磁波的形式向外传播，无功近场中的能量以电场、磁场的形式相互转换不向外传播；另一方面表示了天线周围场强的分布情况，距离天线越近，场强越强。

表 2-1　不同工作频率的波长、无功近场区、辐射远场区的距离估算值

频率 f	波长 λ/m	$R_1 = \lambda/2\pi$	$R_2 = 2D^2/\lambda,\ D = 0.1\mathrm{m}$
<135kHz	>2222	>353m	>353m
13.56MHz	22.1	3.5m	>3.5m
433MHz	0.693	11cm	>11cm
915MHz	0.328	5.2cm	6.1cm
2.45GHz	0.122	1.9cm	16.4cm
5.8GHz	0.052	8.28mm	38.5cm

2.1.2　数据传输原理

在射频识别系统中，读写器和电子标签之间的通信通过电磁波来实现，按照通信距离划分为近场和远场。相应地，读写器和电子标签之间的数据交换方式也被划分为负载调制和反向散射调制。

1. 负载调制

近距离低频射频识别系统是通过准静态场的耦合来实现的。在这种情况下，读写器和电子标签之间的天线能量交换方式类似于变压器模型，称为负载调制。负载调制实际是通过改变电子标签天线上负载电阻的接通和断开，来使读写器天线上的电压发生变化，实现用近距离电子标签对天线电压进行振幅调制的功能。如果通过数据来控制负载电压的接通和断开，那么这些数据就能够从电子标签传输到读写器中了。这种调制方式在125kHz和13.56MHz射频识别系统中得到了广泛应用。

2. 反向散射调制

在典型的远场（如915MHz和2.45GHz的射频识别系统）中，读写器和电子标签之间的距离有几米，而载波波长仅有几到几十厘米。读写器和电子标签之间的能量传递方式为反向散射调制。

反向散射调制是指无源射频识别系统中电子标签将数据发送回读写器时所采用的通信方式。电子标签返回数据的方式是控制天线的阻抗。控制电子标签天线阻抗的方法有很多种，都是一种基于"阻抗开关"的方法。实际采用的几种电子标签阻抗开关有变容二极管、逻辑门和高速开关等，电子标签阻抗控制方式如图2-5所示。

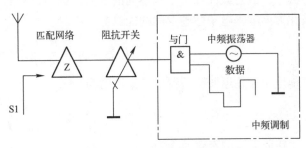

图2-5 电子标签阻抗控制方式

要发送的数据信号是具有两种电平的信号，通过一个简单的混频器（逻辑门）与中频信号完成调制，将调制结果连接到一个"阻抗开关"，由阻抗开关改变天线的发射系数，从而对载波信号完成调制。这种数据调制方式与普通的数据通信方式相比有很大的区别，在整个数据通信链路中，仅仅存在一个发射机，却完成了双向的数据通信。电子标签根据要发送的数据通过控制天线开关，从而改变匹配程度。这样，从标签返回的数据就被调制到了返回的电磁波幅度上。这有些类似振幅键控（ASK）调制。

对于无源电子标签来说，还涉及波束供电技术，无源电子标签工作所需的能量直接从电磁波束中获取。与有源射频识别系统相比，无源系统需要较大的发射功率，电磁波在电子标签上经过射频检波、倍压、稳压、存储电路处理，转化为电子标签工作时所需的工作电压。

3. 反向散射调制的能量传输

电磁波从天线向周围空间发射会遇到不同的目标。达到目标的电磁能量一部分被目标吸收，另一部分以不同的强度散射到各个方向上去。反射能量的一部分最终返回到发射天线。对射频识别系统来说，可以采用反向散射调制的系统，利用电磁波反射完成从电子标签到读写器的数据传输，主要应用在915MHz、2.45GHz或更高频率的系统中。

（1）读写器到电子标签的能量传输

在距离读写器 R 处的电子标签的功率密度为

$$S = \frac{P_{Tx}G_{Tx}}{4\pi R^2} = \frac{EIRP}{4\pi R^2} \tag{2-3}$$

式中，P_{Tx} 为读写器的发射功率，G_{Tx} 为发射天线的增益，R 是电子标签和读写器之间的距离，EIRP是天线的等效全向辐射功率，即读写器发射功率和天线增益的乘积。

在电子标签与发射天线最佳对准和正确极化时，电子标签可吸收的最大功率与入射波的功率密度 S 成正比，即

$$P_{\text{Tag}} = A_e S = \frac{\lambda^2}{4\pi} G_{\text{Tag}} S = \text{EIRP} \cdot G_{\text{Tag}} \left(\frac{\lambda}{4\pi R} \right)^2 \tag{2-4}$$

式中，G_{Tag} 为电子标签的天线增益，$A_e = \dfrac{\lambda^2}{4\pi}$。

无源射频识别系统的电子标签通过电磁场供电，电子标签的功耗越大，读写距离越近，性能越差。射频电子标签是否能够工作也主要由电子标签的工作电压决定，这也决定了无源射频识别系统的识别距离。

（2）电子标签到读写器的能量传输

电子标签返回的能量与它的雷达散射截面（RCS）σ 成正比。它是目标反射电磁波能力的测量。散射截面取决于一系列的参数，例如目标的大小、形状、材料、表面结构、波长和极化方向等。电子标签返回的能量为

$$P_{\text{Back}} = S\sigma = \frac{P_{\text{Tx}} G_{\text{Tx}}}{4\pi R^2}\sigma = \frac{\text{EIRP}}{4\pi R^2}\sigma \tag{2-5}$$

电子标签返回读写器的功率密度为

$$S_{\text{Back}} = \frac{P_{\text{Tx}} G_{\text{Tx}}\sigma}{(4\pi)^2 R^4} \tag{2-6}$$

接收天线的有效面积为

$$A_{\text{W}} = \frac{\lambda^2 G_{\text{Rx}}}{4\pi} \tag{2-7}$$

式中，G_{Rx} 为接收天线增益。

接收功率为

$$P_{\text{Rx}} = S_{\text{Back}} A_{\text{W}} = \frac{P_{\text{Tx}} G_{\text{Tx}} G_{\text{Rx}} \lambda^2 \sigma}{(4\pi)^3 R^4} \tag{2-8}$$

通过上式可以看出，如果以接收的电子标签的反射能量为标准，那么反向散射的射频识别系统的作用距离与读写器发送功率的 4 次方根成正比。

2.1.3　RFID 天线技术

在无线通信系统中，需要将来自发射机的导波能量转变为无线电波，或者将无线电波转换为导波能量，用来辐射和接收无线电波的装置称为天线。发射机所产生的已调制的高频电流能量（或导波能量）经馈线传输到发射天线，通过天线将转换为某种极化的电磁波能量，并向所需方向发射出去。到达接收点后，接收天线将来自空间特定方向的某种极化的电磁波能量又转换为已调制的高频电流能量，经馈线输送到接收机输入端。

2.1.3　RFID 天线技术

天线应有以下功能。

1）天线应能将导波能量尽可能多地转变为电磁波能量。这首先要求天线是一个良好的电磁开放系统，其次要求天线与发射机或接收机匹配。

2）天线应使电磁波尽可能集中于确定的方向上，或对确定方向的来波最大限度的接受

（即方向），具有方向性。

3）天线应能发射或接收规定极化的电磁波，即天线有适当的极化。

4）天线应有足够的工作频带。

以上4点是天线最基本的功能，据此可将若干参数作为设计和评价天线的依据。把天线和发射机或接收机连接起来的系统称为馈线系统。馈线的形式随频率的不同分为导线传输线、同轴线传输线、波导或微带线等。所谓馈线，实际上就是传输线。天线的电参数，就是能定量表征其能量转换和定向辐射能力的量，包括天线的方向性、天线效率、增益系数、极化方向、频带宽度、输入阻抗和有效长度。

2.1.4　RFID 天线的应用和设计

现代社会产品越来越丰富，数据管理需求也越来越高，人们需要将多种多样处于生产、销售、流通过程中的物品进行标识、管理和定位。采用传统的条形码进行物品标识将会带来一系列的不便，如无法进行较远距离的识别，需要人工干预、许多物品无法标识等。相反，由于射频识别 RFID 系统采用具有穿透性的电磁波进行识别，所以可以进行较远距离的识别，无须人工干预，可以标识多种多样的物品。

射频识别技术是一种非接触的自动识别技术。它是由电子标签（Tag/Transponder）、读写器（Reader/Interrogator）及中间件（Middle-Ware）3 部分组成的一种短距离无线通信系统。射频识别中的标签是射频识别标签芯片和标签天线的结合体。标签根据其工作模式不同而分为主动标签和被动标签。主动标签自身携带电池为其提供读写器通信所需的能量；被动标签则采用感应耦合或反向散射工作模式，即通过标签天线从读写器中发出的电磁场或者电磁波获得能量激活芯片，并调节射频识别标签芯片与标签天线的匹配程度，将储存在标签芯片中的信息反馈给读写器。因此，射频识别标签天线的阻抗必须与标签芯片的输入阻抗共轭匹配，以使得标签芯片能够最大限度地获得射频识别读写器所发出的电磁能量。此外，在对标签天线设计时还必须考虑电子标签所应用的场合，如应用在金属物体表面的标签天线与应用在普通物体表面的标签天线在天线的结构和选材上存有很大的差别。适合于多种芯片、低成本、多用途的标签天线是射频识别在我国得到广泛普及的关键技术之一。

1. 电子标签天线分类

对于采用被动式标签的射频识别系统而言，根据工作频段的不同具有两种工作模式。一种是感应耦合（Inductive Coupling）工作模式，这种模式也称为近场工作模式，它主要适用于低频和高频 RFID 系统；另一种则是反向散射（Backscattering）工作模式，这种模式也称为远场工作模式，主要适用于超高频和微波 RFID 系统。

感应耦合模式主要是指读写器天线和标签天线都采用线圈形式。当读写器在阅读标签时，发出未经调制的信号，处于读写器天线近场的电子标签天线接收到该信号并激活标签芯片之后，由标签芯片根据内部存储的全球唯一的识别号（ID）控制标签天线中的电流大小。这个电流的大小进一步增强或减小阅读器天线发出的磁场。这时，读写器的近场分量展现出被调制的特性，读写器内部电路检测到这个由于标签而产生的调制量，并解调，从而得到标签信息。

在反向散射工作模式中，读写器和电子标签之间采用电磁波来进行信息的传输。当读写器对标签进行阅读识别时，首先发出未经调制的电磁波，此时位于远场的电子标签天线接收到电磁波信号并在天线上产生感应电压，电子标签内部电路将这个感应电压进行整流并放大，用于激活标签芯片。在标签芯片激活之后，用自身的全球唯一标识号对标签芯片阻抗进行变化，当电子标签芯片的阻抗和标签芯片之间的阻抗匹配较好时，基本不反射信号；而当阻抗匹配不好时，将几乎全部反射信号。这样反射信号就出现了振幅的变化，这种情况类似于对反射信号进行幅度调制处理。读写器通过接收到经过调制的反射信号判断该电子标签的标识号并进行识别。这类天线主要包括微带天线、平面偶极子天线和环形天线。

2. 电子标签天线的设计与测试

如前所述，工作于低频与高频的射频识别系统采用感应耦合模式进行通信，所以工作于这两个频段的读写器与电子标签都采用线圈形式的天线。工作在这两个频段的射频识别系统都受制于近场作用的范围，从而导致其识别距离较短。根据目前的情况来看，采用近场通信的射频识别系统最大的识别距离小于1m。

由于低频和高频频段的射频识别系统采用的是电磁场耦合模式，所以系统中的天线都采用线圈形式。采用这种形式的主要原因如下。

1）电磁场的耦合在线圈之间比较紧密。

2）天线采用线圈的形式进一步减小了天线的体积，进而减小了标签的体积。

3）标签芯片的特性要求标签天线具有一定的电抗。

在超高频和微波波段时，电子标签和读写器之间的通信采用反向散射工作方式。这时候，连接电子标签和读写器之间的桥梁不再是近磁场而是电磁波。此时，被动型电子标签处于读写器的电磁波远场中。根据频带的波长和天线的口径可以计算出该频带内射频识别系统的远场和读写器之间的距离。一般来说，被动性标签在超高频范围内的工作距离可达10m左右，根据现有资料来看，工作于微波波段（主要指2.45GHz）的被动标签工作距离仅为1m左右。所以，目前采用反向散射工作模式的射频识别系统主要使用860～960MHz的超高频频段。

在由被动型标签天线组成的射频识别系统中，标签需要从读写器产生的电磁场或者电磁波中获取能量激活标签芯片。所以，在电子标签中有一部分电路专门用于检测标签天线上的感生电动势或者感应电压，通过二极管电路进行整流，并经过其他电路进行电压放大等。这些电路被集成存在标签芯片内部。当芯片进行封装时，通常还会引入一部分分布式电容。但是，天线设计本身并不需要知道芯片中的具体电路，而只需要掌握芯片和经过封装之后的芯片阻抗，并利用最大能量传递的法则设计天线的输入阻抗即可。

电子标签芯片的输出阻抗具有电抗分量，为了达到能量的最大传递，需要将天线的输入阻抗设计为标签芯片阻抗的共轭。一般而言，电子标签芯片的输入阻抗为 $Z = R - jX$ 形式。为了获得共轭形式的阻抗，电子标签天线的阻抗应为 $Z = R + jX$ 形式。

如前所述，工作在低频与高频的射频识别系统中的被动标签天线采用了线圈形式，这种线圈形式即可引入感抗用于抵消等效电路中的容抗，从而实现标签芯片和天线之间的最大能量传递。

而对于工作于超高频和微波频段的标签天线而言，为了引入感抗以抵消芯片的容抗，需要在天线设计中加入环形结构进行感性馈电等。另外，为了在规定的等效全向辐射功率（EIRP）下获得更远的阅读距离，除了要求电子标签天线也具有高增益之外，还要求在电子标签天线和标签芯片之间能够有足够的匹配。

在标签天线进行设计和仿真并获得理想结果之后，需要将天线加工并进行测试，以验证设计和仿真的正确性。也正如前文中所介绍的那样，标签天线具有复数阻抗的特性，其测试方法与具有实数阻抗天线的测试方法有所区别。另外，在同一个标签天线的测试过程中，根据所需数据的不同，其测试方法也有所不同，通常在测试天线的过程中，并不需要专门测试天线的输入阻抗。但标签天线的阻抗为负数阻抗，且其虚部与实部之比较大（通常 $X/R \gg 10$），这样的阻抗曲线在史密斯（Smith）圆图中靠近短路圆不易通过 Smith 网图观察天线的阻抗带宽。为了获得标签天线的输入阻抗，可以将测试设备的输出端口直接与天线的输入端口相连。这种方式并未考虑标签天线本身具有复数阻抗这一特性。天线和测试设备之间并没有取得共轭匹配，此时只能得到天线的阻抗参数，诸如散射矩阵参数和驻波比等常用来衡量天线的电路参数，而不能直接获得。

为了获得是散射参数和驻波比等电路参数，以便对天线的阻抗带宽特性进行评价，可将实测的阻抗参数代入相关公式进行计算，或者采用阻抗匹配的方法在测试设备和天线之间加入匹配电路。匹配电路可由两种方法构成，一是采用工作频率较高的分立元器件构成，二是采用微波电路构成。需要注意的是，匹配电路应该距离天线端口足够近，这样才能获得较大的带宽，并避免天线与匹配电路之间连接线路带来的负面影响。

电路用于标签天线的测试。不过采用匹配电路具有一些缺点。

1）不论使用分立元器件还是使用微波电路来构成阻抗匹配电路，其带宽总是受限的，当天线真实带宽大于匹配电路的带宽时，所测试到的带宽将不再准确。

2）由于匹配电路总是存在损耗，所以测试得到的带宽和回波损耗值等参数和真实的天线参数有一些差别。

3）引入的匹配电路总是与天线之间存在距离，从而使得测试存在一定误差。

上述使用匹配电路进行测试的方案除了可以获得一定精度的带宽和同波损耗等参数之外，对于测试天线的方向图和增益等辐射特性也是必需的。只有通过阻抗匹配电路，才能将天线接收到的绝大部分能量基本无反射地传递到测试系统中，从而测试相应的辐射参数。

随着射频识别技术的应用不断扩大，越来越多的场合要求使用射频识别系统。电子标签天线作为射频识别系统中不可或缺的重要一环，其设计、生产、测试等均是未来研究的主要内容之一。鉴于电磁波的固有特性，在诸如临近金属和液体等环境中，射频识别系统的性能将大打折扣。在这样的环境中除了提高读写器的性能之外，电子标签天线性能的提高显得更为重要。另外，柔性电子标签贴附在非平坦表面时性能也会有所恶化。如何避免柔性标签应用到非平坦表面带来的影响也是目前的一个研究重点。

 小知识

早期的密码本

早期谍报人员都有一本密码本，发送或收到一串数字，然后通过查密码本找到对应的字，信息就出现了。一旦密码本丢了，后果不堪设想。

2.2　RFID 的编码、调制与解调

2.2.1　编码与解码

编码是为了达到某种目的而对信号进行的一种变换，相反过程一般称为解码或译码。根

据编码的目的不同，编码理论有信源编码、信道编码和保密编码3种，主要应用在数字通信技术、自动控制技术和计算机技术等领域。

1. 信源编码与解码

信源编码是对信源输出的信号进行变换，即将需要转换的模拟信号通过采样、量化变成数字信号，然后对数据压缩以提高信号传输的有效性而进行的编码。信源解码则是信源编码的逆过程。信源编码的主要功能正如其定义一样，包括模数转换和提高信息传输的有效性。通常采用某种数据压缩技术，减少码元数目和降低码元速率。码元速率决定传输占用的带宽，而通信的有效性则是通过传输带宽来体现。

2. 信道编码与解码

信道编码是对信源编码输出的信号进行再变换，包括区分通路、适应信道条件和提高通信可靠性而进行的编码。信道解码是信道编码的逆过程。信道编码的主要目的是前向纠错，增强数字信号的抗干扰能力。数字信号在信道传输时受到噪声等影响会引起差错，为了减小差错，信道编码器对传输的信道码元按照一定的规则加入保护成分（监督码元），组成抗干扰编码。接收端的信道解码器按照相应的逆规则进行解码，从中发现错误或纠正错误，以提高通信的可靠性。

3. 保密编码与解码

保密编码是对信号进行再变换，即为了使信息在传输过程中不易被人窃译而进行的编码。保密编码的目的是为了隐藏敏感信息，一般采用乱置、替换或两种都有的方法实现，这种处理过程又称为加密。保密解码是保密编码的逆过程，保密解码利用与发送端相同的密码复制品，接收端接收数据，实施解密恢复信息的过程。

2.2.2 RFID 常用编码

射频识别系统的结构与通信系统的基本模型相类似，满足了通信功能的基本要求。读写器和电子标签之间的数据传输构成了与基本通信模型相类似的结构。读写器与电子标签之间的数据传输需要3个主要功能块，如图2-6所示。按读写器到电子标签的数据传输方向，RFID结构顺序为读写器（发送器）中的信号编码（信号处理）和调制器（载波电路），传输介质（信道），以及电子标签（接收器）中的解调器（载波回路）和信号译码（信号处理）。RFID系统最终要完成的功能是对数据的获取，在系统内的数据交换有两个方面的内容，即RFID读写器向RFID电子标签方向的数据传输和RFID电子标签向RFID读写器方向的数据传输。

射频识别系统的基本通信结构框图如图2-6所示。信号编码系统的作用是对要传输的信息进行编码，以便传输信号能够尽可能最佳地与信道相匹配，这样的处理包括了对信息提供某种程度的保护，以防止信息受干扰或相碰撞以及对某些信号特性的蓄意改变。调制器用于改变高频载波信号，即使载波信号的振幅、频率或相位与调制的基带信号相关。射频识别系统信道的传输介质为磁场（电感耦合）和电磁波（微波）。解调器的作用是解调获取信号，以便再生基带信号。信号译码的作用则是对从解调器传来的基带信号进行译码，恢复原来的信息，并识别和纠正传输错误。

1. RFID 数据传输常用编码格式

RFID系统一般采用二进制编码，二进制编码是用不同形式的代码来表示二进制的"0"和"1"。射频识别系统通常使用下列编码方法中的一种，即反向不归零（NRZ）编码、曼

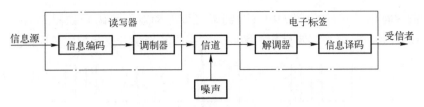

图 2-6 射频识别系统的基本通信结构框图

彻斯特（Manchester）编码、单极性归零编码、差动双相（DBP）编码、米勒（Miller）编码和差动编码。

（1）反向不归零（Non Return Zero，NRZ）编码

反向不归零编码用高电平表示二进制"1"，低电平表示二进制"0"，以二进制字符串"101100101001011"为例进行编码（即 NRZ 编码），如图 2-7 所示。

图 2-7 NRZ 编码

这种编码方式仅适合近距离传输信息，原因如下。

1）有直流，一般信道难于传输零频附近的频率分量。

2）收端判决门限与信号功率有关，不方便使用。

3）不包含位同步成分，不能直接用来提取同步信号。

（2）曼彻斯特（Manchester）编码

曼彻斯特编码也被称为分相编码（Split Phase Coding）。在曼彻斯特编码中，某位的值是由该位长度内半个位周期时电平的变化（上升/下降）来表示的，在半个位周期时的负跳变表示二进制"1"，半个位周期时的正跳变表示二进制"0"，二进制字符串"101100101001011"编码（即曼彻斯特编码）如图 2-8 所示。

图 2-8 曼彻斯特编码

曼彻斯特编码在采用负载波的负载调制或反向散射调制时，通常用于从电子标签到读写器的数据传输，这有利于发现数据传输的错误。这是因为在位长度内，"没有变化"的状态是不允许的。当多个电子标签同时发送的数据位有不同值时，接收的上升边和下降边互相抵消，导致在整个位长度内是不间断的副载波信号，由于该状态不被允许，所以读写器利用该错误就可以判定碰撞发生的具体位置。

（3）单极性归零（Unipolar RZ）编码

单极性归零编码用在第一个半个位周期中的高电平表示二进制"1"，而用持续整个位周期内的低电平信号表示二进制"0"，二进制字符串"101100101001011"编码（即单极性归零编码）如图 2-9 所示。单极性归零编码可用来提取位同步信号。

（4）差动双相（DBP）编码

差动双相编码在半个位周期中的任意边沿表示二进制"0"，而没有边沿就是二进制

"1"，二进制字符串"101100101001011"编码（即差动双相编码）如图2-10所示。此外，在每个位周期开始时，电平都要反相。因此，对接收器来说，位节拍比较容易重建。

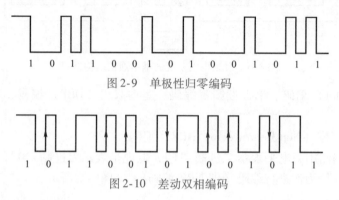

图2-9　单极性归零编码

图2-10　差动双相编码

（5）米勒（Miller）编码

米勒编码在半个位周期内的任意边沿表示二进制"1"，而经过下一个位周期中不变的电平表示二进制"0"。位周期开始时产生电平交变，二进制字符串"101100101001011"编码（即米勒编码）如图2-11所示。因此，对接收器来说，位节拍比较容易重建。

图2-11　米勒编码

（6）差动编码

在差动编码中，每个要传输的二进制"1"都会引起信号电平的变化，而对于二进制"0"，信号电平保持不变，二进制字符串"101100101001011"编码（即差动编码），如图2-12所示。

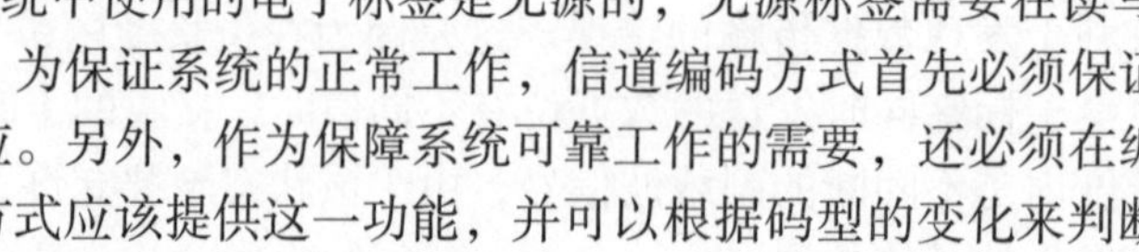

图2-12　差动编码

2. 选择编码方法的考虑因素

通常在RFID系统中使用的电子标签是无源的，无源标签需要在读写器的通信过程中获得自身的能量供应。为保证系统的正常工作，信道编码方式首先必须保证不能中断读写器对电子标签的能量供应。另外，作为保障系统可靠工作的需要，还必须在编码中提供数据一级的校验保护，编码方式应该提供这一功能，并可以根据码型的变化来判断是否发生误码或有电子标签冲突。

在RFID系统中，当电子标签是无源标签时，经常要求基带编码在每两个相邻数据位元间具有跳变的特点。这种相邻数据间有跳变的码，不仅可以保证在连续出现0的时候对电子标签的能量供应，且便于电子标签从接收到的码中提取时钟信息。在实际的数据传输中存在信道中的干扰，数据必然会在传输过程中发生错误，这时要求信道编码能够提供一定程度检测错误的能力。

2.2.3 调制与解调

在无线电技术中，调制与解调占有十分重要的地位。假如没有调制与解调技术，就没有无线电通信，没有广播和电视，也没有手机、传真、计算机通信及国际互联网等。

调制是使一个信号（如光、高频电磁振荡等）的某些参数（如振幅、频率等）按照另一个欲传输的信号（如声音、图像等）的特点变化的过程。例如某中波广播电台的频率为540kHz，这个频率是指载波的频率，它是由高频电磁振荡产生的等幅正弦波频率，用所要传播的语言或音乐信号去改变高频振荡的幅度，使高频振荡的幅度随语言或音乐信号的变化而变化，这个控制过程就称为调制。其中语言或音乐信号称为调制信号，调制后的载波就载有调制信号所包含的信息，称为已调波。目的是把传输的模拟信号或数字信号，变换成适合信道传输的信号，这就意味着要把信源的基带信号转变为一个相对基带频率而言非常高的频带信号。调制的过程用于通信系统的发端，调制就是把基带信号的频谱搬移到信道通带中的过程。经过调制的信号称为已调信号，已调信号的频谱具有带通的形式，已调信号称为带通信号或频带信号。在接收端需将已调信号还原成原始信号，解调是将信道中的频带信号恢复为基带信号的过程。

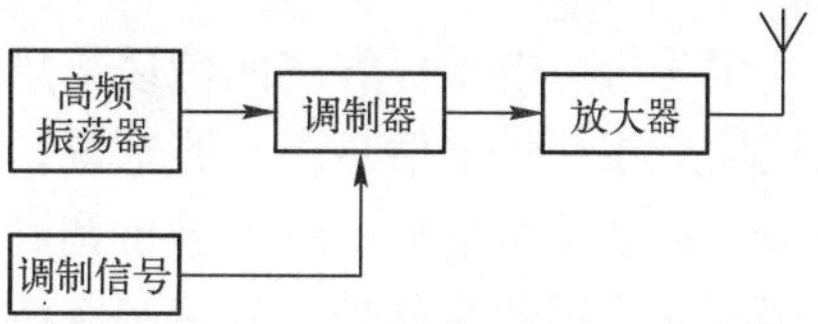

调制在无线电发信机中应用最广。图2-13所示为发信机的原理框图。高频振荡器负责产生载波信号，把要传送的信号与高频振荡信号一起送入调制器后，高频振荡被调制，经放大后由天线以电磁波的形式辐射出去。其中调制器有两个输入端和一个输出

图 2-13 发信机的原理框图

端。这两个输入分别为被调制信号和调制信号。一个输出就是合成的已调制的载波信号。例如，最简单的调制就是把两个输入信号分别加到晶体管的基极和发射极，集电极输出的便是已调信号。

为什么要用语言或音乐信号去控制高频振荡呢？原来要使信号的能量以电场和磁场的形式向空中发射出去传向远方，需要较高的振荡频率方能使电场和磁场迅速变化；同时信号的波长要与天线的长度相匹配。语言或音乐信号的频率太低，无法产生迅速变化的电场和磁场；相应地，它们的波长又太大，即使选用它的最高频率20 000Hz来计算，其波长仍为15 000m，实际上是不可能架设这么长的天线的。看来要把信号传递出去，必须提高频率，缩短波长。可是超过20kHz的高频信号，人耳就听不见了。为了解决这个矛盾，只有采用把音频信号"搭乘"在高频载波上，也就是调制，借助于高频电磁波将低频信号发射出去，传向远方。

按照被调制信号参数的不同，调制的方式也不同。如果被控制的参数是高频振荡的幅度，则称这种调制方式为幅度调制，简称为调幅；如果被控制的参数是高频振荡的频率或相位，则称这种调制方式为频率调制或相位调制，简称调频或调相（调频与调相又统称调角）。

幅度调制的特点是载波的频率始终保持不变，振幅却是变化的。其幅度变化曲线与要传递的低频信号是相似的。它的振幅变化曲线称为包络线，代表了要传递的信息。幅度调制在中、短波广播和通信中使用甚多。幅度调制的不足是抗干扰能力差，因为各种工业干扰和天电干扰都会以调幅的形式叠加在载波上，成为干扰和杂波。

解调是调制的逆过程，它的作用是从已调波信号中取出原来的调制信号。对于幅度调制来说，解调是从它的幅度变化提取调制信号的过程。例如收音机里对调幅波的解调通常是利用二

极管的单向导电特性，将调幅高频信号去掉一半，再利用电容器的充放电特性和低通滤波器滤去高频分量，就可以得到与包络线形状相同的音频信号。解调示意图如图 2-14 所示。对于频率调制来说，解调是从它的频率变化中提取调制信号的过程。频率解调要比幅度解调复杂，用普通检波电路是无法解调出调制信号的，必须采用频率检波方式，如各类鉴频器电路。

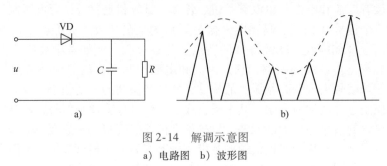

图 2-14　解调示意图
a）电路图　b）波形图

2.2.4　RFID 常用的调制方法

读写器与电子标签之间传递信息，首先需要编码，然后通过调制解调器调制，最后通过无线信道相互传送信息。一般来说，数字基带信号往往具有丰富的低频分量，在无线通信中必须用数字基带信号对载波进行调制，而不是直接传送数字基带信号，以使信号与信道的特性相匹配。用数字基带信号控制载波，把数字基带信号变换为数字已调信号的过程称为数字调制，RFID 主要采用数字调制的方式。

用二进制（多进制）数字信号作为调制信号，去控制载波某些参量的变化，这种把基带数字信号变换成频带数字信号的过程称为数字调制；反之，称为数字解调。

在二进制时，调制分为振幅键控（ASK）、频移键控（FSK）和相移键控（PSK）。其中，ASK 属于线性调制，FSK、PSK 属于非线性调制。RFID 系统通常采用数字调制方式传送消息，调制信号（包括数字基带信号和已调脉冲）对正弦波进行调制。

1. 振幅键控

振幅键控（Amplitude Shift Keying，ASK）是载波的振幅随着数字基带信号而变化的数字调制。当数字基带信号为二进制时，为二进制振幅键控（2ASK）。二进制振幅键控信号可以被表示成具有一定波形形状的二进制序列（二进制数字基带信号）与正弦型载波的乘积。通常，二进制振幅键控信号的产生方法有两种，即一般的模拟幅度调制方法与数字键控方法实现。2ASK 信号的波形随着控制波形的通断变化，所以又称为通断键控或开关键控（On Off Keying，OOK）信号。2ASK 信号有两种基本的解调方法，即相干解调法和非相干解调法（包络检波法）。相干解调需要在接收端产生一个本地载波，实现较为复杂。

ASK 指的是振幅键控方式。这种调制方式是根据信号的不同来调节正弦波的幅度。振幅键控可以通过乘法器和开关电路来实现。载波在数字信号 1 或 0 的控制下通或断，在信号为 1 的状态载波被接通，此时传输信道上有载波出现；在信号为 0 的状态下，载波被关断，此时传输信道上无载波传送。那么在接收端就可以根据载波的有无还原出数字信号的 1 和 0。对于二进制振幅键控信号的频带宽度为二进制基带信号宽度的两倍。振幅键控的调制波形图如图 2-15 所示。

振幅键控（ASK）的载波幅度是随着调制信号而变化的，其最简单的形式是，载波在二进制调制信号控制下通断，此时又可称作开关键控法（OOK）。多电平调制方式（MASK）又称为多进制数字振幅调制，调制方式是一种比较高效的传输方式，但由于它的抗噪声能力较差，尤其是抗衰落的能力不强，因而一般只适宜在恒参信道下采用。

2. 频移键控

用基带数据信号控制载波频率的调制方式称为频移键控，英文缩写为 FSK。二进制频移键控就是利用二进制数字信号控制载波频率，当传送"1"码时输出一个频率 f_1，频移键控是利用两个不同频率 f_1 和 f_2 的振荡源来代表信号 1 和 0。用数字信号的 1 和 0 去控制两个独立的振荡源交替输出。对二进制的频移键控调制方式，其有效带宽为 $B = 2xF + 2F_b$，xF 是二进制基带信号的带宽，也是 FSK 信号的最大频偏，由于数字信号的带宽，即 F_b 值大，所以二进制频移键控的信号带宽比较大，频带利用率小。传送"0"码时输出另外一个频率 f_0。

从原理上讲，数字调频可用模拟调频法来实现，也可用键控法来实现。模拟调频法是利用一个矩形脉冲序列对一个载波进行调频，是频移键控通信方式早期采用的实现方法。2FSK 键控法则是利用受矩形脉冲序列控制的开关电路对两个不同的独立频率源进行选通。键控法的特点是转换速度快、波形好、稳定度高且易于实现，故应用广泛。二进制频移键控的调制波形图如图 2-16 所示。

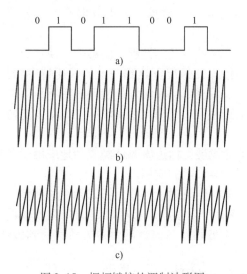

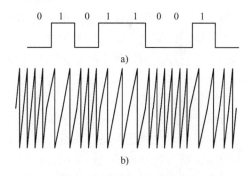

图 2-15 振幅键控的调制波形图
a）数字信号 b）正弦载波 c）振幅键控波形

图 2-16 二进制频移键控的调制波形图
a）数字信号 b）频移键控的时间波形

3. 相移键控

用载波相位表示输入信号信息的调制技术称为相移键控。移相键控分为绝对移相和相对移相两种。以未调载波的相位作为基准的相位调制叫作绝对移相。以二进制调相为例，当取码元为"1"时，调制后载波与未调载波同相；当取码元为"0"时，调制后载波与未调载波反相；"1"和"0"时调制后载波相位差 180°。

根据香农理论，在确定的带宽里面，对于给定的信号 SNR 其传送的无差错数据速率存在着理论上的极限值。从另一个方面来理解这个理论，可以认为，在特定的数据速率下，信号的带宽和功率（或理解成 SNR）可以互相转换，这一理论成功地使用在传播状态极端恶劣的短波段，在这里具有活力的通信方式比快速方式更有实用意义。PSK 就是这一理论的成

功应用。所谓 PSK 就是根据数字基带信号的
两个电平使载波相位在两个不同的数值之间
进行切换的一种相位调制方法。

　　产生 PSK 信号有调相法和选择法两种。

　　1）调相法。将基带数字信号（双极性）
与载波信号直接相乘。

　　2）选择法。用数字基带信号去对相位相
差 180° 的两个载波进行选择。

　　相移键控的调制波形图如图 2-17 所示。

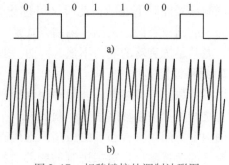

图 2-17　相移键控的调制波形图

a）数字信号　b）相移键控的时间波形

2.3　RFID 的差错控制与数据安全设计

2.3.1　RFID 数据的差错控制

　　在 RFID 系统中，数据传输的完整性存在两个方面的问题，即外界的各种干扰可能使数据传输产生错误及多个应答器同时占用信道使发送数据产生碰撞。运用数据检验（差错检测）和防碰撞算法可分别解决这两个问题。

　　在实际信道上传输数字信号时，不理想的信道传输特性及加性噪声的影响，使接收端所收到的数字信号不可避免地发生错误。为了在已知信噪比情况下达到一定的误比特率指标，首先应该合理设计基带信号，选择调制解调方式，采用时域、频域均衡使误比特率尽可能降低。但若误比特率仍不能满足要求，则必须采用信道编码（即差错控制编码），将误比特率进一步降低，以满足系统指标的要求。

　　随着差错控制编码理论的完善和数字电路技术的发展，信道编码已经成功地应用于各种通信系统中，且在计算机、磁记录与存储中也得到日益广泛的应用。

　　差错控制编码的基本思路是，在发送端将被传输的信息附上一些监督码元，这些多余的码元与信息码元之间以某种确定的规则相互关联（约束）。接收端按照既定的规则校验信息码元与监督码元之间的关系，一旦传输发生差错，信息码元与监督码元的关系就受到破坏，从而使接收端可以发现错误乃至纠正错误。

　　研究各种编码和译码方法是差错控制编码所要解决的问题。

　　1. 差错控制的 3 种方式

　　1）检错重发：在接收端根据编码规则进行检查，如果发现规则被破坏，则通过反向信道要求发送端重新发送，直到接收端检查无误为止。检错重发又称为请求重发（Automatic Repeat reQuest，ARQ）。这种差错控制方式是在发送端对数据按照一定的规则进行编码，使其具有一定的检错能力，称为能够检测错误的检错码。接收端收到码组后，按照编码规则校验有无错码，并把校验结果通过反向信道反馈到发送端。如果没有错码，就继续发送信号。如果有错码，就反馈重发信号，发送端把前面发出的信息重新传送一次，直到接收端正确收到为止。

　　ARQ 系统具有各种不同的重发机制：如可以停发等候重发、X.25 协议的滑动窗口选择重发等。

　　ARQ 的优缺点是系统需要反馈信道，效率较低，但是能达到很好的性能。

　　2）前向纠错（Forward Error Correction，FEC）：发送端发送能纠正错误的编码，在接收

端根据接收到的码和编码规则，能自动纠正传输中的错误。

前向纠错的优缺点是不需要反馈信道，实时性好，但附加监督码较多，传输效率低，随着纠错能力的提高，编译码设备复杂。

3）结合前向纠错和 ARQ 的系统，在纠错能力范围内，自动纠正错误，超出纠错范围则要求发送端重新发送，它是一种折中的方案。混合纠错检错（Hybrid Error Correction，HEC）方式是前向纠错方式和检错重发方式的结合。发送端发送同时具有检错和纠错的编码，接收端接收到编码后，检查错误情况，如果错误少于纠错能力，则自行纠正；如果错误很多，超出纠错能力，但未超出检错能力，即能判决有无错码而不能判决错码的位置，这个时候接收端自动通过反向信道发出信号要求发端重发。

混合纠错的优缺点是采用了折中的方式，吸取了前向纠错和检错重发的优点，在保证正常通信的同时尽可能地减少编码的冗余度。

信道发生差错的几种模式：一般情况下，信道在通信的时候会产生一定的差错，差错的表现形式主要有随机差错、突发差错和混合差错。

随机差错：差错的出现是随机的，一般而言，差错出现的位置是随机分布的。这种情况一般是由信道的加性随机噪声引起的，一般将这种信道称为随机信道。

突发差错：差错的出现是一连串出现的。这种情况如移动通信中信号在某一段时间内发生衰落，造成一串差错；光盘上的一条划痕等，这样的信道称为突发信道。

混合差错：既有突发错误又有随机差错的情况，这种信道称为混合信道。

2. 差错控制编码的基本原理

下面以差错重发编码为例来简单地阐述差错编码在相同的信噪比情况下为什么会获得更好的系统性能。

【例 2-1】 假设发送信息 0、1（等概率），采用 2PSK 方式，最佳接收的系统误比特率为 $P_e = \frac{1}{2}\text{erfc}\left(\sqrt{\frac{E_s}{N_0}}\right)$，现在假设 $P_e = 10^{-3}$（即平均接收 1 000 个中错 1 个）。如果将信息 0 编码成 00，信息 1 编码成 11，则在接收端：

当发送 00 而收到 01、10 时，用户知道发生了差错，要求发送端重新传输，直到传送正确为止；只有当收到 11 时，用户才错误地认为当前发送的是 1。因此在这种情况下发生译码错误的概率是 $\frac{1}{2}P_e^2$。同理，如果发送的是 11，那么只有收到 00 时才可能发生错误译码，在这种情况下发生译码错误的概率是 $\frac{1}{2}P_e^2$。所以采用 00、11 编码的系统误比特率为 P_e^2。

试问：采用 000、111 编码的 ARQ 系统误比特率是多少？采用 0000、1111 编码的 ARQ 系统误比特率是多少？

【例 2-2】 在例 2-1 中，如果 0、1 采用 00000、11111 编码，那么在接收端用如下的译码方法，每收到 5 个比特译码一次，采用大数判决，即若 5 个比特中 0 的个数，大于 1 的个数，则译码成 0，反之译码成 1；不采用 ARQ 方式。于是，这种编码方式就变成了纠错编码。

当传输错误而使接收端收到 11000，10100，10010，10001，01100，01010，01001，00110，00101，00011 中的任何一种时，都可以自动纠正成 00000。

试计算在这种情况下的系统性能。

【例 2-3】 2PSK 系统中误比特率与 E_s/N_0 有关，上述例 2-1 和例 2-2 的编码方式称为重复码。可以看到，重复码中假设传输时每个符号的 E_s/N_0 相等，因此才得到以上的性能分析对比。

但如果以 E_b/N_0 的指标进行比较，则看到

例 2-1 中 $\dfrac{E_b}{N_0}=\dfrac{2E_s}{N_0}$

例 2-2 中 $\dfrac{E_b}{N_0}=\dfrac{5E_s}{N_0}$

如果要求系统在 E_b/N_0 相同的情况下进行比较，就可以看到这 3 种系统是等价的（即没有获得相应的编码增益）。

$$\operatorname{erfc}(x)\approx\frac{1}{\sqrt{\pi x^2}}e^{-x^2},\ x\gg 1$$

2PSK 系统：$P_e=\dfrac{1}{2}\operatorname{erfc}\left(\sqrt{E_b/N_0}\right)=\dfrac{1}{2\sqrt{\pi E_b/N_0}}e^{-\frac{E_b}{N_0}}$

2 重复码：$P_e=\left[\dfrac{1}{2}\operatorname{erfc}\left(\sqrt{\dfrac{E_b}{2N_0}}\right)\right]^2=\dfrac{1}{2\pi E_b/N_0}e^{-\frac{E_b}{N_0}}$

实际上，系统的性能与 E_s/N_0 直接相关，在 n 重复码中，用了 nE_s 的能量来传输一个比特，从每个比特能量的角度来看重复码没有得到好处。编码增益为

$$编码增益=\frac{未编码时达到一定性能时所需的\ E_b/N_0}{编码时达到一定性能时所需要的\ E_b/N_0}$$

3. 差错控制编码的分类

1）根据差错控制编码的功能不同，可分为检错码、纠错码、纠删码（兼检错、纠错）。

2）根据信息位和校验位的关系，可分为线性码和非线性码。

3）根据信息码元和监督码元的约束关系，可分为分组码和卷积码。

① 分组码。将 k 个信息比特编成 n 个比特的码字，共有 2^k 个码字。所有 2^k 个字组成一个分组码。传输时前后码字之间毫无关系。

② 卷积码。也是将 k 个信息比特编成 n 个比特，但前后的 n 个码字之间是相互关联的，即

$$编码速率=\frac{k}{n}=\frac{k\ 个信息比特}{编成\ n\ 个比特的码字}=平均每个码字所携带的信息比特率$$

2.3.2　纠错编码的基本原理

一般情况下，信源发出的消息均可用二进制信号来表示。例如，要传送的消息为 A 和 B，可以用 1 代表消息 A，0 代表消息 B。在信道传输后产生了误码，0 错为 1，或 1 错为 0，但接收端却无法判断这种错误，因此这种码没有任何抗干扰能力。如果在 0 或 1 的后面加上一位监督位（也称为校验位），则以 00 代表消息 A，11 代表消息 B。长度为 2 的二进制序列共有 $2^2=4$ 种组合，即 00、01、10、11。00 和 11 是从这 4 种组合中选出来的，称其为许用码组，01、10 为禁用码。当干扰只使其中一位发生错误时，例如 00 变成了 01 或 10，接收端的译码器就认为是错码，但这时接收端不能判断是哪一位发生了错误，因为信息码 11 也可能变为 01 或 10，所以不能自动纠错。如果在传输中两位码发生了错误，例如由 00 变成了 11，译码器就会将它判为 B，造成差错，可见，这种一位信息位、一位监督位的编码方式，只能发现一位错误码。

按照这种思路，如果在信息码之后附加两位监督码，即用 000 代表消息 A，111 代表消息 B，这样势必会增强码的抗干扰能力。长度为 3 的二进制序列，共有 8 种组合，即 000、

001、010、011、100、101、110、111。这 8 种组合中有 3 种编码方案：第一种是把 8 种组合都作为码字，可以表示 8 种不同的信息，显然，这种编码在传输中若发生一位或多位错误时，则都使一个许用码组变成另一个许用码组，因而接收端无法发现错误，这种编码方案没有抗干扰能力。第二种方案是只选 4 种组合作为信息码字来传送信息，例如 000、011、101、110，其他 4 组合作为禁用码，虽然只能传送 4 种不同的信息，但接收端有可能发现码组中的一位错误。例如，若 000 中错了一位，则变为 100，或 001 或 010，而这 3 种码为禁用码组。接收端收到禁用码组时，就认为发现了错码，但不能确定错码的位置，若想能纠正错误，则还要增加码的长度。第三种方案中规定许用码组为 000 和 111 两个，这时能检测两位以下的错误，或能纠正一位错码。例如，在收到禁用码组 100 时，若当作仅有一位错码，则可判断出该错码发生在"1"的位置，从而纠正为 000，即这种编码可以纠正一位差错。但若假定错码数不超出两位，则存在两种可能性，000 错一位及 111 错两位都可能变为 100，因而只能检错而不能纠错。

从上面的例子可以得到关于"分组码"的一般概念。如果不要求检错或纠错，为了传输两种不同的信息，只用一位码就够了，把代表所传信息的这位码称为信息位。若使用了 2 位码或 3 位码，则多增加的码位数称为监督位。把每组信息码附加若干监督码的编码称为分组码。在分组码中，监督码元仅监督本码组中的信息码元。

分组码一般用符号 (n, k) 表示，其中 k 是每组码中信息码元的数目，n 是码组的总位数，又称为码组的长度（码长），$n - k = r$ 为每码组中的监督码元数目，或称为监督位数目。通常前面 k 位（a_{n-1}, a_{n-2}, …, a_r）为信息位，后面附加 r 个监督位（a_r, …, a_0），此码又称为系统码，分组码结构如图 2-18 所示。

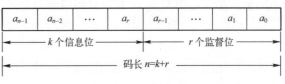

图 2-18　分组码结构

2.3.3　差错控制编码的基本概念

1. 编码效率

设编码后的码组长度、码组中所含信息码元及监督码元的个数分别为 n、k 和 r，三者之间满足 $n = k + r$，编码效率 $R = K/n = 1 - r/n$。R 越大，说明信息位所占的比重越大，码组传输信息的有效性越高。所以，R 说明了分组码传输信息的有效性。

2. 编码分类

1）根据已编码组中信息码元与监督码元之间的函数关系可分为线性码和非线性码。若监督码元与信息码元之间的关系呈线性，即满足一组线性方程式，则称为线性码。

2）根据信息码元与监督码元之间的约束方式不同可分为分组码和卷积码。分组码的监督码元仅与本码组的信息码元有关；卷积码的监督码元不仅与本码组的信息码元有关，而且与前面码组的信息码元有约束关系。

3）根据编码后信息码元是否保持原来的形式可分为系统码和非系统码。在系统码中，编码后的信息码元保持原样，而非系统码中的信息码元则改变了原来的信号形式。

4）根据编码的不同功能可分为检错码和纠错码。

5）根据纠、检错误类型的不同可分为纠、检随机性错误的码和纠、检突发性错误的码。

6）根据码元取值的不同可分为二进制码和多进制码。

3. 编码增益

由于编码系统具有纠错能力，因此在达到同样误码率要求时，编码系统会使所要求的输入信噪比低于非编码系统，为此引入了编码增益的概念。其定义是，对于相同的信息传输速率，在给定的误码率下，非编码系统与编码系统之间所需信噪比 S_0/N_0 之差（用 dB 表示）。采用不同的编码会得到不同的编码增益，但编码增益的提高要以增加系统带宽或复杂度来换取。

4. 码重和码距

对于二进制码组，码组中"1"码元的个数称为码组的重量，简称为码重，用 W 表示。例如码组 11001，它的码重 $W=3$。

两个等长码组之间对应位不同的个数称为这两个码组的汉明距离，简称为码距 d。例如码组 10001 和 01101，有 3 个位置的码元不同，故码距 $d=3$。码组集合中各码组之间距离的最小值称为码组的最小距离，用 d_0 表示。最小码距 d_0 是信道编码的一个重要参数，它体现了该码组的纠、检错能力。d_0 越大，说明码字间最小差别越大，抗干扰能力越强。但 d_0 与所加的监督位数有关，所加的监督位越多，d_0 就越大，这又引起了编码效率 R 的降低，故编码效率与最小码距是一对矛盾。

根据编码理论，一种编码的检错或纠错能力与码字间的最小距离有关。在一般情况下，分组码的最小汉明距离 d_0 与检错和纠错能力之间满足下列关系。

1）当码字用于检测错误时，为了能检测出任意 e 个错误，最小码距应满足

$$d_0 \geq e+1 \tag{2-9}$$

这可以用图 2-19a 所示来说明。设一码组 A 位于 O 点，另一码组 B 与 A 最小码距为 d_0。当 A 码组发生 e 个误码时，可以认为 A 的位置将移动到以 O 为圆心、以 e 为半径的圆上，但其位置不会超出此圆。只要 e 比 1 小，发生个错码后错成的码组就不可能变成另一任何许用码组，即有 $e \leq d_0-1$。

2）当码字用于纠错时，为了能纠正任意 $\leq t$ 个错误，最小码距应满足

$$d_0 \geq 2t+1 \tag{2-10}$$

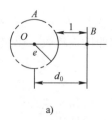 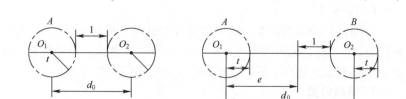

图 2-19　码距与检错和纠错能力之间的关系

a) $d_0 \geq e+1$　b) $d_0 \geq 2t+1$　c) $d_0 \geq e+t+1$

这可以用图 2-19b 所示来说明。若码组 A 和码组 B 发生不多于 t 位的错误，则其位置均不超出以 O_1 和 O_2 为圆心，t 为半径的圆。只要这两个圆不相交，当误码小于 t 时，根据它们落入哪个圆内，就可以正确地判断 A 或 B，即可以纠正错误。以 O_1 和 O_2 为圆心，t 为半径的两圆不相交的最近圆心距离为 $2t+1$，此即为纠正 t 个误码的最小码距。

3）为了能纠正任意 t 个错误，同时检测出任意 e（$e>t$）个错误，要求最小码距

$$d_0 \geq e+t+1 \tag{2-11}$$

在解释此式之前，先来说明什么是"纠正个错码，同时又检测 e 个错码"（简称为纠检结合）。在某些情况下，要求对于出现较频繁但错码数很少的码组按前向纠错方式工作，以节省反馈重发时间，同时又希望对一些错码数较多的码组，在超过该码的纠错能力时，能自动按检错重发方式工作，以降低系统的总误码率，这种工作方式就是"纠检结合"。

在上述"纠检结合"系统中，差错控制设备按照接收码组与许用码组的距离自动改变工作方式。若接收码组与某一许用码组间的距离在纠错能力 t 的范围内，则将按纠错方式工作，否则按检错方式工作。现用图 2-19c 所示来说明。若设码组的检错能力为 e，则当码组 A 中存在 e 个错码时，该码组与任一许用码组 B 的距离至少应有 $t+1$，否则将进入许用码组 B 的纠错能力范围内，而被错纠为 B，这就要求最小码距应满足式 $d_0 \geq e+t+1$。

2.3.4 常用纠错的编码分类

1. 奇偶监督码（奇偶校验）

奇偶校验码也称为奇偶监督码，它是一种最简单的线性分组检错编码方式，一般分奇校验码和偶校验码，两种编码的构成原理是一样的。在奇偶校验码中，一般无论信息位是多少位，校验位只有一位。其方法是首先把信源编码后的信息数据流分成等长码组，在每一信息码组之后加入一位（1 比特）监督码元作为奇偶检验位，使得总码长 n（包括信息位 k 和监督位 1）中的码重为偶数（称为偶校验码）或为奇数（称为奇校验码）。如果在传输过程中任何一个码组发生一位（或奇数位）错误，则收到的码组必然不再符合奇偶校验的规律，因此可以发现误码。奇校验和偶校验两者具有完全相同的工作原理和检错能力，原则上采用任何一种都是可以的。

由于每两个 1 的模 2 相加为 0，故利用模 2 加法可以判断一个码组中码重是奇数或是偶数。模 2 加法等同于"异或"运算。现以偶监督为例。

对于偶校验，应满足 $a_{n-1} \oplus a_{n-2} \oplus \cdots \oplus a_1 \oplus c_0 = 0$，故监督位码元 c_0 可由下式求出 $c_0 = a_1 \oplus a_2 \oplus \cdots \oplus a_{n-2} \oplus c_{n-1}$，这种奇偶校验编码只能检出单数个或奇数个误码，而无法检知偶数个误码，对于连续多位的突发性误码也不能检知，故检错能力有限，另外，该编码后码组的最小码距为 $d_0 = 2$，故没有纠错码能力。奇偶监督码常用于反馈纠错法。

2. 二维奇偶监督码

为了提高奇偶校验码对突发错误的检测能力，可以考虑用二维奇偶校验码，又称为行列检验码或方阵码，其方法如下所述。

将若干奇偶校验码排成若干行，然后对每列进行奇偶校验，放在最后一行。传输时按照列顺序进行传输，在接收端又按照行的顺序检验是否差错。

由于突发错误是成串发生的，经过这样的传输后错误被分散了。实际上这种方法是交织编码 + 奇偶校验。这种码能够发现某行或某列的奇数个错误和长度不大于行数（或列数）的突发错误，也有可能检测出偶数个错误码，这时候错误的码不能刚好分布在矩阵的 4 个顶点。同时也可以纠正一些错误。例如，当某行或某列均不满足监督关系而判定该行该列交叉位置的码元有错，从而纠正这一位上的错误。

在移动通信中，由于信道的衰落经常造成突发错误，因此经常在进入信道传输前，先将输入的信息比特交织，将突发错误尽可能分散成随机错误，然后用其他编码方式来纠正随机的错误。

3. 恒比码

每个码组中 1 的个数都是一样的。

我国电传机传输汉字时每个汉字用 4 位阿拉伯数字表示，每个阿拉伯数字用 5 个比特的码字表示。由于阿拉伯数字只有 10 个，因此从 32 种可能的码字中挑出（C_5^3）10 个 1 的个数为 3 个的码字作为阿拉伯数字的编码方式。恒比码见表 2-2。

表 2-2　恒比码

阿拉伯数字	编　码	阿拉伯数字	编　码
1	01011	6	10101
2	11001	7	11100
3	10110	8	01110
4	11010	9	10011
5	00111	0	01101

恒比码的译码可以采用查表方法，检错时检查 1 的个数是否为 3。一般用在电传、电报中。

4. 循环码（CRC)

循环码是线性分组码中一类重要的编码，由于编码和译码的设备比较简单，检错纠错能力比较好，在理论和实践中有较大的发展。

循环码是一种线性分组码，前 k 位为信息码，后 r 位为监督位。循环码中任一许用码组经过循环移位后所得的码组仍为该码集中的一个许用码组，这种特征就是循环性特征。

循环码的一个码集中的任何两个码组相加后得到的新的码组还是该码集中的一个码组。由于两个相同的码组相加得到全 0 的序列，所以循环码一定是包含全 0 的码组，这种性质称为循环码的线性特征。

2.3.5　RFID 编码方式的选择

在一个 RFID 系统中，编码方式的选择要考虑电子标签能量的来源、检错能力和时钟的提取等多方面因素。

由于使用的电子标签常常是无源的，无源标签在与读写器的通信过程中需要获得自身的能量供应。为了保证系统的正常工作，编码首先要保证不能中断读写器对电子标签的能量供应。如果编码能够满足每两个相邻数据位之间具有跳变的特性，相邻数据间有跳变的编码，那么就可以保证在出现连续 0 的时候对电子标签的能量供应和从接收到的编码中提取时钟信息，即这种时候常常选择码型变换丰富的编码方式。

为了提高系统的可靠性，编码中常常提供数据的校验保护。编码方式需要考虑是否满足这一功能，并根据码型变换判断误码或电子标签冲突的产生。在这种情况下，选择曼彻斯特编码、差动双向编码和单极性归零码具有更好的编码检错能力。

电子标签芯片中，一般没有时钟电路，通过读写器发出的信号中提取出需要的时钟信号，那么这时候读写器的编码方式应该选择更容易提取时钟信息的编码，例如曼彻斯特编码、米勒编码和差动双向编码。

2.3.6　RFID数据的完整性实施及安全设计

完整性是指信息未经授权不能进行改变的特性，即信息在存储或传输过程中保持不被偶然或蓄意地删除、修改、伪造、乱序、重放、插入等破坏和丢失的特性。完整性是一种面向信息的安全性，它要求保持信息的原样，即信息的正确生成、正确存储和正确传输。完整性与保密性不同，保密性要求信息不被泄露给未授权的人，而完整性则要求信息不受到各种原因的破坏。

2.3.6　RFID数据的完整性实施及安全设计

影响信息完整性的主要因素有设备故障、误码（包括在传输、处理和存储过程中产生的误码，定时稳定度和精度降低造成的误码，各种干扰源造成的误码）、人为攻击和计算机病毒等。

（1）保证信息完整性的主要方法

保证信息完整性的主要方法包括以下几种。

1）协议。通过各种安全协议可以有效地检测出被复制的信息、被删除的字段、失效的字段和被修改的字段。

2）纠错编码方法。由此完成检错和纠错功能。最简单和常用的纠错编码方法是奇偶校验法。

3）密码校验和方法。它是抗篡改和传输失败的重要手段。

4）数字签名。保障信息的真实性。

5）公证。请求网络管理或中介机构证明信息的真实性。

（2）干扰导致传输错误

RFID系统采取无接触的方式进行数据传输，因此在传输过程中很容易受到干扰，包括系统内部的热噪声和系统外部的各种电磁干扰等，这些都会使传输的信号发生畸变，使传输数据发生不受欢迎的改变，从而干扰导致数据传输发生错误，如图2-20所示。

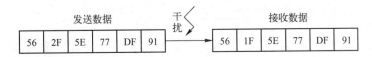

图2-20　干扰导致数据传输发生错误

1）当接收读写器发出的命令及数据信息发生传输错误时，如果被电子标签接收到就可能导致以下结果。

① 电子标签错误地响应读写器的命令。

② 电子标签的工作状态发生混乱。

③ 电子标签错误的进入休眠状态。

2）当电子标签发出的数据发生传输错误时，如果被读写器接收到就可能导致以下结果。

① 不能识别正常工作的电子标签，误判电子标签的工作状态。

② 将一个电子标签判别为另一个电子标签，造成识别错误。

（3）解决方法

因传输的信号畸变而导致的数据传输出错在 RFID 系统的数据通信中是不能容忍的，解决的方法有两种。

1）加大读写器的输出功率，从而提高信噪比，但这种方式有一定的局限性，对读写器发出的功率有限制，如果超限，就会造成电磁污染。

2）在原始数据的后面加上一些校验位，使这些校验位与前边的数据之间具有某种关联，接收端根据判断收到的数据位和校验位之间是否满足这种关联关系来判断有没有发生畸变，这就是差错控制编码。

2.3.7　RFID 的安全设计

与传统的条形码技术相比，RFID 具有非接触读取、无须光学对准、工作距离长、适于恶劣环境和可识别运动目标等明显优势，又得益于电子技术的发展，因此逐渐得到了广泛的应用。典型的应用包括火车和货运集装箱的识别、高速公路自动收费及交通管理、仓储管理、门禁系统、防盗与防伪等方面。

当前的 RFID 技术研究主要集中于天线设计、安全与隐私防护、标签的空间定位和防碰撞技术等方面。

RFID 系统在进行前端数据采集工作时，标签和识读器都采用无线射频信号进行通信。这在给系统数据采集提供灵活性和方便的同时，也使传递的信息暴露于大庭广众之下，这无疑是信息安全的重大威胁。随着 RFID 技术的快速推广应用，其数据安全问题已经成为一个广为关注的问题。

对于 RFID 系统前端数据采集部分而言，信息安全的威胁主要来自于对标签信息的非法读取和改动、对标签的非法跟踪、有效身份的冒充和欺骗 3 个方面。图 2-21 为 RFID 前端数据采集系统示意图。识读器和数据库服务器之间用可信任的安全信道相连，而识读器和标签之间则是不安全、不可信任的无线信道，存在被窃听、欺骗和跟踪等危险。

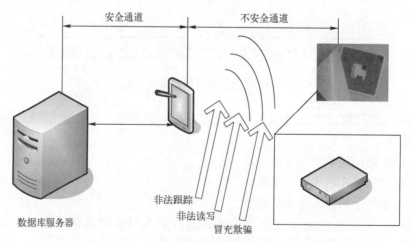

图 2-21　RFID 前端数据采集系统示意图

对于 RFID 系统应用的不同领域，数据安全防护的重点也不尽相同。在零售业，商家需要防止有人非法改动商品的价格。在物流领域，不仅要防止商业间谍窃取标签内货物的信息，也要防止他们通过跟踪标签来跟踪货物的流向，通过对标签进行计数来估计货物的数量。在门禁和自动收费的应用中要防止非法标签冒充合法标签来通过身份验证。

针对 RFID 系统数据安全的问题，当前已经提出各种途径的解决方法，其中有代表性的方法有以下几种，即物理隔离、停止标签服务、读取访问控制和双标签联合验证。下面将具体介绍和分析这几种方法。

1. 物理隔离

物理隔离方法主要思想是，在不希望标签被读取的时候，使用物理方法阻断电磁波的传递路径。例如有人购买了贴有 RFID 标签的商品，在回家的路上他可以使用一种特殊的可阻断电磁波的包装袋来保护他的个人隐私不被人知晓。信息安全厂商（RSA）在这方面做了很多努力，已经开发出这种可以阻断 RFID 信号的包装袋。另外，RSA 还在开发一种沙粒大小的微型芯片来阻断 RFID 标签与 RFID 识读器之间的通信。这种方法适用于零售小商品、医药、邮政包裹和档案文件等需要 RFID 标签保密的场合。

2. 停止标签服务

停止标签服务就是在 RFID 标签的应用周期完成之后，部分或完全地停止标签的信息服务，有人把这称为 "killtag"。这种方法主要是针对那种只存储标签 ID 的无源标签。这种标签的 ID 号是唯一的，往往是由产品的分类号和一个局部唯一的序列号组成。例如，读者可以在商品售出或货物易手时去掉 RFID 标签的序列号，只保留厂家和产品类型信息，或是干脆停止标签的工作。

3. 读取访问控制

读取访问控制（Read Access Control）是利用 Hash 函数进行加密和验证的方案。在进行读取访问控制时，RFID 标签只响应通过验证的识读器。除 RFID 识读器和 RFID 标签以外，还需要数据库服务器的支持。这是一种能够提供较完整的数据安全保护的方案，也是近来研究比较多的方案。下面将介绍其典型的实现方法。

Hash 函数是一种单向函数，它的计算过程如下：输入一个长度不固定的字符串，返回一串定长度的字符串，又称为 Hash 值。单向 Hash 函数用于产生信息摘要。Hash 函数主要解决以下两个问题：在某一特定的时间内，无法查找经 Hash 操作后生成特定 Hash 值的原报文；也无法查找两个经 Hash 操作后生成相同 Hash 值的不同报文。

1）初始化过程。方案对硬件的要求较高，标签的 ROM 存储标签 ID 的 Hash 函数值 Hash（TagID）。RAM 存储经授权的有效识读器的 ReaderID。另外要求标签具有简单逻辑电路，可以做简单计算，如计算 Hash 函数和产生随机数。Reader 与 Tag 和数据库服务器相联系，并被分配 ReaderID。后台数据库存储 TagID 和 Hash（TagID）数据。

2）验证过程。识读器首先发出请求，标签产生一个随机数 k 作为回应。服务器从识读器得到 k 值并计算 k 和 ReaderID 相异或的值（本文中记为 k ReaderID），然后对其进行 Hash 运算得到 $a'(k) =$ Hash（k ReaderID），并通过识读器将 $a'(k)$ 发给标签。与此同时，标签也用自己存储的 k 值和 ReaderID 值按同样的方法计算出 $a(k)$。标签比较 $a(k)$ 和 $a'(k)$，相同，则识读器拥有正确的 ReaderID，验证通过，否则标签沉默。

3）信息传递过程。验证通过之后，标签会将其有效信息 Hash（TagID）发给识读器，数据库服务器从识读器处取得 Hash（TagID），并在数据库中查找出对应的 TagID 值，这就完成了信息传送。读取访问控制的验证过程如图 2-22 所示。

4）更新 ReaderID 过程。需要更新合法 ReaderID 时，用新的 ReaderID 和原来的 Reade-

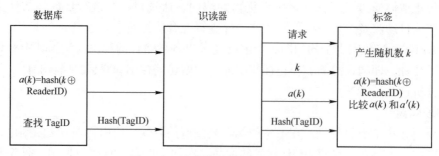

图 2-22 读取访问控制的验证过程

rID 相异或，发给标签，标签可以使用原有的 ReaderID 值算出新的 ReaderID 值。

4. 双标签联合验证

双标签联合验证法是 Ari Juels 等人提出的一种面向低端、无源、计算能力低的 RFID 标签的安全验证方法。这种机制将在 RFID 标签数据要随货物多次易手的较复杂的情况下保持物流链中 RFID 标签信息的完整性。这种方法的主要思想是，在两个相对应的 RFID 标签被识读器同时读到时，使用读取设备作为中介进行互相验证。即使在识读器不被信任的情况下，标签也能够脱机进行验证。此方法适合某些特殊的应用，如在药品分发中，保证药品说明书和药瓶一同运输；保证某些飞机零件出厂时有安全阀。

双标签联合验证过程如图 2-23 所示。它所使用的是一种消息验证码（message authentication codes（MACs））机制。标签由唯一的秘密的长度为 d 的密钥来加密。另外每个标签都有一个计数器 C，初始值为 0。密钥集合由一个可信任的证明者 V 保管。MACx［m］表示用密钥 x 对信息 m 算出的 MAC。fx［C］代表用密钥 x 对输入 c 进行 hash 运算。在标签 TA 和 TB 被同时扫描到时，产生了一个联合验证（yoking2proof）PAB。阅读器传送"左验证"和"右验证"的信息。作为结果的验证 PAB 由 V 使用它所知的密钥来查证。

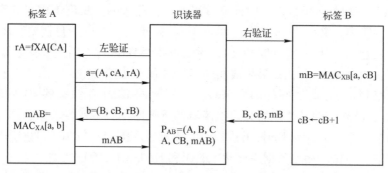

图 2-23 双标签联合验证过程

此方法的关键是两个标签同时被读到，但不一定是这些标签一定是被同一设备所读取。入侵者要从远端满足同时读取的条件是非常困难的，这提高了它的安全性。

5. RFID 数据安全的比较及研究方向

物理隔离的方法简单、直接且有效，适用于 RFID 简单的应用场合。但它的简单安全机制也限制了其应用范围：首先，贴有 RFID 标签的物品必须适于装在这种电磁隔离的包装中，且体积不能太大，而无线通信设备也不适于这种电磁屏蔽的方法；其次，处于屏蔽隔离状态中的 RFID 标签虽保护了其中的信息，但此时标签也不能提供服务。另外，无论是特殊的包装或是阻隔电磁波的芯片，都会增加 RFID 标签的成本，而 RFID 标签的成本目前还需要进一步降低才能使 RFID 真正广泛地应用。

虽然停止标签服务的方法简单易行，但它只提供最简单的信息保护，能够适用的范围很小。如果只清除了标签序列号，他人仍可以得到标签中的其他信息，也可以凭此对标签进行跟踪。如果完全停止了标签的工作，就无法对标签进行进一步的利用。从资源和效率的方面讲都是很不实用的。另外，消费者并不容易检测他所买的商品上的 RFID 标签是否得到了有效的停止，换句话说，只要商家愿意，他们仍然可以跟踪消费者并窥探其隐私。所以目前需要解决的问题是，如何能保证停止标签的有效性和如何对标签进行重用。

读取访问控制的方法对识读器通信的全程都进行了加密防护，特别是对验证过程加入了随机数，具有防窃听、防跟踪和防欺骗的能力，并且可安全地更换合法的 ReaderID。然而它对硬件的要求很高，尤其是标签要实现比较多的逻辑运算，并要求有可读写的存储器。对于这种方法，关键的是提高标签芯片的计算和存储能力以及对验证方法的改进和简化。

双标签联合验证的方法意在加密算法的小代价实现，达到了一定的安全强度。然而它仍然要求计算 Hash 函数，并且要求标签有 360bit 的存储器，对于无源标签来讲，还要有待于RFID 硬件技术的进步才能实现。

为了进行一次读取访问控制验证，标签必须有一次产生随机数的运算、一次 Hash 运算和一次比较运算；而数据库服务器也要做相应的 Hash 运算，另外如果系统中一共有 n 个标签的话，服务器必须在 n 个标签的记录中查找对应的 Hash（TagID）。在整个验证标签和识读器和标签之间至少要进行两次对话。而为了进行一次双标签联合验证，标签需要进行一次Hash 运算、两次 MAC 运算和两次增量运算。在标签和识读器间至少要进行 3 次对话。

小知识
密码机是如何被破译的？

二战时，德国使用的是恩尼格玛密码机，其内部有 3~4 个机械转子，用于改变加密文字的电路信号。一共能产生多少种可能呢？

10 000 000 000 000 000 种！

上面显示一亿亿种可能性，看来用"暴力破解法"来破解几乎是不可能的。

但"不可能"还是最终被英国科学家图灵发明的计算机破解，也就是今天计算机的前身。图灵是英国著名的数学家和逻辑学家，被称为"计算机科学之父""人工智能之父"，是计算机逻辑的奠基者。

2.4　RFID 通信干扰要素及控制策略分析

2.4.1　RFID 通信存在的干扰要素

无线电子通信技术现在已被广泛应用在各行各业，RFID 通信过程主要采用无线局域网方式，受到外界因素的干扰较大，出现干扰后，便不能正常工作。在研究抗干扰措施时需要针对周围环境因素来分析，做好准确确定网络信号来源及无线数字信号传输等问题。RFID通信过程主要的干扰要素包括以下几个方面。

1. 同频干扰

同频干扰是电子通信存在的一大干扰要素。所谓同频干扰即无用信号的载频与有用信号的载频相同，并对接收同频有用信号的接收机造成的干扰。因 MMDS 系统的频率资源有限，当两个或两个以上邻近发射台多频道传输时就有可能采用相同的载频。由于发射机的频率准确度和稳定度等因素，发射载频之间存在着微小差别。这样当用户收到主信号的同时，也会收到另一个干扰信号，这就是同频干扰。

2. 配置干扰

配置干扰是对电子通信的干扰之一，在对电子通信的干扰中，配置干扰是最容易发生、也是最常见的。当遇见配置干扰时，可以用网线进行检测辨别，用网线实现与无线接入点的接入，当硬件有问题时，无线局域网会有相应的反应。如果无线局域网没有任何反应，那么就说明不是硬件出现了问题。如果经过调试，仍未解决问题，就得对接入点的信号进行检测，对接入点信号的检测可利用网上的测量机制进行。如果信号依旧不强，且设备没有移动，那么就需要进行对终端进行再次检测，也可以改变频道进行检测。

3. 硬件干扰

发生硬件干扰，一般都是因为电子通信的硬件设施质量存在问题。对于电子通信的网络速度也是与硬件设备的质量有着密不可分的联系。如果硬件设备质量不好，那么就经常会出现网速慢的现象。当然，网络速度和环境、时间、地点也有关系。可是，一旦发生硬件干扰，很有可能会使整个网络都被阻断，信息无法顺利传输，也会给使用者带来一系列的困难。当网络中断或无线局域网信号不佳时，也要对硬件设备进行检查。硬件干扰在电子通信干扰要素中也是常见的，当然，硬件干扰也是破坏电子通信发展的一个因素。

4. 传输过程中的损耗

在电子通信中，毕竟是需要介质进行传输的，只要传输就会有损耗，传输的损耗大小有诸多影响因素，比如距离、传输工具、频带宽度和障碍物的多少等。

就距离上说，距离越远，传输损耗越大，相反距离越近，传输损耗越小。例如，当读者在视频通话时，如果与对方的距离过大，视频效果不仅模糊，还会有较高的延迟，在进行远距离传输信号时，传输损耗会比较大，影响通信质量。

就传输工具上说，传输工具的先进程度也在影响着电子通信，传输工具比较先进，会使电子在其中碰撞损失的能量小，自然损耗就比较低。在近些年中，普及的光纤就是应用了这一因素，有效地加快了通信的速度和质量。

就频带宽度上说，带宽越宽，通信效果越好，就像一个大门能同时容纳很多人从其中通过，门越大，单位人数通过的时间就越短，彼此摩擦的概率也会减小，这在很大程度上保证了通信的质量。这方面应用最广泛的是家庭宽带的不断上升，从以前的 2Mbit/s 逐步提升，出现了 4Mbit/s、8Mbit/s、10Mbit/s、16Mbit/s，百兆等，给用户带来了极大的方便。

就障碍物来说，自然越过的障碍越少，损失也就越少。使用 WiFi 的时候，会发现到楼下的信号就瞬间减弱了，这是因为经过了厚厚的水泥，信号一点一点地削弱，甚至没有。

在传输过程中的这些损耗是正常的，这里就是研究如何减少这些损失，带来更为便捷的服务。

2.4.2　RFID 通信干扰的控制策略

1. 避免同频干扰

在通信网络中需避免多信号的相互干扰，首先应该控制同一区域内的信号尽可能地减少，尽量控制信号之间不干扰。另外，改变发射频率，能对干扰信号得到有效控制，防止不必要的干扰。还有一个方法就是采用扩频技术，因为这种技术具有隐蔽性强且抗干扰性强的特点，同时由于宽带自身条件的影响，采取抗干扰的控制能够起到十分明显的效果。

2. 控制配置干扰

如果硬件正常，但连接不上网络，那么这时就必须考虑是不是配置没有设置好，可以简单地进行测试，如果信号的强度相对较弱，那么再进行更改调试，直到信号有变化为止。

一个设备能不能连接上网络，DHCP 起到了关键性的作用。简单来说，这个服务器接入点对于 IP 地址的接受是非常苛刻的，DHCP 只能接受自己分配的 IP 地址，所以静态 IP 地址得不到认证，导致服务器混乱，上不去网。这时，可以设置 DHCP 为禁用模式，通过禁用不依赖 DHCP 的分配就能认证 IP 地址，实现成功的网络连接。这只是控制配置的一小部分，对待实际问题还需要积累经验以获得正确的解决问题的方法。

3. 控制硬件干扰

没有硬件设备就不能进行正常的电子通信，所以电子通信的质量与硬件设备的质量具有密不可分的联系。要想保证顺畅地实现电子通信，首先就要确保硬件设备处在良好的状态中。

4. 降低传输损耗

就自身传输方面，必须不断改进才能控制干扰，进而增加通信的质量。其中针对自身传输问题的措施如下。

1）尽量避免远距离传输。减少传输的损耗，可使通信的干扰降低。

2）更换先进材料，降低自身传输方面的损耗，例如更换光纤，加强资源的合理利用，提高资源的使用效率。

3）增加频带宽度。适当增加频带宽度会提高通信速度，缩短延迟时间，给用户更加流畅的通信体验。

4）减少障碍物。使用无线网络时，减少障碍物会使网络信号变强一些，以获得最佳的网络流畅体验。

2.4.3　RFID 通信网络安全与管理

1. 网络安全服务

RFID 通信系统及过程主要由无线传输系统完成，因此通信网络安全尤为重要。

网络安全服务必须包含以下内容。

（1）认证

对每个实体（人、进程或设备等）必须加以认证，也称作信息源认证。每次与协议数据单元（PDU）连接都必须对实体的身份和授权实体进行处理，其信息级别要求匹配。

（2）对等实体认证

网络必须保证信息交换在实体间进行，而不与伪装的或重复前一次交换的实体进行信息交换，网络必须保证信息源是所要求的信息源。要确定出会话开始的时间，以发现重复性攻击。

（3）访问控制

必须有一套规则，由网络来确定是否允许给定的实体使用特定的网络资源。这些规定可以是强制的或选定的访问控制方式，以便有效地保护敏感的或保密的信息。网络实体未经许可，不能将保密信息发送给其他网络实体；未经授权，不能获取保密信息和网络资源。

（4）强制访问控制

根据信息资源的敏感度限制使用资源。实体获得正式授权后，才可以使用具有这种敏感度的信息。强制性表现在它适用于所有的实体和所有的信息，具有政策法规效力。

（5）选定访问控制

根据实体和/或实体群的身份来限制使用资源。选定性表现在它允许资源的所有者改变访问控制；存取的信息允许传送给相应的实体。

（6）标记

存取控制标记必须与协议数据单元（PDU）和网络实体相关。为了控制使用网络，发送和/或处理的信息必须能用可靠的说明其保密程度（或级别）的标记，对每个 PDU 进行标记。

（7）信息加密

网络必须对敏感信息提供保密措施，防止主动攻击、被动攻击及通信业务流量分析。信息保密是防止信息泄露的重要手段，也是人们关注的主要问题之一。

（8）信息的完整性

网络必须保证信息精确地从起点到终点，不受真实性、完整性和顺序性的攻击。网络必须既能对付设备可靠性方面的故障，又能对付人为和未经允许的修改信息的行为。

（9）抗拒绝服务

可以将拒绝通信服务看成是信息源被修改的一种极端情况，它使用信息传送不是被阻塞，就是延迟很久，为此，需要网络能有效地确定是否受到这种攻击。

（10）业务的有效性

网络必须保证规定的最低连续性业务能力。将检测业务降级到最低限度的状态，并自动告警；设备发生故障时，可以迅速恢复业务，保证业务的连续性。

（11）审计

网络必须记载安全事件的发生情况并保护审计资料，以免被修改或破坏，便于审计跟踪和事件的调查。

（12）不可抵赖

网络必须提供凭证，防止发送者否认或抵赖已接收到相关的信息。

2. 网络安全机制

为实现通信网络安全而必须采取的网络安全机制主要包括以下内容。

（1）加密机制

主要有链路加密、端到端加密、对称加密、非对称加密、密码校验和密钥管理等。

（2）数字签名机制

它可以利用对称密钥体制或非对称密钥体制实现直接数字签名机制和仲裁数字签名机制。

（3）存取控制机制

主要利用访问控制表、性能表、认证信息、资格凭证和安全标记等表示合法访问权，并限定试探访问时间、路由及访问持续时间等。

（4）信息完整性机制

包括单个信息单元或字段的完整性和信息流的完整性。利用数据块校验或密码校验值防止信息被修改，利用时间标记在有限范围内保护信息免遭重放；利用排序形式，如顺序号、时间标记或密码链等，防止信息序号错乱、丢失、重放、穿插或修改信息。

（5）业务量填充机制

它包括屏蔽协议，实体通信的频率、长度、发端和收端的码型，选定的随机数据率，更新填充信息的参数等，以防止业务量分析，即防止通过观察通信流量获得敏感信息。

（6）路由控制机制

路由可通过动态方式或预选方式使用物理上安全可靠的子网、中继或链路。当发现信息受到连续性的非法处理时，它可以另选安全路由来建立连接；带某种安全标记的信息将受到检验，防止非法信息通过某些子网、中继或链路，并告警。

（7）公证机制

在通信过程中，信息的完整性、信源、通信时间和目的地、密钥分配、数字签名等，均可以借助公证机制加以保证。保证由第三方公证机构提供，它接受通信实体的委托，并掌握证明其可信赖的所需信息。公证可以是仲裁方式或判决方式。

2.4.4　RFID网络安全关键技术

1. 防火墙技术

防火墙（Firewall）是一种由计算机硬件和软件组成的一个或一组系统，用于增强网络之间的访问控制。防火墙系统决定了哪些内部服务可以被外界访问、外界的哪些人可以访问内部的哪些可访问服务和内部人员可以访问哪些外部服务等。

2. 入侵检测技术

入侵检测系统（Intrusion Detection System）是对入侵行为的发觉。入侵检测是防火墙的合理补充，帮助系统对付网络入侵，扩展了系统管理员的安全管理能力（包括安全审计、监视、进攻识别和响应），提高了信息安全基础结构的完整性。它从计算机网络系统中的若干关键点收集信息，并分析这些信息，看看网络中是否有违反安全策略的行为和遭到袭击的迹象。入侵检测被认为是防火墙之后的第二道安全闸门，在不影响网络性能的情况下能对网络进行监测，从而提供对内部入侵、外部入侵和误操作的实时保护。

3. 身份认证与数字签名

身份认证指的是用户身份的确认技术，它是网络安全的重要防线。网络中的各种应用和计算机系统都需要通过身份认证来确认用户的合法性，然后确定用户特定权限。

在网络上进行数字签名的目的是防止他人冒名进行信息发送和接收，以及防止当事人事后否认已经进行过的发送和接收活动。因此，数字签名要能够防止接收者伪造对接收报文的签名，以及接收者能够核实发送者的签名和经接收者核实后发送者不能否认对报文的签名。人们采用公开密钥的方法实现数字签名。

2.5 习题

1. 什么是电抗近场区？什么是辐射场区？它们分别在天线辐射中处于什么位置？起着什么作用？

2. 对 RFID 天线的一般要求是什么？RFID 天线分为电子标签天线和读写器天线，这两种天线的设计要求和面临的技术问题相同吗？典型的天线设计方法是什么？

3. RFID 系统中天线的工作频率、对应的波长、无功近场区与辐射远场区的距离相应关系是什么？

4. 微波 RFID 天线有哪些主要类型？各种类型天线的设计特点是什么？

5. RFID 天线采用了哪些传统的制作工艺？采用了哪些近些年发展起来的新技术？

6. 简述信道带宽、信道传输速率和信道容量的概念。说明波特率和比特率的不同以及带宽和信噪比与信道容量的关系。

7. 什么是信源编码、信道编码和保密编码？在 RFID 数字通信系统中各有什么作用？

8. 读写器和电子标签之间的数据交换方式采用什么调制方式？分别有何技术特点？

9. 在数字编码方式中，什么是单极性码和双极性码？什么是归零码和非归零码？RFID 常用的编码格式是什么？

10. 分别给出振幅键控、频移键控和相移键控的函数表达式，并说明各自的物理含义。

11. 分别绘制振幅键控、频移键控和相移键控的波形。

12. 什么是数据的完整性？在 RFID 系统中，影响数据完整性的主要因素是什么？

13. 比较 RFID 系统中几种最常用的信息编码。反向不归零（NRZ）编码、曼彻斯特（Manchester）编码、单极性归零（Unipolar RZ）编码、差动双相（DBP）编码、米勒（Miller）编码和差动编码各有何优缺点？

14. 通信过程中的差错可以被分为哪些类？衡量差错的指标是什么？有哪些差错控制的基本方法？

15. RFID 系统数据传输中的差错控制方法有哪些？分别有何特点？

16. 误码控制的基本原理是什么？给出信息码元、监督码元和编码效率的基本概念。说明误码控制编码的分类方法。简述奇偶校验和 CRC 校验的工作原理。

17. RFID 数据传输的工作方式有哪 3 种？简述多路存储的通信特点和防碰撞方法。

18. 说明码重和码距的概念以及码距与检错和纠错位数的关系？

19. 在读写器与电子标签的无线通信中，怎样采用恰当的信号编码、调制、校验和防冲突控制技术来提高数据传输的完整性和可靠性？

20. 什么是数据的安全性？在 RFID 系统中，数据安全性主要解决哪两方面的问题？

第3章　RFID系统关键设备

RFID 系统以电子标签来识别物体，电子标签通过无线电波与读写器进行数据交换，读写器将主机的控制命令传送到电子标签，再将电子标签返回的用户数据传送到主机，数据的控制与传输通过中间件实现。本章将重点介绍 RFID 系统的 3 个关键设备，即电子标签、读写器和中间件。

3.1　电子标签

3.1.1　电子标签概述

电子标签又称为射频标签、应答器和数据载体。电子标签与读写器之间通过耦合元器件实现射频信号的空间（无接触）耦合。在耦合通道内，根据时序关系，实现能量的传递和数据交换。

电子标签是一种提高识别效率和准确性的工具，该技术将完全替代条形码。RFID 射频识别是一种非接触式的自动识别技术，它通过射频信号自动识别目标对象并获取相关数据，识别工作无须人工干预，可工作于各种恶劣环境。RFID 技术可识别高速运动物体，并可同

3.1　电子标签

时识别多个标签，操作快捷方便。RFID 电子标签是一种突破性的技术：第一，可以识别单个的非常具体的物体，而不是像条形码那样只能识别一类物体；第二，其采用无线电射频，可以透过外部材料读取数据，而条形码必须靠激光来读取信息；第三，可以同时对多个物体进行识读，而条形码只能一个一个地读。此外，电子标签储存的信息量也非常大。

3.1.2　电子标签的分类

电子标签是射频识别系统中存储可识别数据的电子装置。通常将其安装在被识别对象上，存储被识别对象的相关信息。标签存储器中的信息可由读写器进行非接触读写。标签可以是卡，也可以是其他形式的装置。非接触式 IC 卡中的遥耦合识别卡就属于电子标签。

电子标签根据供电方式、数据调制方式、工作频率、可读写性和数据存储特性的不同可以被分为不同的种类。

1. 根据标签的供电形式分为有源系统和无源系统

电子标签可被分为有源标签和无源标签两种。有源标签使用标签内电池的能量，识别距离较长，可达几十米甚至上百米，但其寿命有限，且价格高。由于标签自带电池，因而有源标签的体积比较大，无法制作成薄卡（比如信用卡标签）。有源标签读写器的天线的距离较无源标签要远，需要定期更换电池。

无源电子标签不含有电池，利用耦合读写器发射的电磁场能量作为自己的能量。无源电

子标签重量轻，体积小，寿命非常长，成本便宜，可以被制成各种各样的薄卡或挂扣卡，但无源标签的发射距离受限制，一般是几十厘米到几十米，且需要较大的读写器发射功率。在无源标签工作时，一般应距读写器的天线比较近。

2. 根据标签的数据调制方式分为主动式、被动式和半主动式

根据调制的方式不同，可将电子标签分为主动式、被动式和半主动式。一般来讲，无源系统为被动式，有源系统为主动式。主动式的电子标签利用自身的射频能量主动地发送数据给读写器，调制方式可为调幅、调频和调相。由读写器发出查询信号触发后进入通信状态的标签称为被动式标签。被动式标签的通信能量是从读写器发射的电磁波中获得的，它既有不含电源的标签，也有含电源的标签。含电源的标签，电源只为芯片运转提供能量，这样的标签也称为半主动标签。被动式射频系统使用调制散射方式发射数据，它必须利用读写器的载波来调制自己的信号，适用于门禁考勤或交通管理领域，因为读写器可以确保只激活一定范围内的电子标签。在有障碍物的情况下，采用调制散射方式，读写器的能量必须来去穿过障碍物两次。而主动式电子标签发射的信号仅穿过障碍物一次，因而以主动方式工作的电子标签主要应用于有障碍物的情况下，其传输距离更远。

3. 根据标签的工作频率可以低频、高频和特高频及微波标签

电子标签工作时所使用的频率称为 RFID 工作频率，基本可以划分为几个主要范围，即低频（30～300kHz）、高频（3～30MHz）和特高频（300MHz～3GHz）以及微波（2.45GHz以上）。电子标签的工作频率是其最重要的特点之一。电子标签的工作频率不仅决定着射频系统工作原理（电感耦合还是电磁耦合）和识别距离，而且决定着电子标签和读写器实现的难易程度及版本。

工作在不同频段或频点上的电子标签具有不同的特点。射频识别应用占据的频段或频点在国际上有划分，即位于 ISM 波段之中。典型的工作频率有 125kHz、133kHz、13.56MHz、27.12MHz、433MHz、860～930MHz、2.45GHz 和 5.8GHz 等。

（1）低频段电子标签

低频段电子标签简称为低频（Low Frequency，LF）标签，其工作频率范围为 30～300kHz，典型工作频率有 125kHz 和 133kHz。低频标签一般为无源标签，其工作能量通过电感耦合方式从读写器耦合线圈的辐射近场中获得。当低频标签与读写器之间传送数据时，低频标签需位于读写器天线辐射的近场区内。低频标签与读写器距离一般情况下小于1m。

（2）高频段电子标签

高频段电子标签简称为高频（High Frequency，HF）标签，其工作频率一般为 3～30MHz，典型工作频率为 13.56MHz。从射频识别应用角度来说，该频段电子标签的工作原理与低频标签完全相同，即采用电感耦合方式工作，因而宜将其归为低频标签类中。鉴于该频段的电子标签可能是实际应用中最大量的一种电子标签，可以将高、低理解为一个相对的概念，不会因此造成理解上的混乱。

（3）特高频标签

特高频标签通过电场来传输能量。电场能量下降将不是很快，但是对读取的区域不是很好定义。该频段读取距离比较远，无源标签可达 10m 左右，主要是通过电容耦合的方式实现的。

特高频（Ultra High Frequency，UHF）的工作频率为 300MHz～3GHz，典型的工作频率有 433.92MHz 和 915MHz。特高频作用范围广，传输数据速度快，但比较耗能，穿透力较弱，作业区域不能有太多干扰，适用于监测港口、仓储等物流领域的物品。相关的国际标准有 ISO18000 - 6（860~930MHz）和 ISO 18000 - 7（433.92MHz）等。

（4）微波标签

微波标签工作于 2.45GHz 的频段，支持 ISO/IEC18000 - 4 标准中微波段的技术要求和无线非接触信息系统应用的标准空中接口，典型工作频率有 2.45GHz 和 5.8GHz。系统包含两种模式：一种是读写器先发指令的无源标签系统，另一种是标签先发指令的有源标签系统。

4. 根据标签的可读写性分为只读、读写和一次写入多次读出卡

根据内部使用存储器类型的不同，可将电子标签分为 3 种，即可读写（Read/Write，R/W）标签、一次写入多次读出（Write Once Read Many，WORM）标签和只读标签（Read Only，RO）标签。RW 标签一般比 WORM 标签和 RO 标签贵，如信用卡等。WORM 标签是用户可以一次性写入的标签，写入后数据不能改变，WORM 的存储器一般由可编程序只读存储器（Programmable Read Only Memory，PROM）和可编程阵列逻辑（Programmable Array Logic，PAL）组成，比 RW 便宜。RO 标签保存有一个唯一的号码 ID，不能修改，这样具有较高的安全性。RO 标签最便宜。

射频识别技术之所以被广泛应用，其根本原因在于这项技术真正实现了自动化管理。在电子标签中存储了规范可用的信息，通过无线数据通信可以被自动采集到系统中，并且电子标签的形式种类多，使用十分方便。

3.1.3　电子标签的组成及基本工作原理

1. 电子标签的组成

电子标签由耦合元器件及芯片组成，每个标签具有唯一的电子编码，附着在物体目标对象上。电子标签内编写的程序可按特殊的应用进行随时读取和改写。电子标签也可编入相应人员的一些数据信息，这些人员的数据信息可依据需要进行分类管理，并可随不同的需要制作新卡，电子标签中的内容被改写的同时也可以被永久锁死、保护起来。通常电子标签的芯片体积很小，厚度一般不超过 0.35mm，可以印制在纸张、塑料、木材、玻璃以及纺织品等包装材料上，也可以直接制作在商品标签上，通过自动贴标签机进行自动贴标签。总之，电子标签具有以下特点。

1）具有一定的存储容量，可以存储被识别物品的相关信息。

2）在一定工作环境及技术条件下，电子标签存储的数据能够被读出或写入。

3）维持对识别物品的识别及相关信息的完整。

4）数据信息编码后，及时传输给读写器。

5）可编程，并且编程以后永久性数据不能再修改。

6）具有确定的使用期限，使用期限内不需维修。

7）对于有源标签，通过读写器能够显示电池的工作情况。

2. 电子标签的基本工作原理

读写器通过接收标签发出的无线电波接收读取数据。最常见的是被动射频系统，当读写器遇见电子标签时，发出电磁波，周围形成电磁场，标签从电磁场中获得能量激活标签中的微芯片电路，芯片转换电磁波，然后发送给读写器，读写器把它转换成相关数据。控制计算器就可以处理这些数据从而进行管理控制。在主动射频系统的标签中装有电池，使它在有效范围内活动。

本节主要从电子标签应答器的供电系统和应答器到读写器的数据传输系统两方面重点分析电子标签的基本工作原理。可将应答器按数据载体的不同分为 1bit 应答器和电子数据载体应答器。

（1）1bit 应答器

1bit 是可表示的最小信息单位，且仅需识别"1"或"0"两种状态。对具有 1bit 应答器的系统来说，意味着只有两种可表示的状态，即"响应范围内有应答器"或"响应范围内无应答器"。

1bit 应答器大多通过应用简单的物理效应（振荡过程由二极管激发谐波或在金属的非线性磁滞回线上激发谐波）来实现其功能，而电子数据载体应答器是用一个微型芯片作为数据载体的。

1bit 应答器的使用范围非常广泛，主要应用领域是商场里的电子防盗器（Electronics Article Surveillancel，EAS）。电子防盗器由以下几部分构成，即一个阅读器或检测器的天线、安全保密设备或标签，及几种可选定在付款后使标签无效的去活化器。电子防盗器的射频作用原理如图 3-1 所示。

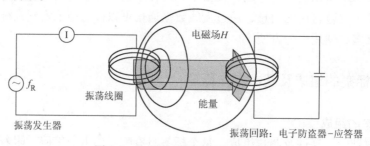

图 3-1　电子防盗器的射频作用原理

电子防盗器的工作采用 4 种方法，即射频法、微波法、分频器法和电磁法。

1）射频法。射频法是运用 LC 振荡回路工作的，将该振荡回路调到一个规定的谐振频率点，其典型值为 7.44～8.73MHz。图 3-1 所示的电子防盗器就是采用射频法工作的。

2）微波法。微波范围内的电子防盗器系统是利用在非线性元件（例如二极管）上产生的谐波来工作的。微波法一般使用的载波频率为 915MHz、2.45GHz 或 5.6GHz。

3）分频器法。分频器法在 100～135.5kHz 的长波范围内进行工作。安全标签包含半导体电路（微型芯片）及漆包线的振荡回路线圈。用外接的电容，使电子防盗器系统的谐振电路在工作频率处产生振荡，应答器以硬标签（塑料）形式使用，且在商场购买东西付款时被去掉。

应答器中微型芯片的能量供应来自安全装置的磁场。振荡回路线圈上的频率被微型芯片一分为二（DIV2）后送回安全装置，只有原频率一半的信号经一抽头送回谐振线圈。图 3-2 给出了电子防盗器分频过程的原理图。采用分频器方法，用低频触发安全装置的磁场（经 ASK 调制）可以提高检测率。

4）电磁法。电磁法用 10Hz～20kHz 的低频强磁场进行工作。安全标签为一条具有陡峭的磁滞回线的坡莫合金软磁条。当磁条位于强交变磁场中时，其极性被周期地反向磁化。磁条中的磁通密度 B 是在所加磁场强度 H 跨越零的附近跳跃变化。产生频率为安全装置基频的谐波，这些谐波可以由安全装置接收和处理。采用电磁法，系统频率参数的典型值

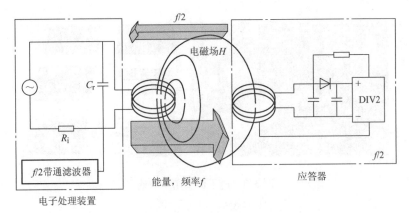

图 3-2   电子防盗器分频过程的原理图

为 215Hz。

（2）电子数据载体应答器

与 1bit 应答器不同，电子数据载体应答器是用一个微型芯片作为数据载体的。在这个数据载体上存储的数据量可达数千字节。为了读出或读入数据，必须在应答器和阅读器之间进行数据传输，数据传输使用了 3 种基本不同的方法，即全双工法、半双工法和时序法。

1）全双工法（FDx，Full Duplex）的特点：在应答器和阅读器之间数据的双向传输是同时进行的。其中，包括应答器发送数据，所用频率为阅读器的几分之一，即采用"分谐波"，或是用一种完全独立的"非谐波"频率。

2）半双工法（HDX，HalfDuplex）的特点：从应答器到阅读器的数据传输与从阅读器到应答器的数据传输是交替进行的。当频率在 30MHz 以下时，经常使用负载调制的半双工，有没有副载波都无所谓，电路也很简单。

尽管全双工与半双工的数据传输方式不同，这两种方式却有一个共同点，即从阅读器到应答器的能量传输是连续的，与数据传输的方向无关。

如果应答器和阅读器间的数据传输在时间上是交叉进行的，那么只在阅读器到应答器的数据传输过程中存在能量传输。时序法和半双工法的数据传输方式相同，不同之处在于能量的传输方式。时序法的能量传输不是连续的，而是间断的，并且与数据传输方向有关。

3.1.4   电子标签的应用

1. 防伪产品

（1）商品防伪

商品防伪已经在世界范围内形成了一个庞大的行业。防伪要求成本低且很难伪造。电子标签的制造要有昂贵的成本，伪造几乎不可能，可产品的单价却相对十分便宜。电子标签体积很小，便于封装。例如，可将防伪标签内置于酒瓶盖中，用手持设备即可进行检验；在电视机、计算机、摄像机和名牌服装等产品上也可以使用，例如服装防伪，如图 3-3a 所示。

（2）证件防伪

车牌防伪。在车牌中置入标签，便于交通管理部门查验真假，并获知车主信息。如图 3-3b 所示。

一般而言，防伪分为专业防伪和消费者防伪两种。专业型防伪的使用者一般是机构，防

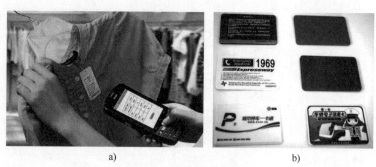

图 3-3   电子标签用于防伪

a）服装防伪   b）车牌防伪

伪时面对的是大量的产品，而消费者防伪是消费者面对较少数量的产品。电子标签的应用需要专门的读写器，更适用于专业型防伪。当将电子标签用在消费类产品上时，最好与其他防伪产品结合使用，这样能发挥更多的功能，例如防盗、供应链管理等。

2. 供应链管理

在产品生产或库存过程中，将标签贴在物品上，这些标签就将一直存在于物品的整个供应链中。物品从生产线前端到各加工流程，再到成品入库，直至被摆上货架为止，通过扫描，详尽的物流记录就生成了。

（1）生产流水线管理

用电子标签技术在生产流水线上实现自动控制、监视，将极大地提高快捷性和准确性，提高工作效率，改进生产方式，节约成本。电子标签用于生产流水线管理（如图 3-4 所示），可以方便、准确地记录工序信息和工艺操作信息，满足柔性化生产需求。对工人工号、时间、操作和质检结果的记录，可以完全实现生产的可追溯，还可避免生产环境中由手写、眼看信息时造成的失误。

图 3-4   电子标签用于生产流水线管理

（2）仓储管理

将电子标签系统用于智能仓库货物管理能有效地解决仓储货物信息管理的问题。对于大型仓储基地来说，管理中心可以实时了解货物位置、货物存储的情况，对提高仓储效率、反馈产品信息、指导生产都有很重要的意义。它不但增加了一天内处理货物的件数，而且可以监看货物的一切信息。其中应用的形式多种多样，可以将电子标签贴在货物上，由叉车上的读写器和仓库相应位置上的读写器读写，也可以将条码与电子标签配合使用。

3. 销售渠道管理

建立严格而有序的渠道，高效地管理好产品的进、销、存是许多企业的强烈需要。产品在生产过程中被嵌入电子标签，其中包含唯一的产品号，厂家可以用识别器监控产品的流向，批发商可以用厂家提供的读/写器来识别产品的合法性。

4. 图书管理、租赁产品管理

图书馆等是提供租借服务的机构，日常要进出和整理大量的物品，同时还可能面对数量巨大的库存。随着知识的爆炸，藏书、音像制品的数量快速增长，给图书馆的高效管理带来了压力。电子标签系统可提供准确、自动化的库存管理，同时防止盗窃。电子标签用于图书管理如图3-5所示。

在图书中贴入电子标签，可方便地接收图书信息，整理图书时不用移动图书。这既提高了工作效率，又避免了工作误差。

5. 防盗

（1）汽车防盗

现在已经有了能够封装在汽车钥匙中的微型电子标签，使电子标签系统可方便地应用于汽车防盗。汽车电子防盗钥匙如图3-6所示。当将钥匙插入到点火器中时，汽车上的读/写器能够辨别钥匙的身份。如果读/写器接收不到电子标签发送来的特定信号，中央计算机将关闭汽车引擎。用这种电子验证的方法能很容易地防止汽车被盗。

图3-5　电子标签用于图书管理

图3-6　汽车电子防盗钥匙

另一种防盗系统是将读/写器装在座椅底部，当读到有效ID卡时，引擎才启动。如果车门和引擎都没有关闭，读/写器就要读另一张ID卡，如果读不到，引擎则会关闭并触发警报系统。

在巴西圣保罗市还有一种防盗系统，是在城市主要街道埋设射频识别天线，或在警车上装天线，只要车辆带有射频卡，就可以被监控行踪。

（2）贵重物品防盗

贵重物品防盗即在贵重物品管理中防盗技术的单独应用，其芯片存储量更小，还可应用于博物馆、名画展的防盗。

6. 航空包裹管理

随着全球航空运输业务的快速增长，传统航空包裹的处理流程正面临着巨大的压力，能提供快速准确的航空包裹服务，已成为航空公司和机场提供良好服务、增强市场竞争力的重要手段。要增强包裹的安全，防止出错，电子标签系统是目前能满足这一要求的最佳产品。

航空包裹电子标签如图3-7所示，将电子标签贴于包裹处。

7. 门禁保安

很多安防公司和从事门禁事业的公司都采用电子标签系统作为解决门禁控制、车辆和停车场管理的方案。电子标签的感应器被分为很多种形式，既可以贴在汽车的挡风玻璃上，又可以以卡片的形式装入个人的钱包中，或制成随身携带的钥匙圈形式。读卡机既可以被镶入墙内或入口处，也可以被安装在户外停车场及其他设施的出入口处。

电子标签可以被方便、安全地应用于门禁保安，同时用于出入口安全检查、考勤及公司财产监控等方面。由于系统可以同时识别多个电子标签，所以消灭了上班前排队打卡的现象。对于安全级别要求高的地方，还可以结合指纹、掌纹等其他识别方式。

8. 畜牧管理

电子标签用于畜牧管理如图3-8所示。对牲畜编号识别，将标签贴于其耳朵上，从饲养到最终上市过程中都可以应用。可以对牲畜喂养和生长情况进行准确的记录，同时便于牲畜的入棚管理，还可用于对肉类品质等信息的准确标识。在牲畜疾病盛行的欧洲，已经在使用射频识别系统，以避免不合格的肉食进入市场。

图3-7　航空包裹电子标签

图3-8　电子标签用于畜牧管理

9. 票证管理

对于运动场馆、音乐会和其他一些休闲娱乐设施，电子标签系统能够提供一系列的开放式门禁系统来进行票证管理。这样可以减少因票证伪造所带来的损失。门票既可以简单地由带有电子标签技术的条码打印机来制作，也可以将电子标签制作成会员卡、月卡或年卡，而且门票无须拿出，只需放在身上就可以读到，实现开放式的门禁管理。

3.1.5　电子标签的历史与发展趋势

1. 电子标签的历史

1937年，美国海军研究试验室（U. S. Naval Research Laboratory，NRL）开发了敌我识别（Identification Friend-or-Foe，IFF）系统，来将盟军的飞机和敌方的飞机区别开来。这种技术后来在20世纪50年代成为现代空中交通管制的基础。这是早期RFID电子标签技术的应用萌芽，并优先地应用在军事、实验室等。

20世纪60年代后期，电子物品监控（Electronic Article Surveillance，EAS）系统就是常见的商场防盗系统开始大量推广应用。到20世纪80年代，电子标签应用在早期商业系统中，包括铁路和食品质量追踪。到20世纪90年代，RFID系统电子标签开始标准化，并提出了电子产品码（Electronic Product Code，EPC）的理念，即全球每个物品唯一识别。

"物联网"一词在近些年逐步变得"耳熟能详"，而其中最成熟的"电子标签"技术已不同程度触及市民生活的多项领域。2010年上海世博会电子标签门票如图3-9所示。在每张门票漂亮的外观表面之下"内嵌"电子标签，可以让门票"保质期"变长，防伪性能提高。

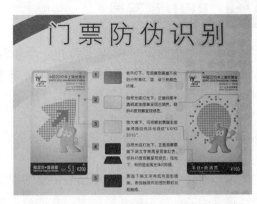

图 3-9 2010 年上海世博会电子标签门票

2. 电子标签的发展趋势

（1）高频和超高频产品是未来主要应用频率

目前我国的 RFID 应用以低频（如门禁）为主。因为第二代身份证的促进，高频正进入一个非常的历史时期，平均每年以约 2 亿的速度发展，我国人口已全部应用二代身份证，故这种应用会保持 5 年的稳定出货量。EPCGlobal 通过"物联网"的概念，正在向人们描绘一幅未来的美景，以物品的流通管理和仓库管理为应用点，市场巨大，而高频和超高频段的电磁特性，将很好地在这一应用领域发挥作用。

（2）软件和系统集成的市场潜力巨大

我国的信息化基础比较薄弱，真正发挥 RFID 优势的应用还比较少。软件在简单的 RFID 应用中，基本是提供给用户的附赠品，集成费用也比较低，平均费用不超过整体 RFID 项目的 15%。随着大规模物流应用及开环方式应用的发展，软件将是 RFID 项目支出中相当重要的部分，在某些应用中，甚至会超过硬件的费用。

（3）我国企业应增强对芯片的制造能力

现阶段我国企业对 RFID 技术的掌握能力比较弱，尤其是在标签芯片环节上，基本是对国外产品的封装加工，国内的芯片只有高频和很少量的超高频产品，而且还不能进行商业化推广。未来中国政府及企业，为保证利益，一定会加大研发方面的力度，芯片制造能力是其中非常重要的一个方向。

 小知识

电磁波的穿透力和频率的关系

首先，光波（电磁波）有绕过障碍物继续向前传播的能力，波长越长，能绕过的障碍物的线度越大，在可见光中红光和黄光都属于波长较长的光，所以对于不连续介质来说，它们的穿透力较强。

但对于连续介质（可以理解为像水、固体那样整块的物质，而不是像雾这样由许多小液体构成的物质）来说，电磁波射入一个连续介质时，电磁波会衰减而能量降低，穿越距离越长，衰减得越厉害。因此，电磁波的能量越大，穿越距离越长，而频率越高的电磁波能量就越大，所以说频率高的电磁波穿透力强。

3.2　RFID 读写器

读写器是射频识别 RFID 系统中一个非常重要的组成部分，它负责连接电子标签和计算机通信网络，与标签进行双向数据通信，读取标签中的数据，或按照计算机的指令对标签中的数据进行改写。

3.2.1　RFID 读写器概述

3.2　RFID 读写器

读写器是读取或写入电子标签信息的设备，具有读取、显示和数据处理等功能。读写器又称读头、查询器、通信器、扫描器、编程器、读出设备、计算机硬盘驱动器和便携式读出器，它在 RFID 系统中起着举足轻重的作用，读写器的频率决定了 RFID 系统的工作频率，读写器的功率直接影响射频识别的距离。

读写器可以单独存在，也可以部件形式嵌入其他系统中。读写器与计算机网络一起，完成对电子标签的操作。读写器是 RFID 系统的主要部件。读写器之所以非常重要，是因为它的功能。它的主要功能有以下几点。

1. 实现与电子标签的通信

最常见的就是对标签进行读数，这项功能需要有一个可靠的软件算法确保安全性和可靠性等。除了进行读数以外，有时还需要对标签进行写入，这样就可以对标签批量生产，由用户按照自己需要对标签进行写入。

2. 实现与计算机网络的通信

这一功能也很重要，读写器能够利用一些接口实现与上位机的通信，并能够给上位机提供一些必要的信息。

3. 给标签供能

在标签是被动式或半被动式的情况下，需要读写器提供能量来激活射频电磁场周围的电子标签。阅读器射频电磁场所能达到的范围主要是由天线的大小及阅读器的输出功率决定的。天线的大小主要是根据应用要求来考虑的，而输出功率在不同国家和地区有着不同的规定。

4. 实现多标签识别

读写器能够正确地识别其工作范围内的多个标签。

5. 实现移动目标识别

读写器不但可以识别静止不动的物体，而且可以识别移动的物体。

6. 实现错误信息提示

对于在识别过程中产生的一些错误，读写器可以发出一些提示。

7. 实现电源信息读取

对于有源标签，读写器能够读出有源标签的电池信息，如电池的总电量、剩余电量等。

3.2.2　RFID 读写器的分类

根据各种读写器使用用途，它们在结构上及制造形式上是千差万别的。大致可以将读写器划分为以下几类，即固定式读写器、工业读写器、发卡机、便携式读写器和红外读写器以及大量特殊结构的读写器。

1. 固定式读写器

固定式读写器是最常见的一种读写器。它是将射频控制器和高频接口封装在一个固定的外壳中构成的。有时，为了减少设备尺寸，降低成本，便于运输，也可以将天线和射频模块封装在一个外壳单元中，这样就构成了集成式读写器或一体化读写器。

从固定式读写器的外观来看，它留有读写器接口和电源接口、安装托架及工作灯/电源指示灯等。供电方式有 AC 220V、AC 110V 或将 AC 220V/110V 转换为直流 12V。固定读定器如图 3-10a 所示。

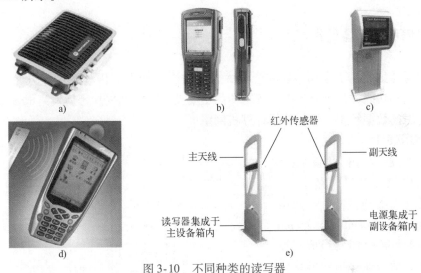

图 3-10 不同种类的读写器

a) 固定式读写器 b) 工业读写器 c) 发卡机 d) 便携式读写器 e) 红外读写器

2. 工业读写器

工业读写器大多具备标准的现场总线接口，以便容易集成到现有设备中，它主要应用在矿井、畜牧和自动化生产等领域。此外，这类读写器还满足多种不同的防护需要，目前即使是带有防爆保护的读写器也能买到。工业读写器如图 3-10b 所示。

3. 发卡机

发卡机也称为读卡器、发卡器等，主要用来对电子标签进行具体内容的操作，包括建立档案、消费纠正、挂失、补卡和信息纠正等，经常与计算机放在一起。从本质上说，发卡机实际上是小型的射频读写器，如图 3-10c 所示。

4. 便携式读写器

便携式读写器是适合于用户手持使用的一类射频电子标签读写设备，其工作原理与其他形式的读写器完全一样。便携式读写器主要用于动物识别，主要作为检查设备、付款往来的设备、服务及测试工作中的辅助设备。

便携式读写器一般带有 LCD 显示屏，且带有键盘面板以便于操作或输入数据。通常可以选用 RS - 232 接口来实现便携式读写器与 PC 之间的数据交换。

除了在实验室中用于系统评估工作的最简单的便携式读写器以外，还有用于恶劣环境中的特别耐用且带有防水保护的便携式读写器，如图 3-10d 所示。

5. 红外读写器

红外射频自动识别系统识别方向性强，读写器精致小巧，识别距离可达4m。该系统被广泛地应用在需要自动识别的领域，帮助客户实现高效便捷和安全的自动化管理，应用于自动化工厂、车辆货物称重处、物流运转中心、车队管理终端和停车场等。

红外射频自动识别系统利用创新性的空间通信协议和独到的能感应红外线的太阳能模块来实现非接触式远距离主动识别。该系统读写器识别方向性强，识别卡可无电池和天线。识别卡由日光、读写器中内置的红外线发光二极管或扩能器的红外光提供能源。系统不受电磁场干扰，不干扰其他系统，识别精确，且使用该系统无须申请无线电通信许可证。红外读写器如图3-10e所示。

3.2.3 RFID 读写器的组成

各种读写器虽然在工作频率、耦合方式、通信流程和数据传输方式等方面有很大的不同，但在组成和功能方面十分类似。读写器的主要功能是将数据加密后发给电子标签，并将电子标签返回的数据解密，然后传给计算机网络。

1. 读写器硬件

读写器硬件一般由天线、控制模块、射频模块和接口电路组成。控制模块是读写器的核心，一般由ASIC（Application Specific Integrated Circuit）组件和微处理器组成。控制模块处理的信号通过射频模块传送给读写器天线，由读写器天线发射出去。控制模块和应用软件之间的数据交换主要通过读写器的接口来完成。读写器硬件的组成框图如图3-11所示。

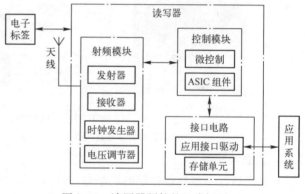

图 3-11 读写器硬件的组成框图

（1）控制模块

读写器的逻辑控制模块是整个读写器工作的控制中心和智能单元，是读写器的"大脑"，读写器在工作时由逻辑控制模块发出指令，射频接口模块按照不同的指令做出不同的操作。

微处理器是控制模块的核心部件。ASIC 组件主要用来完成逻辑加密的过程，如对读写器与电子标签之间的数据流加密，以减轻微处理器计算过于密集的负担。对于 ASIC 的存取，是通过面向寄存器的微处理器总线来实现的，数据输出与输入主要通过 RS－232 接口或 RS－485 接口完成。读写器控制模块的组成框图如图3-12所示。

读写器的控制模块主要完成以下功能。

1）与应用软件进行沟通，并执行应用软件发来的命令。

2）控制与电子标签的通信过程。

3）信号的编码与解码。

4）执行防冲突算法。

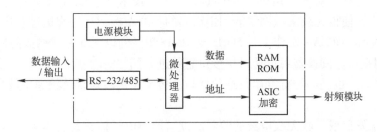

图 3-12　读写器控制模块的组成框图

5）对电子标签与读写器之间传送的数据进行加密和解密。

6）对电子标签与读写器之间的身份进行验证。

（2）射频模块

读写器的射频接口模块主要包括发射器、射频接收器、时钟发生器和电压调节器等。该模块是读写器的射频前端，同时也是影响读写器成本的关键部位，它主要负责射频信号的发射及接收，产生高频发射功率并接收和解调来自电子标签的射频信号。

发送器的主要功能是对控制模块处理好的数字基带信号进行处理，然后通过读写器的天线将信息发送给电子标签。发送电路主要由调制电路、上变频混频器、带通滤波器和功率放大器构成。

接收器的主要功能是对天线接收到的已调信号进行解调，恢复出数字基带信号，然后送到读写器的控制部分中。接收器主要由滤波器、放大器、混频器和电压比较器构成，用来完成包络产生和检波功能。

时钟发生器负责产生系统的正常工作时钟。

电压调节器主要产生在射频发射时所需要的较高电压。

（3）读写器的接口

读写器控制模块与应用软件之间的数据交换主要通过读写器的接口实现。一般读写器的I/O 接口形式主要有如下接口。

1）RS－232 串行接口。RS－232 是美国电子工业协会（Electronic Industry Association，EIA）制定的一种串行物理接口标准。它是计算机普遍适用的标准串行接口，能够进行双向的数据信息传

a)

b)

图 3-13　读写器的接口
a) RS－232 接口　b) RS－485 接口

递。其优势在于通用、标准，缺点是传输距离不会很远，传输速度也不会很快。RS－232 接口如图 3-13a 所示。

2）RS－485 串行接口。也是一类标准串行通信接口，数据传递运用差分模式，抵抗干扰能力较强，传输距离比 RS－232 较远，传输速度与 RS－232 差不多。RS－485 采用的是两线制接线方式，这种接线方式为总线式拓扑结构，在同一总线上最多可以挂接 32 个结点。在 RS－485 通信网络中一般采用的是主从通信方式，即一个主机带多个从机。RS－485 接口如图 3-13b 所示。

3）WLAN 接口。无线局域网络（Wireless Local Area Networks，WLAN）是相当便利的

数据传输系统，它利用射频（Radio Frequency，RF）技术取代旧式双绞铜线（Coaxial）所构成的局域网络，使得无线局域网络能利用简单的存取架构，让用户透过它达到信息无线透明传输的理想境界。WLAN 工作于 2.5GHz 或 5GHz 频段的以无线方式构成的局域网。

4）以太网接口。阅读器可以通过该接口直接进入网络。

5）USB 接口。也是一类标准串行通信接口，传输距离较短，传输速度较高。

（4）天线

天线是用来发射或接收无线电波的装置。读写器与电子标签是利用无线电波来传递信息的，当信息通过电磁波在空间传播时，电磁波的产生和接收要通过天线来完成。

读写器的天线是发射和接收射频载波信号的设备，具有以下特点。

1）主要负责将读写器中的电流信号转换成射频载波信号，并发送给电子标签，或接收由标签发送过来的射频载波信号，并将其转化为电流信号。

2）读写器的天线可以外置也可以内置。

3）天线的设计对阅读器的工作性能来说非常重要，对于无源标签来说，它的工作能量全部由阅读器的天线提供。

2. 读写器软件

读写器的所有行为均由软件来控制完成。软件向读写器发出读写命令，作为响应，读写器与电子标签之间就会建立起特定的通信。

读写器软件已经由生产厂家在产品出厂时固定在读写器中。软件负责对读写器接收到的指令进行响应，并对电子标签发出相应的动作指令。主要包括以下软件：

1）控制软件（Controller）。负责系统的控制和通信，控制天线发射的开、关，控制读写器的工作模式，完成与主机之间的数据传输和命令交换等功能。

2）导入软件（Boot Loader）。导入软件主要负责系统启动时导入相应的程序到指定的存储器空间，然后执行导入的程序。

3）解码器（Decoder）。负责将指令系统翻译成机器可以识别的命令，进而控制发送的信息，或将接收到的电磁波模拟信号解码成数字信号，进行数据解码、防碰撞处理等。

3.2.4 RFID 读写器的工作方式

读写器主要有两种工作方式，一种是读写器先发言方式（Reader Talks First，RTF），另一种是标签先发言方式（Tag Talks First，TTF）。

在一般情况下，电子标签处于等待或休眠状态，在电子标签进入读写器的作用范围被激活以后，便从休眠状态转为接收状态，接收读写器发出的命令，进行相应的处理，并将结果返回给读写器。

这类只有接收到读写器特殊命令才发送数据的电子标签被称为 RTF 方式。与此相反，进入读写器的能量场即主动发送数据的电子标签被称为 TTF 方式。

3.2.5 RFID 读写器产品

1. 基于 U2270B 芯片的低频读写器

RFID 技术首先在低频读写器得到应用和推广。低频读写器的工作频率为 125kHz，可用于门禁系统、汽车防盗和动物识别等方面。

U2270B 芯片是 ATMEL 公司生产的读写器基站芯片，该芯片可以对一个 IC 卡进行非接触式的读写操作。U2270B 芯片的射频频率工作在 100～150kHz，在频率为 125kHz 的标准情况下，数据传输速率可以达到 5000bit/s。芯片工作电压为 5V 直流电源。U2270B 具有可微调功能，与多种微控制器有比较好的兼容接口，功耗低，并可为 IC 卡提供电源输出。U2270B 芯片引脚如图 3-14 所示，其引脚功能见表 3-1。

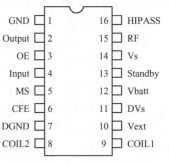

图 3-14 U2270B 芯片引脚

表 3-1 U2270B 芯片引脚功能

引 脚 号	名 称	功 能 描 述	引 脚 号	名 称	功 能 描 述
1	GND	地	9	COIL1	驱动器 1
2	Output	数据输出	10	Vext	外部电源
3	OE	使能	11	DVs	驱动器电源
4	Input	信号收入	12	Vbatt	电池接入
5	MS	模式选择	13	Standby	低功耗控制
6	CFE	载波使能	14	V_S	内部电源
7	DGND	驱动器地	15	RF	载波频率调节
8	COIL2	驱动器 2	16	HIPASS	放大器增益带宽调节

若以 U2270B 芯片为核心构成读写器模块，则还需要增加天线部分和微处理器部分。

（1）天线部分

天线一般由铜质漆包线绕制成圆环状，直径为 3cm，绕 100 圈即可，典型电感值为 1.35mH。

从 U2270B 的 COIL1 和 COIL2 端口引线，串接电容、电阻和线圈可以组成一个 LC 串联谐振选频回路。该谐振回路从众多的频率中选取有用的信号，滤除或抑制无用的信号，串联谐振电路的谐振角频率为

$$f = \frac{1}{2\pi \sqrt{LC}}$$

当从 COIL1 和 COIL2 端口出来的脉冲满足这一频率要求后，串联谐振电路就会起振，在回路两端产生一个较高的谐振电压。谐振电压为

$$U_1 = QU_S$$

式中，U_S 为 U2270B 芯片 COIL1 和 COIL2 端口之间的输出电压，为线圈两端的谐振电压，一般在 200～300V。所以，要求电容耐压值要高，热稳定性要好。Q 值为谐振回路的品质因数，它描述了回路的储能与它的耗能之比。当谐振电压达到一定的值时，就会通过感应电场给电子标签供电。在电子标签进入感应场的范围内后，电子标签内部的电路就会在谐振脉冲的基础上进行非常微弱的调幅调制，从而将电子标签的信息传递回 U2270B 的天线，再由 U2270B 读取。

（2）射频电路

U2270B 芯片内部电路由振荡器（Oscillator）、天线驱动器（Driver）、电源供给电路（Power supply）、频率调节电路（Frequency adjustment）、低通滤波电路（Low pass tilter）、高通滤波电路（Amplifier）和输出控制电路（Schmitt trigger）等组成。

工作时，基站芯片 U2270B 通过天线以 125kHz 的调制信号为 RFID 电子标签提供能量，

同时接收来自 RFID 电子标签的信息，并以曼彻斯特编码形式输出。

（3）微处理器

微处理器可以采用多种型号，如单片机 51 序列。同时还包括其支撑电路、外部接口电路（键盘、液晶显示器、时钟和串口模块）。

2. 基于 MF RC500 芯片的高频读写器

高频读写器主要工作在 13.56MHz，典型的应用有我国第二代身份证和公交一卡通等。

Philips 公司的 MF RC500 芯片主要应用于 13.56MHz，是非接触、高集成的 IC 芯片，具有调制和解调功能，并集成了在 13.56MHz 下所有类型的被动非接触式通信协议和方式。MF RC500 支持 ISO/IEC 14443A 所有层。内部的发送器部分不需要增加有源电路，就能直接驱动近距离天线，驱动距离可达 10cm，接收器部分提供解调和解码电路，用于兼容 ISO/IEC 14443A 电子标签信号，MF RC500 还支持快速 CRYPTOI 加密算法，用于验证 MIFARE 系列产品。并行接口可直接连接到任何 8 位微处理器，给读卡器的设计提供了极大的灵活性。

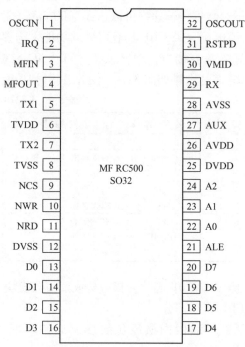

图 3-15　MF RC500 芯片引脚图

MF RC500 芯片引脚图如图 3-15 所示，其引脚功能见表 3-2。

表 3-2　MF RC500 芯片引脚功能

引脚号	符　号	类　型	描　　述
1	OSCIN	I	晶振输入：振荡器反相放大器输入。该脚也作为外部时钟输入（f_{osc} = 13.56MHz）
2	IRQ	O	中断请求：输出中断事件请求信号
3	MFIN	I	MIFARE 接口输入：接受符合 ISO14443A（MIFIRE）的数字串行数据流
4	MFOUT	O	MIFARE 接口输出：发送符合 ISO14443A（MIFIRE）的数字串行数据流
5	TX1	O	发送器 1：发送经过调制的 13.56MHz 能量载波
6	TVDD	PWR	发送器电源：提供 TX1 和 TX2 输出电源
7	TX2	O	发送器 2：发送经过调制的 13.56MHz 能量载波
8	TVSS	PWR	发送器地：提供 TX1 和 TX2 输出电源
9	NCS	I	/片选：选择和激活 MF RC500 的微处理器接口
10	NWR	I	/写：MF RC500 寄存器写入数据（D0～D7）选通
	R/NW	I	读//写：选择所要执行的是读还是写
	nWrite	I	/写：选择所要执行的是读还是写
11	NRD	I	/读：MF RC500 寄存器读出数据（D0～D7）选通
	NDS	I	/数据选通：读和写周期的选通
	nDStrb	I	/数据选通：读和写周期的选通
12	DVSS	PWR	数字地
13	D0～D7	I/O	8 位双向数据总线
20	AD0～AD7	I/O	8 位双向地址和数据总线

（续）

引脚号	符 号	类 型	描 述
21	ALE	I	地址锁存使能：为高时，将AD0~AD5锁存为内部地址
	AS	I	地址选通：为低时，选通信号将AD0~AD5锁存为内部地址
	nAStrb	I	/地址选通：为低时，选通信号将AD0~AD5锁存为内部地址
22	A0	I	地址线0：寄存器地址位0
	nWait	O	/等待：信号为低时，可以开始一个存取周期；为高时，可以停止
23	A1	I	地址线1：寄存器地址位1
24	A2	I	地址线2：寄存器地址位2
25	DVDD	PWR	数字电源
26	AVDD	PWR	模拟电源
27	AUX	O	辅助输出：该脚输出模拟测试信号。该信号可通过TestAnaOutSel寄存器选择
28	AVSS	PWR	模拟地
29	RX	I	接收器输入：卡应答输入脚，该应答为经过天线电路耦合的调制13.56MHz载波
30	VMID	PWR	内部参考电压：该脚输出内部参考电压。注：必须接一个100nF电容
31	RSTPD	I	复位和掉电：当为高时，内部灌电流关闭，振荡器停止，输入端与外部断开，该引脚的下降沿启动内部复位
32	OSCOUT	O	晶振输出：振荡器反向放大器输出

（1）基于51系列单片机和MF RC500芯片读写器系统的设计

设计基于AT89C51和MF RC500芯片的RFID读写器系统结构框图如图3-16所示。

系统先由微处理器控制MF RC500，驱动天线对电子标签进行读写操作，然后与PC通信把数据传给上位机。主控电路采用AT89C51。AT89C51开发简单，运行稳定。为了防止系统死机，将实用MAX813作为看门狗来实现系统上电复位、按键热启动

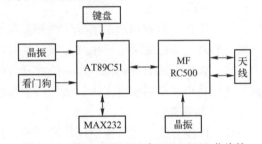

图3-16 基于AT89C51和MF RC500芯片的RFID读写器系统结构框图

和电压检测等。与上位机的通信采用RS-232串口方式的MAX232芯片，系统电源为5V。

（2）天线设计

为了驱动天线，MF RC500通过TX1和TX2提供13.56MHz的载波。根据寄存器的设定，MF RC500通过对发送数据进行调制来得到发送的信号。天线接收的信号通过天线匹配电路送到MF RC500的RX脚，MF RC500的内部接收器对信号进行检测和解调，并根据寄存器的设定进行处理，然后将数据发送到并行接口，由微处理器进行读取。

一般的天线设计要求能达到天线线圈的电流最大、功率匹配和有足够的带宽，以最大限度地利用产生磁通的可用能量，并无失真地传送数据调制的载波信号。天线是有一定负载阻抗的谐振回路，读写器又具有一定的源阻抗，为了获得最佳性能，必须通过无源的匹配回路将线圈阻抗转换为源阻抗，这样通过同轴电缆即可将功率无损失地从读写器传送出去。

（3）系统工作流程

对MF RC500绝大多数的控制是通过读写MF RC500的寄存器来实现的，MF RC500共有64个寄存器，分为8个寄存页，每页8个，每个寄存器都是8位。单片机将这些寄存器

作为片外 RAM 进行操作，要实现某个操作，只需将该操作对应的代码写入对应的地址即可。当对应的电子标签进入读写器的有效范围时，电子标签耦合出自身工作的能量，与读写器建立通信，系统的工作流程图如图 3-17 所示。

3. 微波读写器

微波读写器常见的工作频率是 433MHz、860MHz、960MHz、2.45GHz 和 5.8GHz 等，该系统可以同时对多个电子标签进行操作，主要应用于需要较长读写和高读写速度的场合。微波读写器的射频电路与低频和高频读写器有本质上的差别，需要考虑分布参数的影响。

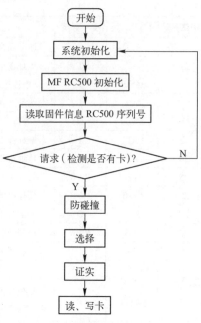

图 3-17　系统的工作流程图

3.2.6　RFID 读写器的发展与应用

随着 RFID 技术的不断发展，未来的读写器也朝着多功能、多制式兼容、多频段兼容、小型化、多数据接口、便携式、多智能天线端口、嵌入式和模块化的方向发展，且成本也将越来越低。

（1）多功能

为适应市场对射频识别系统多样性和多功能的要求，读写器将集成更多、更加方便实用的功能。另外，为适应某些应用的方便，读写器将具有更多的智能性，具有一定的数据处理能力，可以按照一定的规则将应用系统处理程序下载到读写器中。这样，读写器就可以脱离中央处理计算机，做到脱机工作，实现门禁和报警等功能。

（2）多制式兼容

目前全球没有统一的射频识别技术标准，各个厂家的系统互相不兼容，但随着射频识别技术的逐渐统一，及市场竞争的需要，只要这些标签协议是公开的，或是经过许可的，某些厂家的读写器将兼容多种不同制式的电子标签，以提高产品的应用适应能力和市场竞争力。

（3）多频段兼容

目前缺乏一个全球统一的射频识别频率，不同国家和地区的射频识别产品具有不同的频率。为了适应不同国家和地区的需要，读写器将朝着兼容多个频段，输出功率数字可控等方向发展。

（4）成本更低

相对来说，目前大规模的射频识别应用成本还是比较高的。随着市场的普及及技术的发展，读写器及整个射频识别系统的应用成本将会越来越低，最终会实现对所有需要识别和跟踪的物品都使用电子标签。

（5）小型化、便携式、嵌入式和模块化

这是读写器市场发展的一个必然趋势。随着射频识别技术的应用不断增多，人们对读写器使用是否方便提出了更高的要求，这就要求不断采用新的技术来减小读写器的体积，使读写器方便携带、使用，易于与其他的系统进行连接，从而使得接口模块化。

小知识

人脸识别的原理

人脸由眼睛、鼻子、嘴巴、下巴等构成，正因为这些组成部分在形状、大小和结构上的各种差异才使得世界上每个人脸千差万别，因此对这些组成部分的形状和结构关系的几何描述，可以作为人脸识别的重要特征。几何特征最早用于人脸侧面轮廓的描述与识别，首先根据侧面轮廓曲线确定若干显著点，并由这些显著点导出一组用于识别的特征度量如距离、角度等。

3.3　RFID 中间件

物联网在全球将计算机网/无线通信网编织起来，这种网络格局的变革将使许多应用程序在网络环境的异构平台上运行。在这种分布式异构的环境中通常存在许多硬件系统平台，并存在各种各样的系统软件。如何将这些硬件和软件集成起来并开发出新的应用，使其在网络上互联互通，是一个非常现实和困难的问题。

3.3　RFID 中间件

为解决分布异构的问题，人们提出了中间件的概念。从 RFID 产业发展的角度来看，中间件是介于前端读写器硬件模块与后端应用软件之间的重要环节，是 RFID 部署与运作的中枢。中间件是 RFID 大规模应用的关键技术，也是 RFID 产业链的高端领域。

3.3.1　中间件概述

中间件是介于应用系统和系统软件之间的一类软件，通过系统软件提供基础服务，可以连接网络上不同的应用系统，以达到资源共享、功能共享的目的。中间件位于客户机服务器的操作系统之上，管理计算机资源和网络通信。分布式应用系统借助这种软件在不同的系统之间共享资源，这就把中间件与支撑系统软件和实用软件区分开来。中间件作为新层次的基础软件，其重要作用是将不同时期、不同操作系统上开发的应用软件集成起来，彼此像一个整体一样协调工作，这是操作系统和数据管理系统本身做不到的。

针对目前各式各样 RFID 的应用，企业最想问的第一个问题是："我如何将我现有的系统与这些新的 RFID Reader 连接？"这个问题的本质是企业应用系统与硬件接口的问题。因此，通透性是整个应用的关键，正确抓取数据、确保数据读取的可靠性及有效地将数据传送到后端系统都是必须考虑的问题。传统应用程序与应用程序之间（Application to Application）数据通透是通过中间件架构解决的，并发展出各种应用服务器（Application Server）应用软件。

目前对中间件并没有严格的定义。人们普遍接受的定义是，中间件是一种独立的系统软件或服务程序，分布式应用系统借助这种软件，可实现在不同的应用系统之间共享资源。人们在使用中间件时，往往是将一组中间件集成在一起，构成一个平台（包括开发平台和运行平台），但在这组中间件中必须有一个通信中间件，从这个定义来看，中间件由"平台"

和"通信"两部分构成。

中间件是位于平台（硬件和操作系统）和应用之间的通用服务，这些服务均有标准的程序接口和协议，中间件构成框图如图3-18所示。针对不同的操作系统和硬件平台，可以有符合接口和协议规范的多种实现方法。

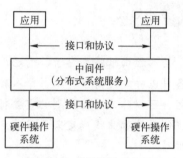

中间件首先要为上层的应用层服务，此外又必须连接到硬件和操作系统（Operating System，OS）的层面，且保持运行的工作状态。中间件应具有如下的一些特点。

1）满足大量应用的需要。

2）运行于多种硬件和OS平台。

图3-18　中间件构成框图

3）支持分布计算，提供跨网络、硬件和OS平台的透明性应用或服务的交互。

4）支持标准的协议。

5）支持标准的接口。

3.3.2　RFID中间件的分类

不同的应用领域采用不同种类的中间件。依据中间件在系统中的作用和采用的技术，可把中间件大致分为以下几种。RFID中间件的分类如图3-19所示。

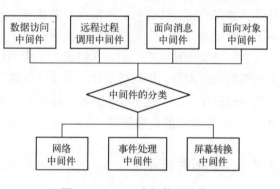

1. 数据访问中间件

数据访问中间件（Data Access Middleware，DAM）是在系统中建立数据应用资源互操作模式，实现异构环境下的数据库连接或文件系统连接，从而为网络中的虚拟缓冲存取、格式转换和解压等操作带来

图3-19　RFID中间件的分类

方便。在所有的中间件中，数据访问中间件是应用最广泛、技术最成熟的一种。不过在数据访问中间件的处理模型中，数据库是存储信息的核心单元，中间件仅仅完成通信的功能。这种方式虽然灵活，但不适合需要大量数据通信的高性能处理场合，而且当网络发生故障时，数据访问中间件不能正常工作。

2. 远程过程调用中间件

远程过程调用（Remote Procedure Call，RPC）中间件是另一种形式的中间件，它应用在客户/计算机方面，比数据访问中间件又进了一步。它的工作方式如下：当一个应用程序A需要与另一个远程的应用程序B交换信息或要求B提供协助时，A在本地产生一个请求，通过通信链路通知B接受信息或提供相应的服务；B完成相关的处理后，将信息或结果返回给A。

RPC的优点是具有灵活性，灵活性使RPC应用广泛，它可以应用在复杂的客户/服务器计算环境中。此外，RPC的灵活性还体现在它的跨平台性能方面。

3. 面向消息中间件

面向消息中间件（Message Oriented Middleware，MOM）指的是利用高效可靠的消息传递机制进行与平台无关的数据交流，并基于数据通信进行分布式系统的集成。目前流行的 IBM 公司的 MQSeries 和 BEA 公司的 MessageQ 都属于 MOM。MOM 的消息传递和排队技术有以下 3 个特点。

1）通信程序可在不同的时间运行。

2）对应程序的结构没有约束。

3）程序与网络复杂性相隔离。

4. 面向对象中间件

面向对象的中间件（Object Oriented Middleware，OOM）是对象技术和分布式计算发展的产物，它提供一种通信机制，透明地在异构发布时的计算环境中传递对象请求，而这些对象可以位于本地货远程机器。

（1）事件处理中间件

事件处理中间件（TPM）是在分布、异构环境下提供保证交易完整性和数据完整性的一种环境平台，它是针对复杂环境下分布式应用的速度和可靠性要求而产生的。

（2）网络中间件

网络中间件包括网管、接入、网络测试、虚拟社区和虚拟缓冲等，网络中间件也是当前研究的热点之一。

（3）屏幕转换中间件

屏幕转换中间件的作用是，完成客户机图形用户接口与已有的字符接口方式的服务器应用程序之间的操作。

3.3.3 RFID 中间件的结构和标准

中间件系统结构包括读写器接口（Reader Interface）、处理模块（Processing Module）以及应用接口（Application Interface）3 部分。读写器负责前端和相关硬件的连接；处理模块主要负责读写器监控、数据过滤、数据格式转换和设备注册等；应用程序接口负责后端与其他应用软件的连接。中间件系统的结构框图如图 3-20 所示。

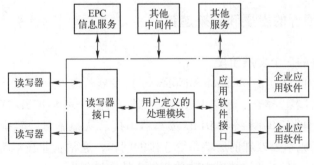

图 3-20 中间件系统的结构框图

中间件技术主要有 COM、CORBA 和 J2EE 这 3 个标准，中间件标准的制定有利于中间件技术的体验，有利于行业的规范发展。

1. COM 标准

计算机对象模型（Computer Object Model，COM）最初作为 Microsoft 桌面系统的构件技术，主要为本地的 OLE 应用服务。但随着 Microsoft 服务器操作系统 NT 和 DOCK 的发布，COM 通过底层的远程支持，使得构件技术延伸到了应用领域。

2. CORBA 标准

公用对象请求代管者体系结构（Common Object Request Broker Architecture，CORBA）分布式计算技术是公共对象请求代理体系规范，该规范是（Object Management Group，OMG）以众多开发系统平台厂商提交的分布对象互操作内容为基础构建的。

3. J2EE 标准

为了推动基于 Java 的服务器应用开发，Sun 公司在 1999 年底推出了 Java2 技术及相关的 Java 2 平台企业版（Java 2 Platform Enterprise Edition，J2EE）规范，其目的是提供与平台无关的、可移植的、支持并发访问和安全的、完全基于 Java 的服务器端中间件的标准。

3.3.4 RFID 中间件产品

1. IBM 中间件 WebSphere V7

IBM 在中间件领域处于全球领先地位。IBM 公司推出了以 WebSphere 中间件为基础的 RFID 解决方案，通过与 EPC 平台集成，可以支持全球各大著名厂商的各种型号的读写器和传感器，可以应用在几乎所有的企业平台。

2. Microsoft 公司的 RFID 中间件

Microsoft 公司的 RFID 中间件"BizTalk RFID"用于各企业级商务应用程序间的消息交流。Biz 为 Business 缩写，Talk 为对话之意。BizTalk 不仅可以连接贸易合作伙伴和集成企业系统，而且可以实现各公司业务流程管理的高度自动化。Microsoft 公司的 BizTalk RFID 应用拓扑图如图 3-21 所示。图中，XML（eXtensible Markup Language）为可标记扩展语言；EPC（Electronic Product Code）为电子产品代码。

3. 清华同方的"ezONE 易众"中间件

清华同方的"ezONE 易众"中间件是基于 J2EE、XML、Portlet 和 WFMC 等开放技术开发的，提供整合框架和丰富的构件及开发工具的应用中间件平台，具有完全知识产权。

3.3.5 RFID 中间件的发展和未来趋势

1. RFID 中间件的 3 个发展阶段

（1）应用程序中间件（Application Middleware）发展阶段

RFID 初期的发展多以整合、串接 RFID 读写器为目的，多为 RFID 读写器厂商主动提供简单的 API，以供企业将后端系统与 RFID 读写器串接。从整体发展架构来看，此时企业的导入需自行花费许多成本去处理前后端系统连接的问题，通常企业在本阶段会通过小规模实验计划（Pilot Project）方式来评估成本效益与导入的关键议题。

（2）架构中间件（Infrastructure Middleware）发展阶段

本阶段是 RFID 中间件成长的关键阶段。由于 RFID 的强大应用，所以促使各国际大厂持续关注 RFID 相关市场的发展。本阶段 RFID 中间件的发展不但已经具备基本数据收集、过滤等功能，而且也满足企业多对多（Devices-to-Application）的连接需求，并具备平台的管理与维护功能。

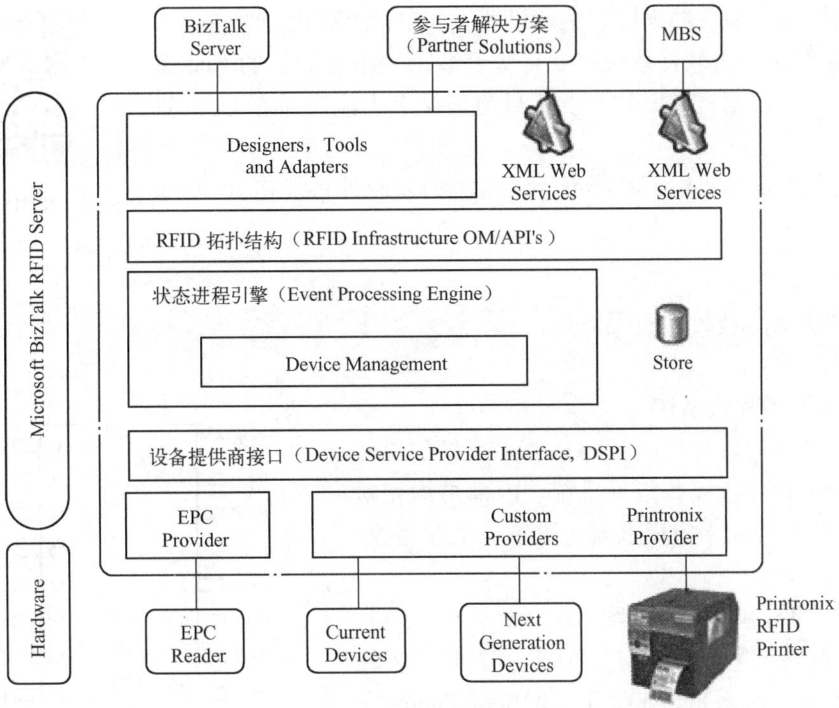

图 3-21　Microsoft 公司的 BizTalk RFID 应用拓扑图

（3）解决方案中间件（Solution Middleware）发展阶段

在 RFID 标签、读写器与中间件发展成熟过程中，各厂商针对不同领域提出各项创新应用解决方案，企业不需要再为前端 RFID 硬件与后端应用系统的连接而烦恼。

2. RFID 中间件的发展趋势

随着全球各产业的需求所创造出来的 RFID 市场规模越来越大，RFID 中间件在 RFID 产业应用中居于神经中枢，特别受到国际大企业的关注，未来在应用上将朝下列方向发展。

（1）基于 RFID 中间件的面向服务的架构

面向服务的架构（Service-Oriented Architecture，SOA）的目标就是建立沟通标准，突破应用程序对应用程序沟通的障碍，实现业务流程自动化，支持商业模式的创新，让 IT 变得更灵活，从而更快地响应需求，因此，RFID 中间件在未来发展上，将会以面向服务的架构为基础的趋势，为企业提供更弹性灵活的服务。

（2）安全架构

对于 RFID 应用，最让外界质疑的是 RFID 后端系统所连接的大量厂商数据库可能引发的商业信息安全问题，尤其是消费者的信息隐私权。目前，Auto-ID Center 也正在研究安全机制，以配合 RFID 中间件的工作，安全架构将是 RFID 未来发展的重点之一，也是成功的关键因素。

3.4　RFID 常用软硬件

RFID 系统中数据传输及控制部分主要采用 Linux 嵌入式系统，嵌入式单片机系统广泛应用于各类计算应用，不仅包括腕表、手持设备（掌上计算机和蜂窝式移动通信网络电话）、因特网装置、客户机、防火墙、工业机器人和电话基础设施设备。

RFID 系统运行的软件系统主要有基于 C 语言编程软件的 Keil 系列控制软件。针对用户界面的开发，目前市场上主流产品有 Qt 开发工具。

在本书的实训项目中，将详细介绍主流的软硬件系统在 RFID 系统开发中的应用。

3.4 RFID 常用软硬件

3.4.1 单片机系统

1. 51 系列单片机系统

51 单片机是对兼容英特尔 8051 指令系统的单片机的统称。51 单片机因其指令系统、内部结构相对简单，所以广泛应用于家用电器、汽车、工业测控、通信设备中。

（1）51 系列单片机的种类

Intel（英特尔）的：8031、8051、8751、8032、8052、8752 等，前面带 "MCS"（Micro Controller System）。

Atmel（爱特梅尔）的：89C51、89C52、89C2051、89S51（RC）、89S52（RC）等，前面带 "AT"。

Philips（飞利浦）、Winbond（华邦电子）、Dallas（达拉斯）、Siemens（西门子）等公司的许多产品。

STC（国产宏晶）单片机：89C51、89C52、89C516、90C516 等众多品牌，前面带 "STC"（System Chip）。

（2）51 单片机的引脚（40 个）

51 系列单片机引脚图如图 3-22 所示。

1）电源及时钟引脚：Vcc、Vss、XTAL1 和 XTAL2。

2）控制引脚：PSEN、ALE/PROG、EA 和 RST。

3）I/O 口引脚：P0 ~ P3。

（3）51 系列单片机部件组成

1）微处理器（运算器 + 控制器）：8 位。

2）数据存储器（RAM）：片内 128 B（52 系列为 256 B），片外最多 64KB。

3）程序存储器（ROM/EPROM）：

- 8031 无此部件。
- 8051 位 4K 的 ROM。
- 8751 位 4K 的 EPROM。
- 片外最多拓展至 64KB。

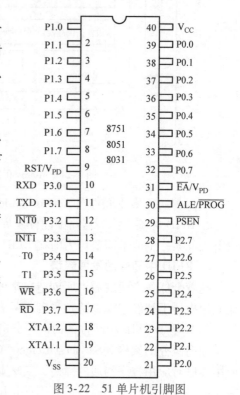

图 3-22 51 单片机引脚图

4）特殊功能寄存器（SFR）：21 个，是一些控制寄存器和状态寄存器，是一个具有特殊功能的 RAM 区。

5）并行 I/O 口（P0 ~ P3）。

6）串行口：1 个全双工的串行口（RXD、TXD）。

7）定时器/计数器：两个 16 位的定时计数器，具有 4 种工作方式。

8）中断系统：具有 5 个中断源：外部（INT0、INT1）、内部（定时 / 计数器 T0、T1 和片内串行口）。两个中断优先级。各个部件由单一的总线相连。

2. STM32 单片机系统

STM32 意思是代表 ARM Cortex – M 内核的 32 位微控制器，STM32 系列专为高性能、低成本、低功耗的嵌入式应用设计的，ARM Cortex – M 系列有 M0、M0 +、M3、M4 和 M7 5 种内核。STM32 位单片机优点如下。

1）内核：ARM 32 位 Cortex – M3 CPU，最高工作频率 72MHz，1.25DMIPS/MHz。单周期乘法和硬件除法。

2）存储器：片上集成 32 ~ 512KB 的 Flash 存储器。6 ~ 64KB 的 SRAM 存储器。

3）时钟、复位和电源管理：2.0 ~ 3.6V 的电源供电和 I/O 接口的驱动电压。

4）低功耗：3 种低功耗模式：休眠、停止、待机模式。为 RTC 和备份寄存器供电的 VBAT。

5）调试模式：串行调试（SWD）和 JTAG 接口。

6）DMA：12 通道 DMA 控制器。支持的外设：定时器、ADC、DAC、SPI、IIC 和 UART。

7）3 个 12 位的 us 级的 A – D 转换器（16 通道）：A – D 测量范围为 0 ~ 3.6V。双采样和保持能力。片上集成一个温度传感器。

8）2 通道 12 位 D ~ A 转换器：STM32F103xC、STM32F103xD、STM32F103xE 独有。

9）最多有 112 个的快速 I/O 端口：根据型号的不同，有 26、37、51、80 和 112 的 I/O 端口，所有的端口都可以映射到 16 个外部中断向量。除了模拟输入，所有的都可以接收 5V 以内的输入。

10）最多有 11 个定时器：4 个 16 位定时器，每个定时器有 4 个 IC/OC/PWM 或脉冲计数器。

11）最多有 13 个通信接口：2 个 IIC 接口（SMBus/PMBus）。5 个 USART 接口（ISO7816 接口、LIN、IrDA 兼容、调试控制）。3 个 SPI 接口（18 Mbit/s），两个和 IIS 复用。CAN 接口（2.0B）。USB 2.0 全速接口。SDIO 接口。

12）ECOPACK 封装：STM32F103xx 系列微控制器采用 ECOPACK 封装形式。

3.4.2 常用软件系统

1. Keil 系列开发软件系统

Keil C51 是美国 Keil Software 公司出品的 51 系列兼容单片机 C 语言软件开发系统，与汇编相比，C 语言在功能上、结构性、可读性、可维护性上有明显的优势，因而易学易用。Keil 提供了包括 C 编译器、宏汇编、链接器、库管理和一个功能强大的仿真调试器等在内的完整开发方案，通过一个集成开发环境（μVision）将这些部分组合在一起。Keil 软件可以在所有 Windows 操作系统下运行。

2009 年 2 月发布 Keil μVision4。Keil μVision4 引入灵活的窗口管理系统，使开发人员能够使用多台监视器。新的用户界面可以更好地利用屏幕空间和更有效地组织多个窗口，提供一个整洁、高效的环境来开发应用程序。新版本支持更多最新的 ARM 芯片，还添加了一些其他新功能。

2011 年 3 月 ARM 公司发布的集成开发环境 Real View MDK 开发工具中集成了 Keil μVision4，其编译器、调试工具实现与 ARM 器件的最完美匹配。

最新版本 Keil uVision5 提供编译器、安装包和调试跟踪，利用此系统，用户可以同时使用多台监视器对设计过程中的相关信息进行实时的查看，从而在最短的时间内发现最多的错误问题。

Keil μVision5 使用简单，在 RFID 系统中得到了广泛的运用，界面如图 3-23 所示。

图 3-23　Keil μVision5 操作界面

2. 用户界面（GUI）工具包 Qt

Qt 是 Trolltech 公司的标志性产品，是一个跨平台的 C++图形用户界面（GUI）工具包，目前包括 Qt，基于 Framebuffer 的 Qt Embedded（面向嵌入式的产品），快速开发工具 Qt Designer 和国际化工具 Qt Linguist 等部分。Qt 支持所有 UNIX 系统，当然也包括 Linux，还支持在所有 Windows 操作系统下运行。

QT 编程主要的类有以下几种。

（1）Qobject

Qobject 是 Qt 类体系的唯一基类，是 Qt 各种功能的源头活水，就像 MFC 中的 CObject 和 Dephi 中的 Tobject。

QApplication 和 QWidget 都是 QObject 类的子类。

（2）Qapplication

Qapplication 类负责 GUI 应用程序的控制流和主要的设置，它包括主事件循环体，负责处理和调度所有来自窗口系统和其他资源的事件，并且处理应用程序的开始、结束及会话管理，还包括系统和应用程序方面的设置。对于一个应用程序来说，建立此类的对象是必不可少的。

（3）Qwidget

Qwidget 类是所有用户接口对象的基类，它继承了 Qobject 类的属性。组件是用户界面的单元组成部分，它接收鼠标、键盘和其他从窗口系统来的事件，并把它自己绘制在屏幕上。

3.5 习题

1. 电子标签与条形码有什么不同？
2. 可将标识物体数据载体的电子标签分为几大类？哪类标签是有芯片的？哪类标签是没有芯片的？
3. 电子标签所使用的无线频率有哪些？对应的工作距离是多少？
4. 简述1bit电子标签的制作原理和射频工作原理。
5. 含有微处理器和不含微处理器的电子标签的主要区别是什么？
6. 电子标签在实际中有哪些应用？每项应用有什么特点？
7. 读写器的主要功能有哪些？
8. 读写器的硬件由哪几部分组成？每部分的功能是什么？
9. 读写器的I/O接口形式主要有哪些？简述某种接口主要的技术参数。
10. 根据使用用途，常用的读写器分为哪几类？分别用在哪些领域？
11. 基于U2270B芯片的低频读写器，其基本工作原理是什么？简述射频模块、天线模块、电源模块、数据输入和输出模块的主要功能。
12. 高频读写器常用的MF RC500芯片，射频工作频率是多少？支持哪种协议？对于天线的驱动距离可达多少？并行接口可连接多少微处理器？芯片引脚功能是什么？
13. 基于MF RC500和AT89S51单片机设计的读写器系统，系统硬件设计、天线设计和工作流程分别是什么？
14. 中间件的构成和特点是什么？
15. 中间件共分为几类？每一类的工作特性是什么？
16. 中间件由几个模块组成？每个模块的功能和作用是什么？
17. 中间件的主要技术标准有哪些？
18. IBM公司的中间件产品WebSphere V7主要有什么特性？
19. 简述RFID系统中的3个关键设备（电子标签、读写器和中间件）未来的发展趋势。

第4章 RFID门禁系统的设计

门禁系统又称为出入管理控制系统（Access Control System）。它是一种管理人员或车辆进出的智能化管理系统。概括起来就是管理什么人（车）、什么时间可以进出哪些门，并提供事后的查询报表等。常见的门禁系统有密码门禁系统、非接触卡门禁系统和指纹虹膜掌形生物识别门禁系统等。门禁系统近些年发展很快，被广泛应用于管理控制系统中。

4.1 门禁系统简介

4.1.1 门禁系统的发展

出入口门禁系统就是对出入口通道进行管制的系统，它是在传统的门锁基础上发展而来的。传统的机械门锁仅仅是单纯的机械装置，无论结构设计多么合理，材料多么坚固，人们总能通过各种手段把它打开。在出入人很多的通道（像办公室、酒店客房等），管理钥匙很麻烦，钥匙丢失或人员更换，都要把锁和钥匙一起更换。

为了解决这些问题，就出现了电子磁卡锁、电子密码锁，这两种锁的出现从一定程度上提高了人们对出入口通道的管理程度，使通道管理进入了电子时代。但随着这两种电子锁的不断应用，它们本身的缺陷逐渐暴露。磁卡锁的问题是，信息容易复制，卡片与读卡机具之间磨损大，故障率高，安全系数低；密码锁的问题是，密码容易泄露，又无从查起，安全系数很低。同时这个时期的产品大多采用将读卡部分（密码输入）与控制部分合在一起安装在门外，很容易被人在室外打开锁。这个时期的门禁系统还停留在早期不成熟阶段，因此当时的门禁系统通常被人称为电子锁，应用并不广泛。

最近几年随着感应卡技术、生物识别技术的发展，门禁系统得到了飞跃式的发展，进入了成熟期，出现了感应卡式门禁系统、指纹门禁系统、虹膜门禁系统、面部识别门禁系统和键盘门禁系统等各种技术的系统，它们在安全性、方便性和易管理性等方面都各有特长，使门禁系统的应用领域越来越广。

在数字技术和网络技术飞速发展的今天，门禁技术得到了迅猛的发展。门禁系统早已超越了单纯的门道及钥匙管理，它已经逐渐发展成为一套完整的出入管理系统。它在工作环境安全、人事考勤管理等行政管理工作中发挥着巨大的作用。在该系统的基础上增加相应的辅助设备，可以进行社区流动人员和出租屋管理、电梯控制、车辆进出控制、物业消防监控、保安巡检管理和餐饮收费管理等，真正实现区域内一卡智能管理。

4.1.2 门禁系统的种类

门禁系统主要用于对人员和车辆的出入自动管理。按识别方式来分，门禁系统主要有以下几种。

1. 密码识别

通过检验输入密码是否正确来识别进出权限。

优点：操作方便，无须携带卡片；成本低，安全系数较高。

缺点：同时可设的密码数较少，密码容易泄露；无进出记录；只能单向控制。

2. 卡片识别

通过读卡或读卡加密码方式来识别进出权限。按卡片种类又分为如下几类。

（1）普通读卡器、磁卡

优点：一人一卡，安全一般；成本较低，可连接微型计算机，有开门记录。

缺点：卡片设备有磨损，寿命较短；卡片容易复制；不易双向控制。卡片信息容易因外界磁场丢失而使卡片无效。

（2）射频卡、RFID 射频卡

优点：卡片，与设备无接触，开门方便安全；寿命长，理论数据至少为 10 年；安全性高，可连接微型计算机，有开门记录；可以实现双向控制。卡片很难被复制。

缺点：成本较高。

3. 生物识别

通过检验人员生物特征等方式来识别进出。有指纹形、掌形、虹膜形、面部识别形，还有手指静脉识别形等。

优点：从识别角度来说安全性极好；无须携带卡片。

缺点：成本很高。识别率不高，对环境要求高，对使用者要求高（比如指纹不能划伤，眼不能红肿出血，脸上不能有伤，或胡子的多少），使用不方便（比如虹膜形的和面部识别形的，安装高度位置一定了，但使用者的身高却各不相同）。

4.1.3　门禁系统的功能

1. 成熟的门禁系统能实现以下几项基本功能

1）对通道进出权限的管理。即对进出通道权限、进出通道的方式和进出通道的时段进行管理。

2）实时监控功能。系统管理人员可以实时查看每个门区人员的进出情况和每个门区的状态，也可以在紧急状态打开或关闭所有门区。

3）出入记录查询功能。系统可存储所有的进出记录，并可按不同查询条件查询，生成所需要的报表。

4）异常情况报警功能。在异常情况下可以实现微型计算机报警或报警器报警。

2. 根据不同的门禁系统，可以实现以下特殊功能

（1）反潜回功能

持卡人必须按照预先设定好的线路进出，否则下一通道刷卡无效。

（2）防尾随功能

持卡人必须关上刚进入的门才能打开下一个门。

（3）消防报警监控联动功能

在出现火警时，门禁系统可以自动打开所有电子锁，让里面的人能随时逃生。

（4）网络管理监控功能

系统可以在网络上任何一个授权的位置对整个系统设置监控查询管理，也可以通过因特网进行异地设置管理监控查询。

（5）逻辑开门功能

同一个门需要几个人同时刷卡（或其他方式）才能打开电控门锁。

 小知识

数字信号能传多远呢？

直接从计算机或电子设备出来的数字信号（也就是人们在实验室测量到的高电平、低电平）能传多远呢？

USB 接口：2～3m；

以太网线：20～100m；

同轴电缆：50～100m。

更远的距离就必须靠调制或加载在模拟信号上才可以。

4.2　RFID 门禁系统

RFID 门禁系统主要包括射频卡、读卡器和电子门锁，它是 20 世纪 90 年代随着网络技术、控制器、数据采集器和后台数据处理系统等的发展而发展起来的，是基于射频识别技术的用户出入数字化管理控制系统。目前通用的是非接触 IC 卡门禁系统。非接触 IC 卡由于其较高的安全性、最好的便捷性和高性价比成为门禁系统的主流。

4.2　FRID 门禁系统

4.2.1　RFID 门禁系统的功能

RFID 门禁系统应实现以下功能。

1. 对进出车辆和人的信息进行自动采集，录入数据库

对于大量进出的车辆，为了避免无谓的等待时间，提高效率，系统应实现不停车信息采集，并根据车辆具有的权限准入或禁止进入。整个过程要现场监控，尽量减少人为因素介入。

2. 对进出的车辆和人员进行分类

对内部人员或外来访客、企业车辆或临时进入车辆，系统应予以区别对待。

3. 完整的门禁信息管理功能

良好的人机界面，操作简单、方便、实用。工作人员能随时对进出情况进行组合查询，并生成不同的打印报表。应将各种不同类型的用户进出情况在相应监控计算机界面上清晰地反映出来。可对信息管理设置不同的权限，只允许有相应权限的操作人员进行相应操作。

4. 对多个出入口进行统一监控和信息管理

各个出入口采集信息均通过局域网传入主控室的主控计算机，存储在数据库中。每个进出口监控计算机均能反映相应进出口信息，主控计算机可监控所有进出口的信息。

根据企业实际要求，RFID 门禁系统主要考虑实现以下几项目标。

1）操作简单，界面标志明显易读。

2）系统安全可靠。

3）易于扩展和优化。

4.2.2　RFID 门禁系统的硬件及软件

（1）硬件

RFID 门禁系统硬件部分可分为以下几种。

1）多功能扫描仪。获得出入人员或车辆的信息，并向主机传送。

2）主机。接收从多功能扫描仪传送过来的信息，对其进行判断，并向控制器下达命令及接收控制器的信息。

3）控制器。接收主机下达的命令，并执行。

4）电动机。执行控制器的命令，带动传动装置运动。

5）传动装置。传递电动机和门之间的运动。

6）传感器。对人或车辆的通过进行感应。

7）报警系统。当有非有效用户进入控制门时进行报警。

RFID 门禁系统利用高速单片机作为控制核心，并设计 RFID 接收、解码电路。通过单片机解码射频卡发出的 64 位编码，并通过液晶屏显示实时时间和卡管理等信息。RFID 门禁系统是一种新型现代化门禁安全管理系统，系统使用非接触 IC 卡，只要用卡一刷，门就开了，同时也可以使用钥匙开门。感应卡的芯片内都有一个只读的识别码，不能复制，而且授权系统密码被管理严格，仿冒的可能性很小。

（2）软件

扫描仪与主机的通信方式有以下两种。

1）单机控制型。这类产品是最常见的，适用于小系统或安装位置集中的单位。通常采用 RS-485 通信方式。它的优点是投资小，通信线路专用。缺点是，一旦安装好就不能方便地更换管理中心的位置，不易实现网络控制和异地控制。

2）网络型。这类产品的通信方式采用的是网络常用的 TCP/IP 协议。这类系统的优点是，控制器与管理中心是通过局域网传递数据的，管理中心位置可以随时变更，不需重新布线，很容易实现网络控制或异地控制，适用于大系统或安装位置分散的单位使用。这类系统的缺点是，系统通信部分的稳定需要依赖于局域网的稳定。

4.3　人员进出控制 RFID 门禁系统的总体设计

近距离卡片控制的门禁系统是射频技术最早的商业应用之一。门禁系统中的关键射频识别设备——电子标签（车主识别卡、门禁卡）可以携带的信息量较少，厚度是标准信用卡厚度的 2~3 倍，对允许进入的人员会配发门禁卡，访客可领取临时门禁卡。将读写器安装在靠近大门的位置，读写器获取持卡人员的信息，然后与后台数据库进行通信，以决定该持卡人员是否具有进入该区域的权限。

从应用概念来说，电子标签的工作频率也就是射频识别系统的工作频率，毫无疑问，电子标签的工作频率是其最重要的特点之一。电子标签的工作频率不仅决定着射频识别系统工作原理（电感耦合还是电磁耦合）、识别距离，还决定着电子标签及读写器实现的难易程度和设备的成本。工作在不同频段或频点上的电子标签具有不同的特点。射频识别应用占据的频段或频点在国际上有公认的划分，即位于 ISM 波段之中。典型的工作频率有 125kHz、133kHz、13.56MHz、27.12MHz、433MHz、902~928MHz、2.45GHz 和 5.8GHz 等。

在智能门禁管理方案设计中，采用先进的射频技术，由非接触式 ID 卡、感应式读卡器、门禁控制器、电锁和网络通信装置及配套设备组成联网型网络门禁控制系统。门禁控制器既可联网运行，又可脱机操作，主控计算机可实时监控，也可按管理工作需要定期传递和处理数据。

门禁系统管理主机置于单位的管理中心，这样方便物理管理人员对门禁系统实施管理，了解住宅人员的进出记录，提供最可靠的保障，如当门禁系统发出非法进入报警时，保安可马上通过闭路电视监看报警点的情况，并组织人员及时处理。系统的控制器分别被安装在各个指定位置，以完成各种预设的控制。

系统采用先进的射频技术可避免机械锁的损耗所带来的问题。此外，每张卡有一个唯一的编号，避免仿制（如钥匙被仿制）所带来的问题。系统采用中央计算机系统管理，方便管理人员操作系统，提高管理的效率及保安质量。

4.3.1 　门禁系统的控制原理

独立门禁系统的结构如图 4-1 所示。

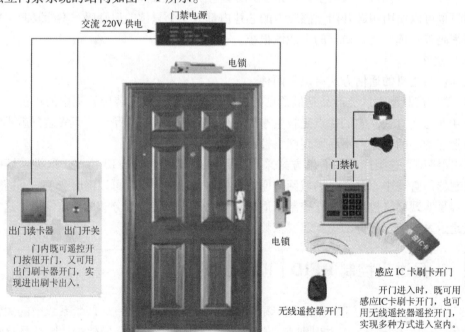

图 4-1 　独立门禁系统的结构图

门禁系统主要由管理系统、控制器和读卡主机 3 部分组成。管理系统负责人员进行管理、授权、数据采集、统计和分析等工作。持卡人将卡在读卡器感应区快速晃动一次，读卡器就能感应到有卡，并将卡中的信息（卡号）发送到主机，主机检查卡的合法性，然后决定是否进行开门动作。

门禁系统可在线工作，也可脱机工作。在线工作时，可实时将刷卡数据上传入系统中，以供监控、查询；脱机工作时，将刷卡数据保存在本地，待连接到网络后将数据上传给计算机进行处理。

4.3.2　系统目标

对门禁系统的工程设计将遵循以下技术目标和原则。

1. 可靠性和稳定性

安全和可靠是对智能化系统的基本要求，是弱电系统集成工程设计所追求的主要目标，在系统设备选型、网络设计和软件设计等各个方面要充分考虑可靠性和稳定性。在设计方面，要采用容错设计和开发计算结构；在设备选型方面，要保证软件与硬件的兼容性，以保证系统稳定。

2. 先进性

工程的整体方案及各子系统方案将保证具有明显的先进特征。考虑到电子信息技术的迅速发展，所采用的设备、产品和软件不仅技术要成熟，还要能代表当前行业领先的技术水平，以便该系统在尽可能长的时间内与社会发展相适应。

3. 合理性和经济性

在保证先进性的同时，以提高工作效率、节省人力和各种资源为目标进行工程设计，充分考虑系统的实用和效益，以争取获得最大的投资回报率。

4. 标准化

设计及其实施将按照国家和地方的有关标准进行。系统手段和软件将尽可能符合工业标准或主流模式。

5. 易维护性

可维护性是当今应用系统成功与否的重要因素，它包含两层含义，即故障的易于排除，日常的管理操作简便。系统设计采用结构化和模块化，极易方便维护系统。

6. 可扩充性

系统的总体结构应是结构化的，具有很好的兼容性和可扩充性，既可使不同厂商的设备产品综合在一个系统中，又可使系统能在日后得以方便地扩充，即可扩展另外厂商的设备产品，充分保护原有投资，具有较高的综合性能价格比。

4.3.3　系统网络结构

门禁系统根据需要由多个单元门禁构成。根据建筑结构和用户需求，为达到方便管理的目的，每个单元门使用两个读卡主机，进出都要求刷卡，一个独立的建筑物内的控制器之间使用 RS-485 连接成一个网络接入，或通过 TCP/IP 转 RS-485 网络后接入网络服务器，其他异地或远程的控制器可以采用 TCP/IP 控制器接入以太网，再与管理系统计算机连接，系统中多台刷卡点分别安装在不同区域的安装点上，需要用网络将所有的刷卡机及控制设备与计算机连接在一起。目前常用的网络有 RS-485 网络和基于 TCP/IP 协议的局域网络。RS-

485 网络是总线型网络，所有的终端设备使用一组双绞线连接在一起，通过 RS‑485/RS‑232 转换器或 485 集线器接入计算机，构成一个完整的网络系统；TCP/IP 网络是基于以太网的通信结构，各个终端设备使用单独网线与 TCP/IP 网络连接，构成一个 TCP/IP 网络系统。

可以根据实际电路情况对设备供电进行调整，所有设备都可以被直接或间接接入到 AC 220V电源中，但注意电源线应尽量不与 RS‑485 网络总线或 TCP/IP 通信线并行。

4.3.4　系统软件体系结构

软件从体系结构分是客户机/服务器模式（C/S），通过它可以充分利用客户机和服务器两端硬件环境的优势，将任务合理分配到 Client 端和 Server 端来实现，降低了系统的通信开销。

系统软件由以下几大模块组成。

1）设备通信模块。用于各控制主机与其所控制设备之间的通信。

2）网络通信模块。用于各模块之间在网络上的数据通信，基于 TCP/IP 协议和 Socket（注：英文原义为插座，通常也称套接字）机制。

3）中心数据库。存储一卡通系统所有的数据表。

4）本地数据库。存储本工作站所需的数据表。

5）数据库操作模块。对数据库的操作，如存储、触发等。

4. 4　小区车辆自动管理 RFID 门禁系统的设计

门禁系统应用射频识别技术可以实现持有效电子标签的车不停车，方便通行又节约时间，提高路口的通行效率，更重要的是可以对小区或停车场的车辆出入进行实时的监控，准确验证出入车辆和车主身份，维护区域治安，使小区或停车场的安防管理更加人性化、信息化、智能化和高效化。

4.4.1　小区车辆自动管理 RFID 门禁系统概述

现以小区大门车辆进出管理为例，在对整个系统的实现目标及功能进行仔细研究分析后，采用以下系统设计。

1）将不同用户分为固定用户和临时用户两类。为每个固定用户分配一张射频标签卡，可以将其固定安装在车辆上，用于用户进出小区。标签卡不仅是用户的唯一标识，也是用户信息的电子载体。临时用户进入小区前，先停车在进口监控室申请标签卡登记，凭此卡进入小区，离开时在出口处归还临时卡。

2）在小区车辆出入口安装固定射频识别设备，车辆进入或离开时识别标签卡，并采集其上的用户信息。此信息传输到出入口监控室的监控计算机中，显示给操作员的同时，通过局域网将该记录自动录入主控计算机数据库。此处对数据库的访问采用客户/服务器模式。射频识别设备根据此标签卡状态，控制栏杆动作。主控室的主控计算机可以通过局域网监控到各个出入口的车辆进出情况。

3）采用由掌上电脑（PDA）和手持射频识别设备组成移动信息管理方式，在固定射频识别设备涉及不到的范围内对已经进入企业的车辆进行检查，发现非法车辆立即处理。该信息同步为上位机做记录保存，以备查询。

4）监控室操作人员可根据其权限通过监控计算机对用户信息进行输入、修改等操作，对车辆的进出记录，不允许操作员修改或删除。主控室的管理人员除可以进行以上操作外，还可以对各个进出口的车辆进行记录查询、导出和打印，以及对操作人员进行管理等。

4.4.2 小区车辆自动管理 RFID 门禁系统的构成

基于射频识别技术的门禁系统，将 RFID 技术应用于门禁的管理，可以有效地对车辆快速可靠地识别，使安防中的门禁管理实现高效化、智能化。小区车辆自动管理 RFID 门禁系统主要的硬件构成设备有：射频识别设备、监控计算机、主控计算机、PDA、自动栏杆系统、地感线圈和打印机等。主要有以下关键技术：车载电子标签（远距离卡）、远距离读写器和车道控制器等。车辆自动管理 RFID 门禁系统示意图如图 4-2 所示。

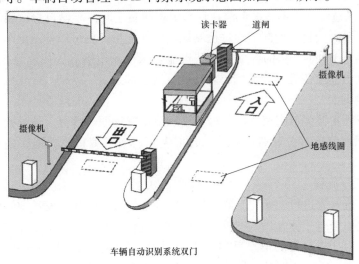

图 4-2 车辆自动管理 RFID 门禁系统示意图

1. 系统硬件的构成

射频门禁系统由车载电子标签、阅读器、管理系统、控制系统和车感线圈 5 部分组成。

（1）电子标签

电子标签通常也被称为应答器，它内部存储车辆及车主的基本信息，被安装在车辆上，为无源标签，当电子标签进入阅读器的微波查询信号覆盖区域时，电子标签通过感应电流所获得的能量向阅读器发送出存储在芯片中的信息，有效读取距离是 6～10m。

（2）阅读器

阅读器包括射频接口和信号处理两个模块。

1）射频接口模块主要负责信号的发送与接收，它接收来自信号处理与控制系统的指令信号，将指令信号变换为微波信号发送出去；同时，它也接收来自电子标签的微波反射信号，并将微波反射信号变换为数字信号送到信号处理模块中进行解码处理。

2）信号处理模块主要负责对指令信号和电子标签数据信号的处理。它接收来自管理系统的指令信号，将指令信号编码后送到射频接口，由射频接口变换为微波信号发送出去；同时，它也接收来自射频接口的电子标签数据信号，将电子标签数据信号解码后送到管理系统中。

（3）管理系统

管理系统主要负责处理用户信息电子标签数据和控制系统的信息。它依据用户指令对系统进行控制与管理，接收来自信号处理模块和控制系统的数据，将指令信号送往信号处理模块和控制系统，同时可以通过网络与安防中心进行通信。

（4）控制系统

控制系统主要负责对闸门机构进行通信控制。它接收来自管理系统的指令信号，对闸门机构进行控制，并将闸门状态反馈给管理系统，即如果从电子标签读取的数据经过管理系统分析为合法通行者，则给控制系统信号，开启闸门放行。

（5）车感线圈

车感线圈选用 PBD232 地感环形线圈式检测器。该检测器是一种基于电磁感应原理的车辆检测器，它的传感器是一个埋在路面下并通有一定工作电流的环形线圈（一般为 2m × 1.5m）。当车辆通过环形地埋线圈或停在环形地埋线圈上时，车辆自身铁质切割磁通线，引起线圈回路电感量的变化，检测器通过检测该电感变化量，就可以检测出车辆的存在。该检测器的响应时间为 100ms，它的各项性能特点能够保证系统准确、快速地检测到车辆到来，并通过数字 I/O 卡输出信号给计算机，启动读写器工作。

2. 系统软件设计

系统软件设计主要包括阅读器的信号处理和系统管理两个部分。信号处理模块软件开发采用 C 语言，系统管理部分软件采用 Visual C ＋＋（VC）编程，数据库采用 Microsoft SQL Server。

（1）系统工作流程

射频门禁系统首先进行初始化，阅读器按照一定的时间间隔，发送询问信号，由射频接口模块发射出去。当电子标签进入阅读器的微波查询信号覆盖区域时，电子标签（应答器）接收到询问信号后，将自身的信息反向发送给阅读器，阅读器信号处理模块接收到序列号后，进行车辆识别。首先进行防碰撞处理建立通信通道，然后对该数据信息进行解码，解码后将信息送到数据库进行校验。如果校验正确，就发送信号给控制系统；如果有错，就提供声光报警。在此过程中，若管理系统没有发送结束命令，则结束一个识别过程，开始下一个循环。

（2）管理软件设计

管理软件设计系统运行于 PC 上。PC 上的应用程序通过采集串口数据，对接收到的数据按照通信协议进行校验。若校验错误，则要求"信号处理模块"重发数据；若校验正确，则提取车辆标签信息中的车牌号，与数据库中的车辆信息进行对比。若提取的车牌号在数据库中存在，则传送信息给"控制系统"，由控制系统负责对闸门（门禁）系统的操作，同时在应用程序界面显示当前通行车辆的基本信息；若提取的车牌号在数据库中不存在，则向管理人员提示报警。

（3）数据库

数据库是系统的核心部分，主要设置 3 种基本表格存放信息。各表及字段定义如下。①车辆与车主基本信息表：车主名称、车主身份证、车主单位、车卡 ID 号、车牌号码、车型、车品牌和车身颜色等。②车辆通行记录表（时空信息）：车卡 ID 号、通过日期时间、通行次数等。③系统运行情况记录表：故障编码、故障时间。

3. 系统功能

（1）远距离识别

由于识别距离可达10m，且系统的信号穿透能力强，所以持卡的业主车辆可以较快的速度进出，而不必停车、摇下车窗和伸出手臂接近读卡机等操作，大大提高了通行效率。临时车辆进出由管理员提供临时ID卡。

（2）双卡确认

本系统实行驾驶员携带一张卡，此卡可用于门禁进出，车上安装一张卡，系统同时识别到两张卡的信号才给予放行，达到双保险功能。

（3）系统自动记录通过的时间地点

持卡人员进出时，计算机都会自动记载通行记录，并且无法删除记录，便于对进出小区的车辆、人员进行查询、统计及各种报表的生成，从而杜绝了失误、伪造和作弊现象。

（4）对临时车辆自动计费

临时车辆读卡后根据入场时间与收费标准自动计算费用，特殊车辆进出由管理员提供免费停车卡，免费停车卡进行了特殊设置，无法假冒。

门禁系统应用射频识别技术，可以实现持有效电子标签的车不停车，方便通行又节约时间，提高路口的通行效率。更重要的是，可以对小区或停车场的车辆出入进行实时的监控，准确验证出入车辆和车主身份，维护区域治安，使小区或停车场的安防管理更加人性化、信息化、智能化和高效化。

 小知识

嵌入式单片机在物联网中大展身手

单片机是一种集成电路芯片，是采用超大规模集成电路技术把具有数据处理能力的多种功能集成到一块硅片上构成的一个小而完善的微型计算机系统。从20世纪80年代，由当时的4位、8位单片机，发展到现在的300M的高速单片机。

在物联网系统中，从成本、体积、功效考虑，单片机完全够用且成本低、体积小，因此未来很多日用品都有可能嵌入单片机。

4.5 实训 门禁系统 RFID 设备的设计与安装

4.5.1 RFID 实训开发环境的搭建及硬件测试

1. 实训目的及要求

1）Keil 开发环境的安装。

2）掌握 Keil 开发环境的使用。

3）掌握 STM32 单片机固件的烧写方式。

2. 实训器材

1）硬件：RFID 实训箱套件、计算机等。

2）软件：Keil。

3. 相关知识点

4.5.1　RFID 实训开发环境的搭建及硬件测试

本实训箱使用基于 Cortex-M3 体系的 STM32F103VET6 单片机作为主控 CPU，运行相应的程序，它通过 GPIO 可以控制实训箱上的其他组件（数码管、矩阵键盘、LED 流水灯和 LCD 液晶屏等）。STM32F103VET6 单片机有两路 UART 通信接口，其中 UART1 经由 MAX232 电平转换芯片与实训箱上的 UART-STM32 DB9 串口相连，负责与上位机进行通信。而 UART2 与实训箱上的 SWICH 链路选择芯片组相连，通过 PD12 和 PD13 两个引脚进行链路选择，并最终与相对应的 RFID 模块进行通信。

本实训通过熟悉和学习 Keil 开发环境，下载相应的程序到 STM32F103VET6 上，并对实训箱上的硬件进行检测。在之后的实训中将会详细介绍 STM32F103VET6 单片机是如何控制各个组件，并且如何与不同的 RFID 模块进行通信的。

4. 实训步骤

1）安装"应用程序 \ JLINK 驱动安装"下的 JLink 驱动。安装完成后，使用实训箱内的 Jlink 仿真器将 PC 的 USB 接口和 RFID 实训箱上液晶屏下方的 20pin JTAG 接口相连，如果 PC 能够检测到 JLink，则驱动安装成功，否则请重新安装驱动。

2）安装"应用程序 \ STM32 芯片开发环境"下的 MDK414. exe 软件（即 KeilVision5）。

3）打开 Keilμ Vision5 开发环境，其界面如图 4-3 所示。

4）打开测试工程，路径为："源代码 \ 测试程序 \ APP"下的工程文件，分别如图 4-4 和图 4-5 所示。

5）编译源文件，生成 hex 文件，如图 4-6 所示。

6）烧写可执行文件，如图 4-7 所示。

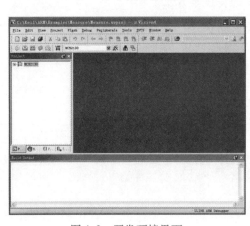

图 4-3　开发环境界面　　　　图 4-4　打开测试工程 1

5. 实训结果及数据

1）熟悉和学习 Keil 开发环境，下载相应的程序到 STM32F103VET6 上。

2）对实训箱上的硬件进行检测。

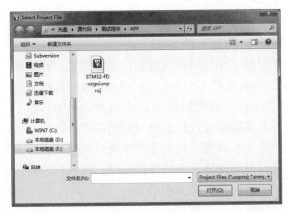

图 4-5 打开测试工程 2

图 4-6 编译源文件

图 4-7 烧写可执行文件

6. 考核标准

考核标准见表4-1。

表 4-1 考核标准

序号	考核内容	配分	评分标准	考核记录	扣分	得分
1	正确实现实训箱接线	25	系统能正常工作			
2	正确下载相应的程序到STM32F103VET6上	25	能正确下载程序			
3	实现对实训箱上的硬件进行检测	25	能正确检测实训箱硬件			
4	接线规范性及安全性	25	接线符合国家标准及安全要求			
5	分数总计	100				

4.5.2 低频 RFID 设备的设计与安装

1. 实训目的及要求

1）了解 ID 卡内部存储结构。

2）掌握符合 ISO 18000-2 标准的无源 ID 卡识别系统的工作原理。

3）掌握符合 ISO 18000-2 标准的无源 ID 卡识别系统的工作流程。

4）掌握本平台 ID 模块的操作过程。

2. 实训器材

1）硬件：RFID 实训箱套件、计算机等。

2）软件：Keil、串口调试助手。

3. 相关知识点

（1）低频 RFID 识别卡

4.5.2　低频 RFID 设备的设计与安装

低频段电子标签低频段电子标签简称为低频标签，其工作频率范围为 30~300kHz。典型工作频率有 125kHz、133kHz（也有接近的其他频率，如 TI 使用 134.2kHz）。该频段的波长大约为 2500m，除了金属材料影响外，一般低频还能够穿过任意材料的物品而不降低它的读取距离。低频标签一般为无源标签，其工作能量通过电感耦合方式从阅读器耦合线圈的辐射近场中获得。当低频标签与阅读器之间传送数据时，低频标签需位于阅读器天线辐射的近场区内。低频标签的阅读距离一般情况下小于 1m。

低频标签的主要优势体现在：标签芯片一般采用普通的 CMOS 工艺，具有省电、廉价的特点；工作频率不受无线电频率管制约束；可以穿透水、有机组织和木材等；非常适合近距离的、低速度的和数据量要求较少的识别应用。低频标签的劣势主要体现在：标签存储数据量较少；只能适合低速、近距离识别应用；与高频标签相比标签天线匝数更多，成本更高一些。

低频 RFID 系统使用 ID 卡，全称为身份识别卡（Identification Card，ID），作为其电子标签。ID 卡是一种不可写入的感应卡，其内部唯一存储的数据是一个固定的 ID 卡编号，其记录内容（卡号）是由芯片生产厂商封卡出厂前一次性写入的，封卡后不能更改，开发商只可读出卡号加以利用。ID 卡与人们通常使用磁卡一样，仅仅使用了"卡的号码"而已，卡内除了卡号外，无任何保密功能，其"卡号"是公开和裸露的。目前市场上主要有美国 HID、TI 和 MOTOROLA 等各类 ID 卡。本实训平台使用 EM 系列 ID 卡符合 ISO 18000-2 标准，工作频率为 125kHz。

ID 标签中保存的唯一数据——标签标识符（UID）以 64 位唯一识别符来识别。UID 由标签制造商永久设置，符合 ISO/IEC DTR15693。UID 使每一个标签都唯一，是独立的编号。UID 结构图如图 4-8 所示。

MSB				LSB
64　　57	56　　49	48		1
"E0"	IC Mfgcode	IC 制造商序列号（IC manufacturer serial number）		

图 4-8　UID 结构图

1）最高有效位 64~57 位为固定的 8 位分配级 "E0"。

2）有效位 56~49 位为根据 ISO/IEC 7816-6/AM1 定义的 8 位 IC 制造商代码（IC Manufacturing code，IC Mfgcode）。

3）有效位 48~1 位为由 IC 制造商指定的唯一 48 位制造商序列号 MSN。

（2）低频 RFID 识别卡调制

实训平台的低频 ID 模块符合 ISO18000-2 标准。询问器载波频率为 125kHz。在 ISO 18000-2 标准中规定了基本空中接口的基本标准。

1）询问器到标签之间的通信采用脉冲间隔编码。

2）标签与询问器之间通过电感性耦合进行通信，当询问器以标准指令的形式访问标签时，载波需加载一个 4KB/s 的曼彻斯特编码数据信号。

3）调制采用 ASK 调制，调制指数为 100%。

在实际通信系统中，很多系统都不能直接传送基带信号，必须用基带信号对载波波形的某些参量进行控制，使载波的这些参量随基带信号的变化而变化。由于正弦信号形式简单，便于产生和接收，所以大多数数字通信系统中都采用正弦信号作为载波，即正弦波调制。数字调制技术是用载波信号的某些离散状态来表示所传送信息的，在接收端也只要对载波信号的离散调制参量进行检测即可。数字调制方式一般有振幅键控（ASK）、移频键控（FSK）和移相键控（PSK）3种数字调制方式，如图4-9所示。

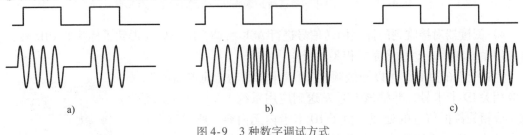

a)   b)   c)

图4-9　3种数字调试方式

a）ASK　b）FSK　c）PSK

振幅键控调制如图4-10所示。在二进制振幅键控（ASK）方式下，当基带信号的值为1时，载波幅度为u_1；当基带信号的值为0时，载波幅度为u_2。定义调制系数为$M = (u_1 - u_2)/(u_1 + u_2)$，当$u_2$为0时，调制系数$M = 100\%$。

（3）低频RFID系统读卡器

实训平台使用EM系列ID卡，符合ISO 18000－2标准，工作频率为125kHz，经读卡器译码后输出其10位十进制卡号。

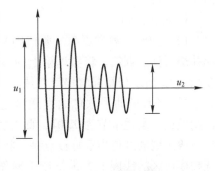

图4-10　振幅键控调制

读卡器中的4MHz振荡源经过32分频后得到125kHz的基准频率信号，该频率一方面为读卡器发射125kHz的交变电磁场提供工作时钟，另一方面为读卡器中微控制器解码提供基准时钟。当读卡器的工作区域内没有ID卡时，读卡器的检波电路没有输出，一旦有ID卡进入交变电磁场并将其曼彻斯特编码的数据信息调制后发送出来，读卡器的滤波电路、解调电路、检波电路和整形单元就将调制在125kHz频率信号中的采用曼彻斯特编码的数据信息解调还原，微控制器接收到曼彻斯特编码数据信息后，利用软件解码，从而读取ID卡的64位数据信息。

ID卡内部的曼彻斯特编码和原始数据信息的关系如图4-11所示。曼彻斯特编码采用下降沿表示"1"，采用上升沿表示"0"。读卡器微控制器软件的主要功能就是对从ID卡接收到的曼彻斯特编码进行解码，得到ID卡内部的64位数据信息，然后进行CRC校验，如果校验成功，就完成了一次读卡过程。

（4）低频RFID系统的工作流程

1）读卡器将载波信号经天线向外发送。

2）标签中的电感线圈和电容组成的谐振回路接收读卡器发射的载波信号，标签中芯片的射频接口模块由此信号产生出电源电压、复位信号及系统时钟，使芯片"激活"。

3）标签中的芯片将标签内存储的数据经曼彻斯特编码后，将控制调制器上的开关电流调制到载波上，通过标签上天线回送给阅读器。

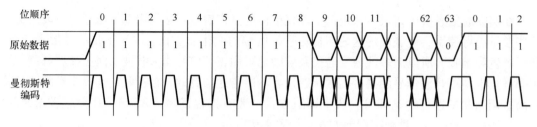

图 4-11　ID 卡内部的曼彻斯特编码和原始数据信息的关系

4）阅读器对接收到的标签回送信号进行 ASK 解调，解码后就得到了标签的 UID 号，然后应用系统利用该 UID 号完成相关的操作。

简述上面的过程，可以把低频 RFID 读卡器的功能简单描述为：读取相关 ID 卡卡号，并把该卡号发送到应用系统上层，由上层系统完成相关数据信息的处理。由于 ID 卡卡内无内容，所以其卡片持有者的权限、系统功能操作要完全依赖于上层计算机网络平台数据库的支持。

4. 实训步骤

图 4-12　信息配置串口参数

1）打开："教学资源 \ 源代码 \ 上位机开发用 \ RFID-UART \ RVMDK"工程目录，编译并烧写到实训箱，将实训箱上的 UART-STM 串口与 PC 相连，打开电源，打开串口助手，按图 4-12 所示信息配置串口参数。

2）将串口助手软件的发送区选择为十六进制发送，发送字节为 02 01，此时实训箱上低频模块区域的红色指示灯被点亮，将 ID 卡置于低频模块区的线圈上方进行读卡操作，串口助手软件将会返回正确信息，串口返回 ID 卡号如图 4-13 所示。

3）固件程序功能及源码解析。在该工程中，STM 单片机内的固件程序有以下两个作用。

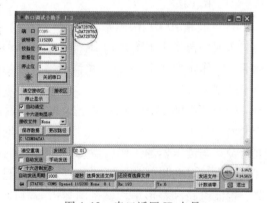

① RFID 模块选择功能。

② 上位机和射频模块之间通信数据的包装和转发。

图 4-13　串口返回 ID 卡号

STM 单片机的 PA2 和 PA3 引脚（即 UART2）与一个链路选择开关芯片组（实训箱 PCB 板上标示为 SWITCH）相连，然后通过 PD12 和 PD13 两路引脚进行链路选择。单片机与射频模块配置选择如表 4-2 所示。

表 4-2　单片机与射频模块配置选择

PD12	PD13	通 路 描 述
低电平	低电平	UART2 与 RXD3TXD3 形成通路，单片机与低频模块实现通信
低电平	高电平	UART2 与 RXD4TXD4 形成通路，单片机与高频模块实现通信
高电平	低电平	UART2 与 RXD5TXD5 形成通路，单片机与超高频模块实现通信
高电平	高电平	UART2 与 RXD6TXD6 形成通路，单片机与 2.4GHz 模块实现通信

4）实现低频模块链路选择。通过读取系统光盘中配置的源程序来实现单片机与低频

RFID 模块的通信。源码如下所述。

```
Hal. c
#define SWTICH1_ON GPIO_SetBits( GPIOD, GPIO_Pin_12);          #拉高 PD12 引脚
#define SWTICH1_OFF GPIO_ResetBits( GPIOD, GPIO_Pin_12);       #拉低 PD12 引脚
#define SWTICH2_ON GPIO_SetBits( GPIOD, GPIO_Pin_13);          #拉高 PD13 引脚
#define SWTICH2_OFF GPIO_ResetBits( GPIOD, GPIO_Pin_13);       #拉低 PD13 引脚
Main. c
void chose_id( void)
{
```

//RxBuffer1[1]内存储这个从上位机(PC)接收到的数据,STM32 通过 UART1 与 PC 通信,UART1 将从 PC 收到的数据暂存到 RxBuffer 中,通过判断 RxBuffer 中的第二个字节来判断 PC 要做的事情。

```
switch( RxBuffer1[1])
{
case 0x01:
```

//当 RxBuffer[1]=0x01 时,上位机选择与低频 RFID 模块通信,此时将 PD12 和 PD13 全部拉低。

```
    USART_Config( USART2, 9600);
    SWTICH_OFF;
    SWTICH1_OFF;
    SWTICH2_OFF;
    BEEP_ON;
    Delay( 0xFFFFF);
    BEEP_OFF;
    break;
case 0x02:
```

//当 RxBuffer[1]=0x02 时,上位机选择与高频 RFID 模块通信,此时将 PD12 拉低、PD13 拉高。

```
    USART_Config( USART2, 9600);
    SWTICH_OFF;
    SWTICH1_OFF;
    SWTICH2_ON;
    BEEP_ON;
    Delay( 0xFFFFF);
    BEEP_OFF;
    break;
case 0x03:
```

//当 RxBuffer[1]=0x03 时,上位机选择与特高频 RFID 模块通信,此时将 PD12 拉高、PD13 拉低。

```
    USART_Config( USART2, 57600);
    SWTICH_OFF;
    SWTICH1_ON;
    SWTICH2_OFF;
    BEEP_ON;
    Delay( 0xFFFFF);
    BEEP_OFF;
    break;
case 0x04:
```

```
//当 RxBuffer[1]=0x04 时,上位机选择与 2.4G RFID 模块通信,此时将 PD12 和 PD13 全部拉高。
        USART_Config(USART2, 9600);
        SWTICH_OFF;
        SWTICH1_ON;
        SWTICH2_ON;
        BEEP_ON;
        Delay(0xFFFFF);
        BEEP_OFF;
        break;
    case 0x05:
//当 RxBuffer[1]=0x05 时,此时上位机有"话"要跟它已经选择好的模块"说"(即上位机和 RFID 模块
之间的通信协议),此时 STM32 单片机只是起到了一个数据转发的功能。
        USART2_Puts(&RxBuffer1[2]);
        break;
      default:
        break;
    }
}
```

通过上面源码中的注释部分已经可以了解到，RxBuffer [1] 这个字节相当于一个功能码，它描述了上位机想要做的事情，那 RxBuffer [0] 这个字节的作用是什么呢？这个字节值代表的是上位机发送给 STM 单片机的一条指令的总长度。上位机发给实训箱单片机 0x02 0x01 这条指令的意义是，0x02 指的是指令的长度是两个字节，0x01 告诉单片机它想与低频 RFID 模块通信。

5) 数据传送至上位机。建立了 STM 的 UART2 和低频读卡器模块通路的同时，选择链路芯片组为低频模块供电，使其处于主动监听的工作状态，此时只需从 UART2 端口接收数据并且发送至 UART1（与 STM_UART 相连），最终传送给上位机，这一过程是在中断函数中完成的。代码如下。

```
Stm32f10x_it.c
void USART2_IRQHandler(void)
{
    uint8_t tmp;
    if(USART_GetITStatus(USART2, USART_IT_RXNE)! = RESET)    //判断读寄存器是否非空
    {
        tmp = USART_ReceiveData(USART2);
        USART_SendData(USART1, tmp);
    }
    if(USART_GetITStatus(USART2, USART_IT_TXE)! = RESET)    //这段是为了避免 STM32
USART 第一个字节发不出去的 BUG。
    {
        USART_ITConfig(USART2, USART_IT_TXE, DISABLE);    //禁止发缓冲器空中断
    }
}
```

5. 实训结果及数据

1）实现 RFID ID 卡通过串口与单片机进行联系。

2）实现单片机对低频 RFID 卡的控制选择。

3）实现数据传送至上位机。

6. 考核标准

考核标准见表4-3。

表 4-3　考核标准

序号	考核内容	配分	评分标准	考核记录	扣分	得分
1	正确实现 RFID ID 卡通过串口与单片机进行联系	25	系统能正常工作			
2	正确实现单片机对低频 RFID 卡的控制选择	25	能实现通信握手，并选择低频 RFID 卡			
3	正确实现数据传送至上位机	25	能正确完成数据读写操作			
4	接线规范性及安全性	25	接线符合国家标准及安全要求			
5	分数总计	100				

4.5.3　高频 RFID 设备的通信协议设置

1. 实训目的及要求

1）掌握高频读卡器的通信协议。

2）掌握本平台高频模块的操作过程。

3）掌握高频模块工作原理。

2. 实训器材

1）硬件：RFID 实训箱套件、计算机等。

2）软件：Keil、串口调试助手。

4.5.3　高频 RFID 设备的通信协议设置

3. 相关知识点

（1）高频 RFID 系统

典型的高频（13.56MHz）RFID 系统包括阅读器（Reader）和电子标签（Tag，也称为应答器 Responder）。电子标签通常选用非接触式 IC 卡，全称集成电路卡又称为智能卡，可读写，容量大，有加密功能，数据记录可靠。IC 卡相比 ID 卡而言，使用更方便，目前已经大量使用在校园一卡通系统、消费系统、考勤系统和公交消费系统等。目前市场上使用最多的是 Philips 的 Mifare 系列 IC 卡。读写器（也称为阅读器）包含高频模块（发送器和接收器）、控制单元以及与卡连接的耦合元件。由高频模块和耦合元件发送电磁场，以提供非接触式 IC 卡所需要的工作能量以及发送数据给卡，同时接收来自卡的数据。此外，大多数非接触式 IC 卡读写器都配有上传接口，以便将所获取的数据上传给另外的系统（如个

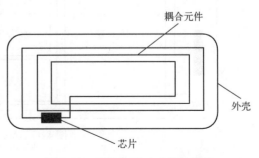

图 4-14　常见的 IC 卡内部结构图

人计算机、机器人控制装置等）。IC 卡由主控芯片专用集成电路（ASIC）和天线组成，标签的天线由线圈组成，很适合封装到卡片中。常见的 IC 卡内部结构图如图 4-14 所示。

较常见的高频 RFID 应用系统组成示意图如图 4-15 所示。IC 卡通过电感耦合的方式从读卡器处获得能量。

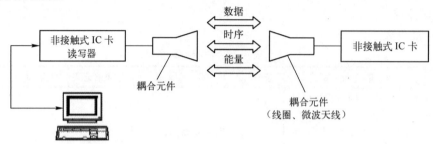

图 4-15　较常见的高频 RFID 应用系统组成示意图

（2）高频 IC 卡的工作原理

下面以典型的 IC 卡 MIARE 1 为例，说明电子标签获得能量的整个过程。读卡器向 IC 卡发送一组固定频率的电磁波，标签内有一个 *LC* 串联谐振电路，IC 卡功能结构图如图 4-16 所示。其谐振频率与读写器发出的频率相同，这样当标签进入读写器范围时便产生电磁共振，从而使电容内有了电荷。在电容的另一端接有一个单向通的电子泵，将电容内的电荷送到另一个电容内存储，当存储积累的电荷达到 2V 时，此电源即可为其他电路提供工作电压，将标签内数据发射出去或接收读写器的数据。

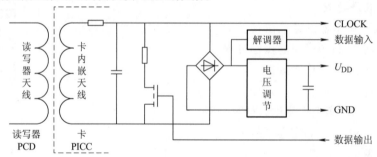

图 4-16　IC 卡功能结构图

高频 RFID 系统选用 PICC 类 IC 卡作为其电子标签。Philips 是世界上最早研制非接触式 IC 卡的公司之一，其 Mifare 技术已经被制定为 ISO 14443 TYPE A 国际标准。本平台选用 Mifare 1（S50）卡作为电子标签，M1 卡内部原理框图如图 4-17 所示。

图 4-17　M1 卡内部原理框图

射频接口部分主要有波形转换模块。它可将读写器发出的 13.56MHz 的无线电调制频率接收，一方面送调制/解调模块，另一方面进行波形转换，将正弦波转换为方波，然后对其整流滤波，由电压调节模块对电压进行进一步的处理，包括稳压等，最终输出供给卡片上的各电路。数字控制单元主要针对接收到的数据进行相关处理，包括选卡和防冲突等。

（3）ISO 14443 协议标准简介

ISO 14443 协议是超短距离智慧卡标准，该标准定义出读取距离为 7 ~ 15cm 的短距离非接触智能卡的功能及运作标准。这里重点介绍 MIFARE 1 符合的 ISO 14443 TYPE A 标准。

1）ISO 14443 TYPE A 标准中规定的空中接口基本标准。

① PCD 到 PICC（数据传输）调制为 ASK，调制指数 100%。

② PCD 到 PICC（数据传输）位编码为改进的 Miller 编码。

③ PICC 到 PCD（数据传输）调制为频率为 847kHz 的副载波负载调制。

④ PICC 到 PCD 位编码为曼彻斯特编码。

⑤ 数据传输速率为 106kbit/s。

⑥ 射频工作区的载波频率为 13.56MHz。

2）ISO 14443 TYPE A 标准中规定的 PICC 标签状态集，读卡器对进入其工作范围的多张 IC 卡的有效命令如下。

① REQA：TYPE A 请求命令。

② WAKE UP：唤醒命令。

③ ANTICOLLISION：防冲突命令。

④ SELECT：选择命令。

⑤ HALT：停止命令。

（4）通信流程

高频 RFID 系统读写器与 IC 通信流程图如图 4-18 所示。主要步骤如下。

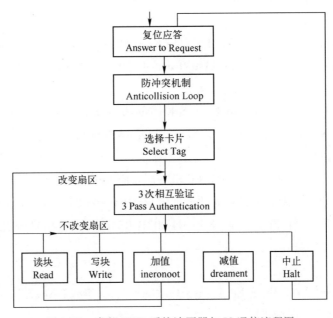

图 4-18　高频 RFID 系统读写器与 IC 通信流程图

1）复位应答（Answer to Request）。M1 射频卡的通信协议和通信波特率是定义好的，当有卡片进入读写器的操作范围时，读写器以特定的协议与它通信，从而确定该卡是否为 M1 射频卡，即验证卡片的卡型。

2）防冲突机制（Anticollision Loop）。当有多张卡进入读写器操作范围时，防冲突机制会从其中选择一张进行操作，未选中的则处于空闲模式等待下一次选卡，该过程会返回被选卡的序列号。具体防冲突设计细节可参考相关协议手册。

3）选择卡片（Select Tag）选择被选中的卡的序列号，并同时返回卡的容量代码。

4）3 次互相验证（3 Pass Authentication）。选定要处理的卡片之后，读写器就确定要访问的扇区号，并对该扇区密码进行密码校验，在 3 次相互认证之后，就可以通过加密流进行通信（在选择另一扇区时，必须进行另一扇区密码校验）了。

对数据块的操作包括读、写、加、减、存储、传输和终止。

（5）上位机与高频 RFID 模块间的通信协议

在 LF 低频 RFID 实训中，上位机和低频 RFID 模块之间没有任何的协议通信，这是因为低频 RFID 功能简单，低频 RFID 模块只有一个工作状态，即监听状态，此时模块只需将监听到的标签数据传给上位机即可，而高频 RFID 以及之后将要学习的超高频 RFID、2.4GRFID 模块的功能就要多得多。除了简单的读卡外，还有写入数据、修改密码的功能，这就需要上位机与这些 RFID 模块之间进行通信。以下便是上位机与高频 RFID 之间的一些协议（注：以下数据均为十六进制，第一字节表示此次发生的字节长度）。

1）读卡号。

02 A0

2）读数据。

09 A1 Key0 Key1 Key2 Key3 Key4 Key5 Kn

例：0xA1 为读数据标志。

该卡密码 A 为十六进制：ff ff ff ff ff ff 对应 Key0 Key1 Key2 Key3 Key4 Key5，若要读的块数为第 4 块，即 Kn = 4，则发送：09 A1 ff ff ff ff ff ff 04，返回第 4 块的 16B 数据。

3）写数据。

19 A2 Key0 Key1 Key2 Key3 Key4 Key5 Kn Num0 Num1 Num2 Num3 Num4 Num5 Num6 Num7 Num8 Num9 Num10 Num11 Num12 Num13 Num14 Num15.

例：0xA2 为写数据标志。

该卡密码 A 为十六进制：FF FF FF FF FF FF 对应 Key0 Key1 Key2 Key3 Key4 Key5，若要写的块数为第 4 块，即 Kn = 4，要写的数据位 00 01 02 03 04 05 06 07 08 09 0A 0B 0C 0D 0E 0F，则发送：19 A2 FF FF FF FF FF FF 04 00 01 02 03 04 05 06 07 08 09 0A 0B 0C 0D 0E 0F。

4）修改密码。

0F A3 Key0 Key1 Key2 Key3 Key4 Key5 Kn New0 New1 New2 New3 New4 New5。

例：0xA3 为修改密码标志。

该卡原密码 A 为十六进制：FF FF FF FF FF FF 对应 Key0 Key1 Key2 Key3 Key4 Key5，

若要修改的密码块数为第 7 块，即 Kn = 7（密码保存在扇区尾，分别为 7，11，15，19…），要修改成的密码为 20 10 20 11 20 12 对应 New0 New1 New2 New3 New4 New5，则发送：0F A3 FF FF FF FF FF FF 07 20 10 20 11 20 12。

4. 实训步骤

1）打开："教学资源 \ 源代码 \ 上位机开发用 \ RFID-UART \ RVMDK" 工程目录，编译并烧写到实训箱，将实训箱上的 UART-STM 串口与 PC 相连，打开电源，打开串口助手，并正确配置串口参数。

2）读卡号操作。在串口助手中选择十六进制发送字节 0x02 0x02，选择与高频 RFID 通信，此时高频 RFID 区的红色 LED 变亮。将显示区选择为十六进制显示，发送字节 0x04 0x05 0x02 0xA0，并进行高频标签的刷卡操作，观察是否有数据返回，读卡号操作如图 4-19 所示。在上位机与高频 RFID 模块间的通信协议中已介绍，高频 RFID 的读卡指令（协议）为 0x02 0xA0，但此时为什么发送的是 0x04 0x05 0x02 0xA0 呢？正如实训

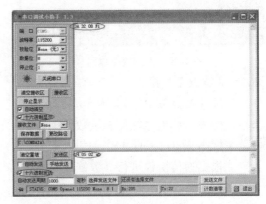

图 4-19 读卡号操作

4.5.3 中所介绍的那样，x04 0x05 这两个字节是上位机"说"给 STM 单片机"听"的，它的意思是"我这条指令一共 4 字节（0x）"，它的用处是一个与 RFID 模块进行通信的指令（0x05），STM 单片机收到后，首先检测它收到的数据确实是 4 个，并且知道了 0x02 0xa0 是上位机要给某个 RFID 模块的，于是 STM 单片机就将这 2 字节通过 UART2 口传给了真正能读懂它（0x02 0xa0）的 RFID 模块（在此之前已经完成模块的选择了）。

3）读数据操作。在串口助手发送区发送十六进制字符串 0b 05 09 A1 ff ff ff ff ff ff 04，观察返回值，并解析 0b 05 09 A1 ff ff ff ff ff ff 04 这条指令的意义。返回块 4 数据如图 4-20 所示。

4）请读者根据现在所学到的内容自行完成写卡操作，在完成写卡后，再次读卡，观察是否能够正确写入信息。

5）上位机和高频 RFID 模块间的通信协议与我们自定义 STM 上的协议非常类似，也是第一个字节代表了整个指令的长度，第二个字节是功能。例如读卡号的指令 02 A0，其中 02 代表了这条指令的长度，而 A0 则说明上位机想要做的事是读卡号。而在实训中，04 05 02 A0 是指令（协议）中包含了指令（协议）。其中 04 05 是上位机与 STM 单片机之间的协议指令，而 02 A0 则是上位机与高频 RFID 模块间的协议指令。

6）将实训箱配套的串口模块插在高频区的 4pin 插槽上，将 PC 与串口模块相连，如图 4-21 所示。此时再打开串口助手，设置波特率为 9600-8-N-1，再次发送指令 02 A0 并刷卡，依然会有正确的卡号返回，这是因为此时上位机适合高频模块直接通信，不再通过 STM 单片机了，也就不需要发送它与 STM 单片机之间的协议指令了。

图 4-20 返回块 4 数据

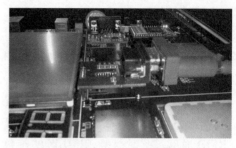

图 4-21 将 PC 与串口模块相连

5. 实训结果及数据

1）正确连接高频 RFID 固件和串口。

2）正确进行读卡号操作和读数据操作。

3）掌握高频 RFID 的重要通信协议。

4）能根据通信协议进行参数修改和发送协议数据。

6. 考核标准

考核标准见表 4-4。

表 4-4 考核标准

序号	考核内容	配分	评分标准	考核记录	扣分	得分
1	正确连接高频 RFID 固件，并能进行串口连接和参数配置	20	连接正确			
2	正确进行读卡号操作和读数据操作	20	成功进行读写操作			
3	理解高频 RFID 通信协议，并能修改和操作	20	能正确修改协议			
4	进行参数修改和发送协议数据	20	修改协议后能实现发送和接收数据			
5	接线规范性及安全性	20	接线符合国家标准及安全要求			
6	分数总计	100				

4.5.4 高频 RFID 设备的安装及设计

1. 实训目的及要求

1）了解 HF 高频 RFID 的应用领域。

2）熟悉 UC/OSII 下 UC/GUI 的开发。

3）熟悉 HF 高频 RFID 的应用开发。

2. 实训器材

1）硬件：RFID 实训箱套件、计算机等。

2）软件：Keil、STC_ ISP_ V483。

4.5.4　高频 RFID 设备的安装及设计（模拟公交卡）

3. 相关知识点

HF 高频 RFID 应用非常广泛，本实训模拟高频卡在公交收费系统中的使用。

4. 实训步骤

首先请刷新高频固件。由于在默认情况下，高频 RFID 模块的固件不支持加值和减值，所以首先需要更新它的固件。想要从高频 RFID 读卡器读卡，上位机需要发送十六进制指令 02 A0，高频 RFID 模块为什么会识别这条指令呢？是因为它本身的固件程序决定的。步骤如下。

① 安装"教学资源＼应用程序＼高频固件开发环境级烧写器（STC 单片机）"目录下的"STC-ISP-V4.83-NOT-SETUP-CHINESE. EXE"程序。在安装目录下单击"STC_ ISP_ V483. exe"可执行程序，进入图 4-22 所示刷新高频固件界面。

② 将实训箱配套的串口模块插在图 4-23 所示的高频 RFID 区的 4pin 插座上，并且与 PC 通过串口线相连。

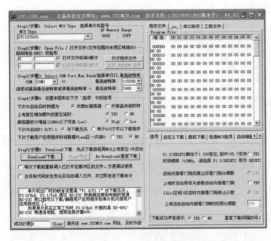

图 4-22　刷新高频固件界面

图 4-23　连接高频固件

③ 在 STC-ISP 软件上进行图 4-24 所示的高频 RFID 固件更新。MCU Type 选择 STC11F32XE，单击打开程序文件，选择"教学资源＼源代码＼高频＼HF 高频 RFID 固件实训＼make"目录下的"HF_ moudle. hex"二进制文件，在 COM 一栏中选择正确的串口号，设置正确的波特率。然后单击"Download/下载"按键，此时关闭 RFID 实训箱上的电源，并再次起动电源，即可完成固件更新的过程。此时可以拔掉串口模块。

④ 打开 Keil 开发环境，打开："教学资源＼源代码＼高频＼HF 高频 RFID 应用＼APP"目录下的实训工程文件，编译并烧写至 RFID 实训箱的主 STC CPU 上。液晶屏进入图 4-25 所示的高频 RFID 固件应用显示界面。

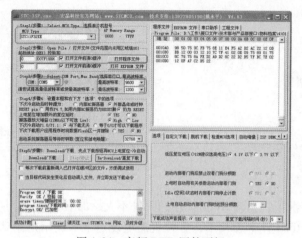

图 4-24　高频 RFID 固件更新

图 4-25　高频 RFID 固件应用显示界面

界面代码解析如下所述。

```
void Fun( void) {
unsigned char edit_cur;
GUI_CURSOR_Show( );
/*建立窗体,包含了资源列表、资源数目,并指定回调函数 */
hWin = GUI_CreateDialogBox( aDialogCreate, GUI_COUNTOF( aDialogCreate), _cbCallback, 0, 0, 0);
/*设置窗体参数 */
FRAMEWIN_SetFont( hWin, &GUI_FontComic18B_1);
FRAMEWIN_SetBarColor( hWin, 0, GUI_LIGHTCYAN);
FRAMEWIN_SetClientColor( hWin, GUI_BLACK);
/*BUTTON 部件句柄*/
hButton_bussys[0] = WM_GetDialogItem( hWin, GUI_ID_BUTTON0);
hButton_bussys[1] = WM_GetDialogItem( hWin, GUI_ID_BUTTON1);
hButton_bussys[2] = WM_GetDialogItem( hWin, GUI_ID_BUTTON2);
hButton_bussys[3] = WM_GetDialogItem( hWin, GUI_ID_BUTTON3);

BUTTON_SetFont( hButton_bussys[0], &GUI_FontComic18B_1);
BUTTON_SetFont( hButton_bussys[1], &GUI_FontComic18B_1);
BUTTON_SetFont( hButton_bussys[2], &GUI_FontComic18B_1);
BUTTON_SetFont( hButton_bussys[3], &GUI_FontComic18B_1);

BUTTON_SetTextColor( hButton_bussys[0], 0, GUI_BLUE);
BUTTON_SetTextColor( hButton_bussys[1], 0, GUI_BLUE);
BUTTON_SetTextColor( hButton_bussys[2], 0, GUI_BLUE);
BUTTON_SetTextColor( hButton_bussys[3], 0, GUI_BLUE);

BUTTON_SetBkColor( hButton_bussys[0],0,GUI_LIGHTCYAN);
BUTTON_SetBkColor( hButton_bussys[1],0,GUI_LIGHTCYAN);
BUTTON_SetBkColor( hButton_bussys[2],0,GUI_LIGHTCYAN);
BUTTON_SetBkColor( hButton_bussys[3],0,GUI_LIGHTCYAN);
```

```
BUTTON_SetBkColor(hButton_bussys[0],1,GUI_GRAY);
BUTTON_SetBkColor(hButton_bussys[1],1,GUI_GRAY);
BUTTON_SetBkColor(hButton_bussys[2],1,GUI_GRAY);
BUTTON_SetBkColor(hButton_bussys[3],1,GUI_GRAY);
/* 获得 edit 部件的句柄 */
edit0 = WM_GetDialogItem(hWin, GUI_ID_EDIT0);
edit1 = WM_GetDialogItem(hWin, GUI_ID_EDIT1);
edit2 = WM_GetDialogItem(hWin, GUI_ID_EDIT2);
/* 设置 TEXT 部件的字体 */
EDIT_SetFont(edit0,&GUI_FontComic18B_1);
EDIT_SetFont(edit1,&GUI_FontComic18B_1);
EDIT_SetFont(edit2,&GUI_FontComic18B_1);
/* 设置 EDIT 部件采用十进制,范围为 50~20000 */
EDIT_SetDecMode(edit0,money,0,2000,0,0);
EDIT_SetDecMode(edit2,0,0,2000,0,0);
EDIT_SetMaxLen(edit1, 15);

while(1)
{
    WM_Exec();                          //重绘
    OSTimeDly(3);                       //延时
}
}
```

界面中有 4 个按钮,分别代表获取 ID（IDNUM）、充值（Recharge）、余额显示（Balance）和消费操作（consume）,若单击相应的按钮,则会发送相应的指令来操作 IC 卡,操作成功蜂鸣器会发出提示,否则没有成功,需重复操作。

按键响应代码如下。

```
uint8_t get_id[2]   = {0x02, 0xa0};
uint8_t read_data[9] = {0x09, 0xA1, 0xff, 0xff, 0xff, 0xff, 0xff, 0xff, 0x04};
uint8_t plus[25]    = {0x19, 0xA4, 0xFF, 0xFF, 0xFF, 0xFF, 0xFF, 0xFF, 0x04};
uint8_t reduce[9]   = {0x09, 0xA5, 0xff, 0xff, 0xff, 0xff, 0xff, 0xff, 0x04};
    static void _cbCallback(WM_MESSAGE * pMsg) {
        int NCode, Id;
        switch (pMsg->MsgId) {
        case WM_NOTIFY_PARENT:             //通知父窗口有事件在窗口部件上发生
        Id = WM_GetId(pMsg->hWinSrc);      //获得对话框窗口里发生事件的部件的 ID
            NCode = pMsg->Data.v;          //通知代码
            switch (NCode) {
              case WM_NOTIFICATION_RELEASED:          //窗体部件动作被释放
                if (Id == GUI_ID_BUTTON1) {           //余额
                  get_balance();
                }
                else if (Id == GUI_ID_BUTTON0) {      //充值
```

```
                plus[9] = EDIT_GetValue(edit2);
                recharge();
            }
            else if (Id == GUI_ID_BUTTON2) {//id
            get_id_num();
            }
            else if (Id == GUI_ID_BUTTON3) {//消费
             consume();
            }
            break;
            default: break;
        }
        default:
            WM_DefaultProc(pMsg);//默认程序来处理消息
            break;
    }
}
```

　　如获取 IC 卡号，则单击 IDNUM，IC 卡号获取如图 4-26 所示，编辑框显示卡号为 3A3208F1。

　　⑤ 充值前需用小键盘输入充值金额，并会显示在编辑框中（进行充值与消费操作时，应先将卡放在范围之内，否则操作无法成功）。IC 卡充值显示如图 4-27 所示。

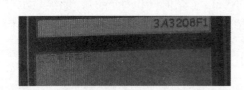

图 4-26　IC 卡号获取

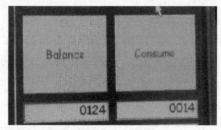

图 4-27　IC 卡充值显示

5. 实训结果及数据

1）正确连接高频 RFID 固件，并实现单片机对其选择。

2）正确配置高频 RFID 固件。

3）获取 IC 卡号。

4）模拟进行充值。

6. 考核标准

考核标准见表 4-5。

表 4-5　考核标准

序号	考核内容	配分	评分标准	考核记录	扣分	得分
1	正确连接高频 RFID 固件，并能进行选择	20	连接正确			
2	正确配置高频 RFID 固件参数	20	能通过软件进行配置			

（续）

序号	考 核 内 容	配分	评 分 标 准	考核记录	扣分	得分
3	正确实现 IC 卡号获取	20	能正确获取卡号			
4	模拟进行充值	20	能正确模拟充值			
5	接线规范性及安全性	20	接线符合国家标准及安全要求			
6	分数总计	100				

4.5.5　特高频 RFID 设备的安装及设计

1. 实训目的及要求

1）掌握特高频通信原理。

2）掌握特高频通信协议。

3）掌握读卡器操作流程。

4）了解特高频应用。

2. 实训器材

1）硬件：RFID 实训箱套件、计算机等。

2）软件：Keil。

4.5.5　特高频 RFID 设备的安装及设计

3. 相关知识点

（1）特高频 RIFD 系统

典型的特高频（Ultra-High Frequency，UHF）RFID 系统包括阅读器（Reader）和电子标签（Tag，也称为应答器 Responder）。工作步骤如下：阅读器发射电磁波到标签；标签从电磁波中提取工作所需要的能量；标签使用内部集成电路芯片存储的数据调制，并反向散射一部分电磁波到阅读器；阅读器接收反向散射电磁波信号，并解调以获得标签的数据信息。电子标签通过反向散射调制技术给读写器发送信息。

反向散射技术是一种无源 RFID 电子标签将数据发回读写器时所采用的通信方式。根据要发送的数据的不同，通过控制电子标签的天线阻抗，使得反射的载波幅度产生微小的变化，这样反射的回波就携带了所需的传送数据。控制电子标签天线阻抗的方法有很多，都是基于一种称为"阻抗开关"的方法，即通过数据变化来控制负载电阻的接通和断开，使这些数据能够从标签传输到读写器中。

（2）电子标签存储结构

特高频标签的工作频率在 860～960MHz，可分为有源标签与无源标签两类。工作时，射频标签位于阅读器天线辐射场的远场区内，标签与阅读器之间的耦合方式为电磁耦合方式。阅读器天线辐射场为无源标签提供射频能量，将无源标签唤醒。目前 UHF 频段的标签芯片制造商主要有 Alien、IMPINJ、TI、NXP 和 STM 等，标签制造商通过设计天线并制作封装而生产出标签。标签的封装是各种各样的，不同厂商的标签天线规格不同，同时天线的谐振频率点也不完全相同，这样，当使用固定频点的读写器读一类标签时效果很好，而读另一类标签的效果却会很差。

一般将电子标签芯片中的存储器 E^2 PROM 分为 4 个区，分别为保留内存（Reserved区）、EPC 存储器（EPC 区）、TID 存储器（TID 区）和用户存储器（USR 区）。有的标签可能没有 USR 区，而且标签的 E^2PROM 存储器的大小会不同。比如有的标签的 TID 是 8B，有的是 10B，其他区也一样。

（3）UHF 读写器协议标准

特高频读写系统使用 ISO18000-6c 或 EPC class1 Generation2 标准。读写器工作频段是 840 ~ 960MHz。本实训平台 UHF 模块采用后者作为设计标准。

各国家根据其国情规定了具体使用的频段和有效的发射功率。在我国频率使用的相关规定如下。

1）工作频段 840 ~ 845MHz 和 920 ~ 925MHz。

2）载波频率容限为 20e-6。

3）信道带宽（99% 的能量）为 250kHz。

4）临道功率泄露比为 40dB（第一邻道）和 60dB（第二邻道）。

5）发射功率为 2WE。

4. 实训内容及步骤

1）打开："教学资源 \ 源代码 \ 上位机开发用 \ RFID-UART \ RVMDK" 工程目录，编译并烧写到实训箱，将实训箱上的 UART-STM 串口与 PC 相连，打开电源，打开串口助手，并正确配置串口参数。

2）打开："教学资源 \ 源代码 \ 特高频 \ UHF 特高频 RFID 实训 \ APP" 下的工程文件，编译并下载至 RFID 实训箱（注意：不同操作之间请复位，比如单标签与防碰撞识别操作）。

特高频 RFID 系统实训平台界面如图 4-28 所示，包括 8 个编辑框，长条显示卡号，短条显示读卡次数，最后一个显示按键值。底部有一些按钮，代表相应的操作包括单标签识别（Single Tag）、防碰撞识别（Multi ID）、设置推荐功率（Set Power）、查看功率（Get Power）和停止操作（Stop）等。

图 4-28　特高频 RFID 系统实训平台界面

3）单击 "Get Power" 按钮可以获取当前功率，如图 4-29 所示。

4）通过键盘输入想要设定的功率值范围 10 ~ 30（请勿超出范围），推荐范围为 15 ~ 20。单击 Set Power 按钮设置推荐功率，其值为 15dbm，设置完可以查看结果。图 4-28 已经改为推荐功率，第 5 个字节表示功率为 15dbm（功率字节有效位为低 6 位，所以 8F 代表 15dbm）。

5）单击 Single Tag 开始标签识别模式，取一张标签靠近读卡器，可以读到卡号，并在编辑框内显示读卡次数，单标签识别如图 4-30 所示。

6）单击 Stop 可以停止读卡。

7）单击 Multi Tag 开始进入防碰撞识别模式，取多张卡片靠近读卡器，获取卡号。

图 4-29　获取当前功率

图 4-30　单标签识别

5. 实训结果及数据

1）正确连接特高频 RFID 固件，并实现单片机对其选择。

2）正确配置特高频 RFID 固件。

3）正确设置功率并获取 IC 卡号。

4）正确实现防碰撞识别模式，识别多张卡片。

6. 考核标准

考核标准见表4-6。

表4-6 考核标准

序号	考核内容	配分	评分标准	考核记录	扣分	得分
1	正确连接特高频 RFID 固件，并能进行选择	20	连接正确			
2	正确配置特高频 RFID 固件参数	20	能通过软件进行配置			
3.	正确设置功率，实现 IC 卡号获取和读卡次数	20	能设置功率并正确获取卡号			
4	实现防碰撞识别模式，识别多张卡片	20	能成功识别多张卡			
5	接线规范性及安全性	20	接线符合国家标准及安全要求			
6	分数总计	100				

4.5.6 智能家居门禁系统安装与调试

1. 实训目的及要求

1）了解智能家居门禁系统设备。

2）如何正常将门禁设备加入到智能家居系统中。

3）如何管理门禁系统。

2. 实训器材

1）物联网商用智能网关（深圳讯方公司）一台，如图4-31 所示。

图4-31 物联网商用智能网关

2）安装好智能家居业务平台（深圳讯方公司）的 PC 一台。

3）门禁读卡器和门禁控制器一套，如图4-32 和图4-33 所示。

图4-32 门禁读卡器

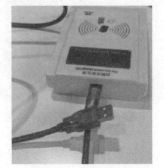

图4-33 门禁控制器

4）13.56MHz 射频 RFID 卡一张。

3. 相关知识点

（1）门禁卡

门禁卡为 RFID 感应卡，IC 卡也称为感应式 IC 卡，这里选择的是 M1 卡，工作频率13.56MHz，其中 IC 卡内部有 8KB 的存储空间，0～15 个扇区，是目前应用比较广泛的一种卡类型，例如在二代身份证中的应用。

（2）NFC 技术

近距离无线通信技术（Near Field Communication，NFC）由飞利浦公司和索尼公司共同开发，NFC 是一种非接触式识别和互联技术，可以在移动设备、消费类电子产品、PC 和智能控件工具间进行近距离无线通信。NFC 提供了一种简单、触控式的解决方案，可以让消费者简单直观地交换信息、访问内容与服务。

（3）门禁读卡器

图 4-34 中 A 为状态灯常亮，刷卡正确时闪一下；错误时闪两次，表示卡未注册；快闪闪 3 次卡，表示没有开门权限。B 灯为信号灯常灭，与平台有信息通信的时候会闪，快闪 3 次，表示请求地址。

图 4-35 中 A 为供电和信号口，B 为 debug 调试烧写口。

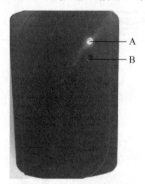

图 4-34　门禁读卡器正面图

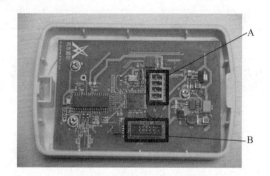

图 4-35　门禁读卡器背部图

（4）门禁控制器内部及连接图（见图 4-36 和图 4-37）

图 4-36　门禁控制器内部图

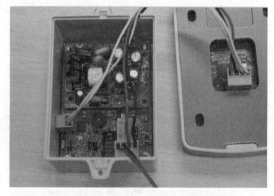

图 4-37　门禁连接图

A 为地址申请按钮，B 为 12V 电源输出口，为电磁锁和读头供电，C 为 debug 调试烧写口，D 为信号口，E 为供电接口 220V。

4. 实训内容及步骤

本实训软件采用深圳讯方公司提供的智能家居管理控制平台软件。

1）门禁系统节点地址申请。

进入智能家居管理系统主界面，智能家居控制平台如图4-38所示。

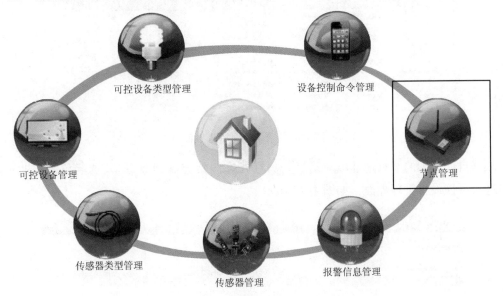

图4-38　智能家居控制平台

单击进入节点管理界面，如图4-39所示。

单击门禁控制器的地址申请按钮，然后单击计算机平台上的进入节点地址初始化界面，如图4-40所示。

在 [分配节点地址] 填入节点地址（如119），然后下发分配

图4-39　节点管理界面

的地址，再单击 [节点地址初始化] 刷新该界面，如果该地址已经被下发或发送不成功，那么 [下发状态] 栏会显示发送不成功，如果发送成功，显示已下发。

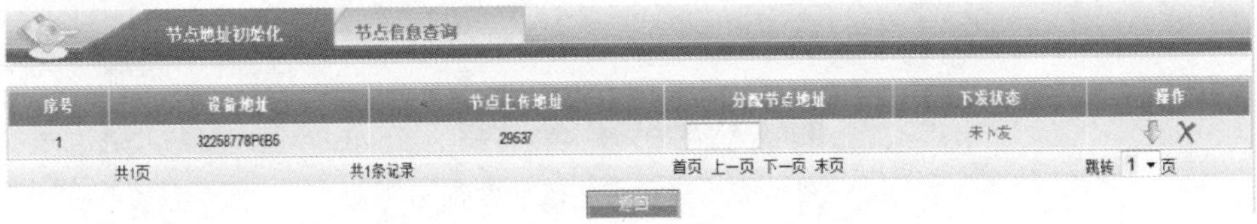

图4-40　节点地址初始化界面

2）门禁控制器设备添加。

单击 [节点信息管理] 进入节点信息管理界面，如图4-41所示。

图 4-41 节点信息管理界面

根据自己添加的节点地址填写 节点备注 栏（如门禁控制器节点），然后单击修改成功。单击进入可控设备管理界面，如图 4-42 所示。

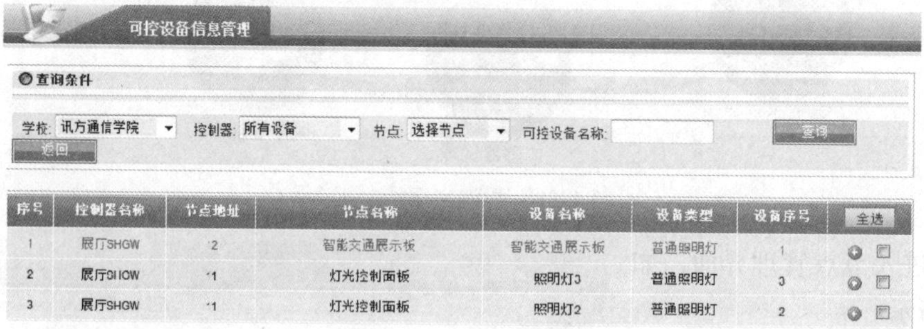

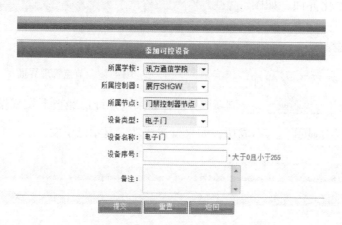

图 4-42 可控设备管理界面

单击 增加 进入可控设备添加界面，如图 4-43 所示。

图 4-43 可控设备添加界面

选择该节点所属学校；所属的智能家居网关设备；选择与刚才的设备备注信息一致（如果没有备注，就是已经填写的节点地址）；选择可控设备类型→电子门；可控设备中的编码。完成后单击 提交 ，然后返回"添加成功"消息对话框。

3）开户操作。

单击 管理中心 →单击 设备管理 →单击 设备登记 进入设备添加界面，如图4-44
所示。

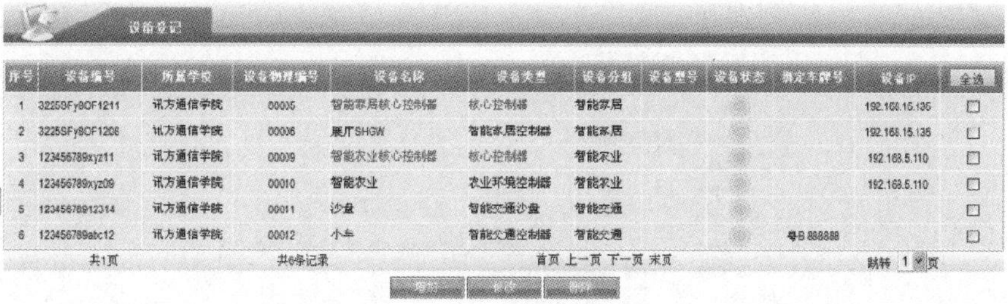

图4-44 设备添加界面

单击 增加 进入设备添加界面，如图4-45所示。

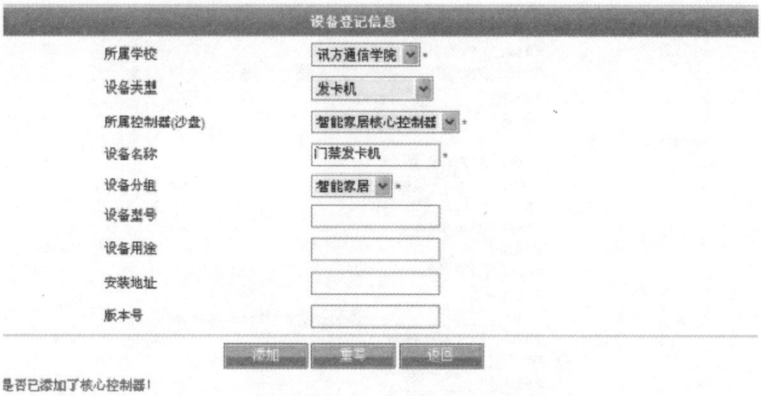

图4-45 设备添加界面

其中：设备类型选择发卡机，所属控制器(沙盘)选择智能家居核心控制器，设备名称填写名
字为门禁发卡机，设备分组为智能家居，单击 添加 ，添加成功，如图4-46所示。

图4-46 设备添加成功

单击 用户管理 →单击 开户进入开户界面，如图4-47所示。

4）现在要把读头通过USB和服务器相连接，开户界面如图4-48所示。

其中，卡片类型选择13.56M，设备名称为门禁发卡机，把13.56M卡放到读卡器上，

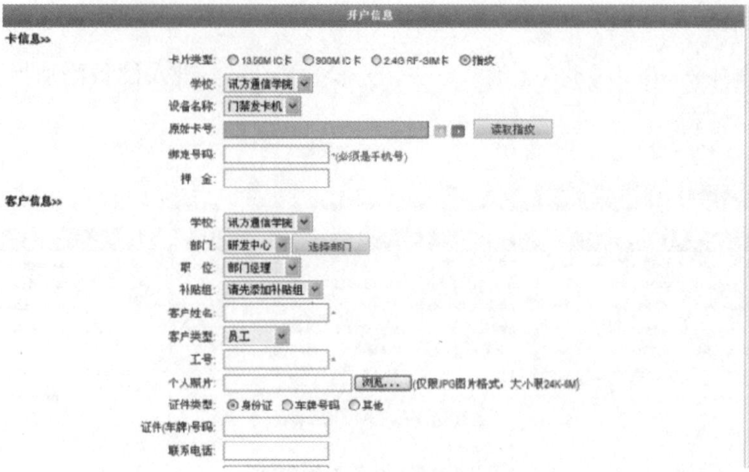

图 4-47　开户界面（一）

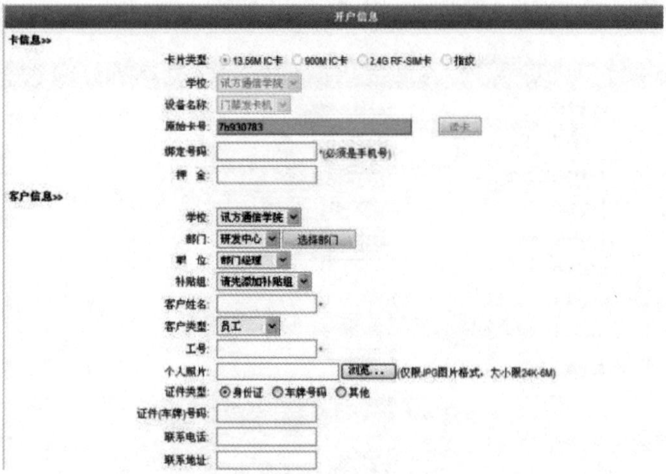

图 4-48　开户界面（二）

然后单击 读卡 后就会获得该卡的原始卡号 原始卡号：7b930783 。开户界面信息填写如图 4-49 所示。

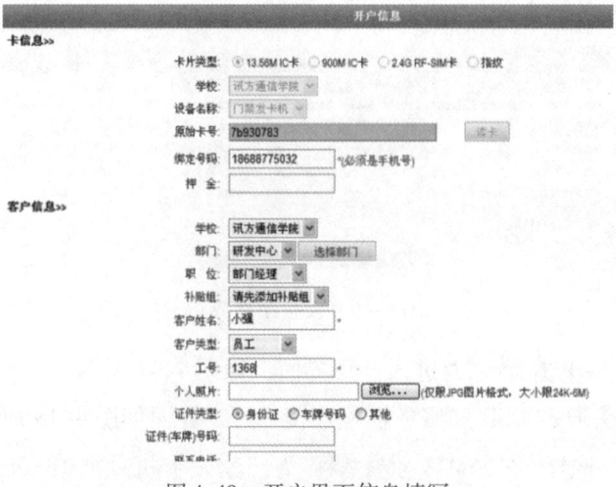

图 4-49　开户界面信息填写

打＊号的为必填项，然后单击 提交 会弹出成功的界面框，然后显示用户的卡号信息，如图4-50所示。

5）用户名单下发。

单击 应用中心 → 单击 门禁应用 → 单击

门禁时段设置 进入门禁时段设置界面，如图4-51所示。

账户信息	
卡号:	0100000045
卡序号:	00000043
账户号码:	880100000065
客户名称:	小强
账户余额:	0.0
操作日期:	2014-03-31 16:30:18

返回

图4-50　开户信息

序号	门禁时段编号	门禁时段名称	星期控制	开始日期	结束日期	开始时段1	结束时段1	开始时段2	结束时段2	开始时段3	结束时段3	备注	全选
1	001	默认时段	周一至周日有效	2013-01-01	2090-12-31	00:00:00	23:59:59	00:00:00	23:59:59	00:00:00	23:59:59	非限制时段	☐
2	002	测试时段	周一至周日有效	2013-01-02	2014-02-04	00:00:00	02:59:59	03:00:00	04:59:59	08:10:00	20:15:00		☐

增加　修改　删除

图4-51　门禁时段设置界面（一）

单击 增加 进入门禁时段设置界面，如图4-52所示。

门禁时段设置	
门禁时段名称	工作时段　＊
星期控制	周一至周五有效 ▼＊
开始日期	2014-01-01
结束日期	2014-01-01
起始时间1	07:00:00　＊(HH:mm:ss)
结束时间1	08:30:00　＊(HH:mm:ss)
起始时间2	11:30:00　＊(HH:mm:ss)
结束时间2	13:59:59　＊(HH:mm:ss)
起始时间3	18:00:00　＊(HH:mm:ss)
结束时间3	19:59:59　＊(HH:mm:ss)
备注	

提交　重写　返回

图4-52　门禁时段设置界面（二）

门禁时段有3个有效时段，一个有效期，这3个时段确定用户的卡在这几个有效时段起作用，这里是做实验，可以把时间设成连续的一天，使卡一天都有效。单击 提交 查看，门禁时段添加成功，如图4-53所示。

序号	门禁时段编号	门禁时段名称	星期控制	开始日期	结束日期	开始时段1	结束时段1	开始时段2	结束时段2	开始时段3	结束时段3	备注	全选
1	001	默认时段	周一至周日有效	2013-01-01	2090-12-31	00:00:00	23:59:59	00:00:00	23:59:59	00:00:00	23:59:59	非限制时段	☐
2	002	测试时段	周一至周日有效	2013-01-02	2014-02-04	00:00:00	02:59:59	03:00:00	04:59:59	08:10:00	20:15:00		☐
3	003	工作时段	周一至周五有效	2014-01-01	2015-01-01	07:00:00	08:00:00	11:00:00	13:59:59	18:00:00	19:59:59		☐

增加　修改　删除

图4-53　门禁时段添加成功

单击 门禁管理 进入门禁管理界面，如图4-54所示。

这一项要选择好用户自己添加的门禁设备。单击 增加 添加门禁信息，如图4-55所示。

请选择时段:这一项选择用户自己添加成功的时段（如工作时段），允许通过人员:这一项

图 4-54　门禁管理界面

图 4-55　门禁信息

选择该人员属于哪个部门， 选择刚刚添加的人员名称，单击 **提交** 进入
人员添加成功界面，如图 4-56 所示。

图 4-56　人员添加成功界面

单击 权限下发 进入白名单下发的过程，如图 4-57 所示。

图 4-57　白名单下发的过程

单击 门禁下发查询 进入门禁下发查询，如图 4-58 所示。

图 4-58　门禁下发查询

然后单击 查询 进入门禁下发信息状态表，如图 4-59 所示。

图 4-59　门禁下发信息状态表

现在整个门禁系统的开户和下发权限都已经操作完成，可以将13.56MHz卡在门禁读卡器上刷一下，这时候会看见门禁读卡器的两个灯都会快闪一下，说明刷卡成功，可以在软件平台上查看刷卡记录，单击 报表中心 →单击 门禁报表 →单击 门禁明细报表 进入门禁记录查询界面，如图4-60所示。

图4-60 门禁记录查询界面

5. 实训结果及数据

1）能正确连接门禁读卡器和门禁控制器。

2）能成功设置门禁控制系统的各项参数。

3）读者可以参照系统开发手册，尝试对系统进行高级命令的读写操作并验证其正确性。

4）思考门禁系统还可以进行怎样的扩展？

6. 考核标准

考核标准见表4-7。

表4-7 考核标准

序号	考核内容	配分	评分标准	考核记录	扣分	得分
1	门禁控制器和服务连接正确	15	系统能正常工作			
2	门禁系统通信控制正常	15	能实现通信握手并开始进行基本测试控制			
3	PC对门禁系统读写控制正确	45	能正确完成读写操作			
4	接线规范性及安全性	25	接线符合国家标准及安全要求			
5	分数总计	100				

4.5.7 基于Qt开发环境的门禁监控软件设计

1. 实训目的及要求

1）掌握LF 125k RFID模块串口通信协议。

2）了解LF 125k RFID模块的读卡特性。

3）掌握Qt基本语法。

4）了解Qt的SIGNAL/SLOTS机制。

5）了解Qt引用"*.dll"的方法。

6）了解125k的应用范围及领域。

2. 实训器材

1）硬件：UP‑RFID‑S型实验箱，PC。

2）软件：Qt Creator，Qt开发环境（Linux、Windows、Mac等均可）。

3. 相关知识点

Qt的事件机制。事件是由窗口系统或Qt本身对各种事务的反应而产生的。当用户按下、释放一个键或鼠标按钮，一个键盘或鼠标事件被产生；当窗口第一次显示，一个绘图事件产生，从而告知最新的可见窗口需要重绘自身。大多数事件是由于响应用户的动作而产生的，但还有一些，比如定时器等，是由系统独立产生的。Qt中事件主要包含键盘事件、鼠标事件、拖放事件、滚轮事件、绘屏事件、定时事件、焦点事件、移动事件、显示隐藏事件等。如图4-61所示。

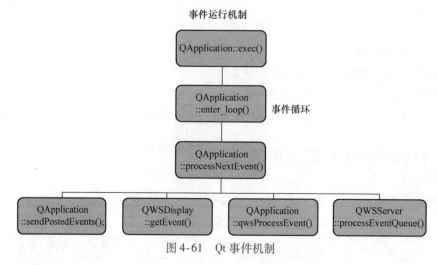

图4-61　Qt事件机制

4. 实验步骤

采用UP‑RFID‑S平台的125kHz模块作为读卡器，利用串口线与PC连接，开发一个门禁出入监控软件。

（1）开发工具选择

根据实验内容，开发一个简单的门禁监控系统，没有对平台的要求，因此可以选择熟悉的语言进行开发。笔者考虑到不同语言对平台的需求（例如使用MFC则只能在Windows下运行），采用Qt开发，因此采用Qt Creator作为开发工具。大多数用户使用Windows的PC，此次实验也是在Windows下进行的。

（2）创建工程

选定开发工具和开发平台后需要建立开发环境，对于Windows平台，请参照"Windows Qt开发环境的建立.doc"文档。

打开Qt Creator，新建工程。具体步骤为：文件‑>新建文件或项目‑>应用程序‑> Qt Gui应用‑>选择‑>填写名称和创建路径。建立完成后在Qt Creator中如图4-62所示。

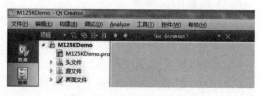

图4-62　M125KDemo工程

（3）UI 设计

Qt 开发时需要注意，Qt 和普通的 C 语言和 C＋＋略有不同，Qt 采用 MVC 模式进行设计。因此这里建议首先编写 View 部分，也就是 UI。这里打开界面文件如图 4-63 所示。

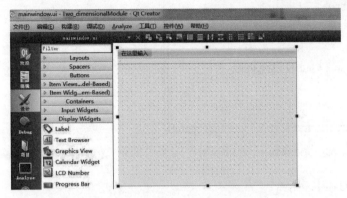

图 4-63　M125KDemo 软件的主界面

这里是一个默认 UI，单击运行将会弹出一个空白窗口。这里继承了 QMainWindow，自动添加了工具栏、状态栏、菜单栏，如果不需要，可移除菜单栏、工具栏、状态栏，界面如图 4-64 所示。

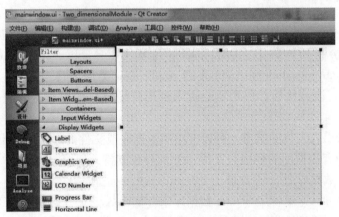

图 4-64　M125KDemo 移除工具栏、菜单栏、状态栏后的界面

从图 4-63 和 4-64 可以看出，Qt Creator 采用可视化编程，大大减少了对界面布局等的代码编写工作。接着是设计出基于 UP－RFID－S 125kHz 模块的门禁监控软件的 UI，考虑到模块和 PC 是通过串口连接，因此需要一个串口操作接口，接着是结合门禁的实际功能，设计一个记录出入的表即可。界面设计如图 4-65 所示。

图 4-65 中是一个基本的简图，期望做成这样的界面，在串口操作区域内可以对串口打开、关闭等操作。在记录人员相关出入情况区域内就是一张简明的表，能够展示谁什么时候进来或出去即可。结合 Qt 的特性，这些不同的块可以是一个 Qt 控件，也可以是一个 QWidget 里包含各种组件，这里可以采用组合框的形式将不同的区域分开。最终在 Qt Creator 中显示如图 4-66 所示。

（4）编码

当 UI 设计完成后即可进行编码，在实际的工程项目中可以直接设计好所有的 UI 再编码，也可以设计一个 UI 编辑一个 UI 对应的代码。Qt 程序和其他 C/C＋＋一样，入口函数为 main，在创建 Qt 工程的时候系统自动创建了一个 main. cpp 的文件，文件代码如下。

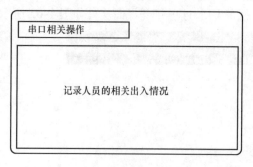

图 4-65　M125KDemo 的 UI 简图

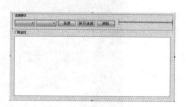

图 4-66　M125KDemo 的 UI

```
int main( int argc, char * argv[ ])
{
    QApplication a( argc, argv) ;
    MainWindow w;
    w. show( ) ;
    return a. exec( ) ;
}
```

在 main. cpp 中代码非常简单，创建了一个 QApplication 的实例，然后创建刚才设计的窗口，接着将窗口绘制到屏幕上。QApplication 继承 QGuiApplication，QGuiApplication 继承 QCoreApplication，QApplication 和 Android 的 Application 类似。其中最后一行 return a. exec ( ) 不要修改，执行该方法后，应用才会进入到事件循环，如果直接 return 0 则直接退出，窗口将不能显示。

由于需要记录出入人员的状态，可以考虑用数据库或文件的形式记录出入状态信息。在 C#、Java 等语言中有数据库的使用与支持，Qt 同样也支持，Qt 除了像 C#、Java 等语言支持 Oracle、SQLServer 数据库外，还自带了 SQLite，SQLite 是轻量级数据库，具体可自行查阅 SQLite 相关资料学习。这里就用 SQLite 数据库来存储出入记录（数据库存取是需要时间的，在以后的编程中需要平衡选择）。创建并打开数据库代码如下。

```
Database::Database( QObject * parent) :QObject( parent)
{
    addSqliteConnection( "m125kModule. db") ;
}
/ * *
 * @ brief Database::addSqliteConnection
 * @ param dbName 数据库名称
 * 用于创建数据库
 */
bool Database::addSqliteConnection( const QString &dbName)
{
    QSqlDatabase db = QSqlDatabase::addDatabase( "QSQLITE") ;
    db. setDatabaseName( dbName) ;
```

```
if(! db. open()){
        qDebug() << dbName << " create failed!";
        return false;
    }
    else{
        qDebug() << dbName << " create success!";
        return true;
    }
}
```

SQLite 数据库是文件形式，不需要像 SQL Server 等在线数据库一样安装数据库相关软件，需要用户名、密码等进行连接，这里只需要打开数据库即可。在 Qt 中，数据库表一般通过一个 model 将数据库表呈现在某些 UI 控件上，因此可以自定义一个 model 来处理数据库的增删改查，这里起名为 RecordTableModel，用来处理数据库和 UI 之间的同步，将数据实时展现在 UI，同时记录到数据库中。Qt 中专门为开发者提供了 QSqlTableModel 类，用于对数据库表的各种操作，而此处对数据库操作极为简单，为了简明直观，RecordTableModel 继承于 QSqlTableModel 类，这样既可以用 Qt 的一系列方法，又可以调用自己封装的常用方法来处理对此处特定数据库表的相关操作。自定义 RecordTableModel 的构造函数代码如下。

```
RecordTableModel::RecordTableModel( QObject * parent) : QSqlTableModel( parent)
{
    tableName = "person_Records";
    header << QObject::trUtf8("卡号") << QObject::trUtf8("时间") << QObject::trUtf8("状态");
    if(! this -> tableExist( tableName))
        this -> createTable();
    this -> setTable( tableName);
    this -> select();
}
```

构造函数主要设置数据库表的名称、监测数据库是否存在该表等，header 为表头，类型为 QStringList，便于增加删除其中的某一项。QStringList 是 QList < QString > 的子类，一般尺寸在 1000 以下较为合适，Qt 版本太低可能不支持 QStringList 类。在 tableExist 自定义方法中，查询类似于 Java、C#，采用 SQL 语句直接查找 sqlite_master 里是否有指定表名的表，有则存在，没有则不存在，具体可参照源码。创建数据库时也是和其他语言类似，这里不详述。后面两句调用的是父类的方法，也就是 QSqlTableModel 的方法，用于给该 model 设置数据库表并 select 表中的所有数据。

Qt 提供了一个 QSqlRecord 类，该类可用于添加、删除、检索数据库表的字段，因此这里采用 QSqlRecord 类来实现对数据库表的不同属性值的添加，这样极大提高了代码的健壮性，不用再为 SQL 语句的拼接、写错某个字母等小问题发愁了。QSqlTableModel 给开发者提供了一个 insertRecord 的方法，专门用于给数据库表插入记录。insertRecord（ -1, record）中第一个参数为待插入行值，如果为 -1 则插入末尾。根据这一特性，可采用复制粘贴的方式完成记录的修改，只需找到要修改记录所在的行，将该记录的值存储在 QsqlRecord 里然后插入即可，具体可参照源码。

　　数据库准备就绪，需要将卡号等信息存储进去试一试，因此回到前面的串口部分了。在 Qt 中，可直接操作串口，在早期的 Qt 中没有专门的串口类，需要自己去实现，从 5.1 版本以后，Qt 加入了串口类，用于操作串口。Qt 和 Linux 内核类似，某些功能模块可选择性添加。例如不使用串口则不添加串口相关的库，因此这里需要在项目清单文件中添加引入串口类，同样前面的 SQL 语句也需要引入。打开 *.pro 文件，加入如下粗体部分。

```
QT          + = core gui\
        sql\
        serialport
```

　　第一行是创建 Qt 项目时自动添加的，如果不引入后面的两个库，编译时将不能通过。Qt 中操作串口需要引入 QSerialPort 类，该类为开发者提供了 readyRead 信号，当串口接收到数据信息时该类发出信号，此时即可读取到远端发送过来的数据。同时提供了当发生错误时发送错误信息的接口，具体的错误码定义如下。

```
enum SerialPortError {
        NoError,
        DeviceNotFoundError,
        PermissionError,
        OpenError,
        ParityError,
        FramingError,
        BreakConditionError,
        WriteError,
        ReadError,
        ResourceError,
        UnsupportedOperationError,
        UnknownError,
        TimeoutError,
        NotOpenError
};
```

　　串口的错误码由 Qt 提供，这里只需了解即可。如果需要自定义串口读写的相关方法，还可以重载再添加一些更为详细的错误码信息。读取串口数据代码如下。

```
void MainWindow::readData()
{
    QByteArray data = serialPort - >readAll();
    if(m125dll - >LF125K_FrameAnalysis((uint8 *)(data.data())) = = 0)
    {
        QString tagId = CharStringtoHexString(tr(" "),data.data(),data.length());
        QString time = CurrentDateTime();
        int index = model - >findRecord(tagId);
        if(index > = 0)
        {
            QString text = model - >record(index).value(2).toString();
```

```
            if( text = = tr("进"))
                model - >updateRecord( index,tagId,time,tr("出"));
            else
                model - >updateRecord( index,tagId,time,tr("进"));
        }
        else {
            model - >addRecord( tagId,time,tr("进"));
        }
    }
}
```

QserialPort 提供的 readAll 方法可以快速读取当前可读的所有数据，返回类型为 QByteAr-ray 类型，这里定义一个 QByteArray 类型的变量来存储从串口读取的数据。由于 125K 模块读取过来的数据较少，一般一次就读取完了，因此有如上代码（在实际应用软件中需要对读取的长度进行处理，如果没有读取完一帧数据需要等待再次读取）。当读取数据后应该检测数据是否符合 125K 卡号数据特征，因此需要调用 dll 中的 LF125K_FrameAnalysis 方法，此处插入 Qt 对 Dll 调用的方法。

Pro 文件中包含了本工程所包含的头文件、源文件、界面文件等信息，如果开发环境的 Qt 版本高于 5，则必须添加 greaterThan（QT_MAJOR_VERSION，4）：QT + = widgets，含义不详述，可到 Qt 官网查询。Qt 添加库有多种方法，例如显示加载可以使用 QLibrary 类进行，隐式加载可以在 pro 文件中的 LIBS 集下添加库所在的路径（一般写绝对路径，相对路径可能需要对工程特别熟悉），还可以通过 Qt Creator 提供的 UI 进行添加，这里主要介绍通过 Qt Creator 提供 UI 的添加方法，其他的可以自行学习研究。右键单击项目，在弹出的快捷菜单中选择"添加库"选项，如图 4-67 所示。

打开"添加库"对话框，如图 4-68 所示，可以添加 3 种类型的库，第一种是内部库，即建立项目时添加的库工程；第二种是外部库，例如做实验时引用别人提供的 dll 或 lib 库；最后一种是系统库，即加入 Qt 提供的一些系统库。选择"外部库"，单击"下一步"按钮，在下一个页面需要选择库文件及库文件所在的路径，单击"浏览"按钮，找到存放 dll 或 lib 的路径即可。如图 4-69 所示。

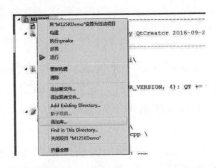

图 4-67　Qt Creator 添加库

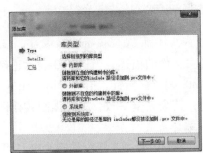

图 4-68　Qt Creator 库类型选择

在图 4-69 中，浏览的是静态库，Qt 生成的静态库为"＊.a"，VC 等生成的为"＊.lib"，因此无论是选择加载动态库还是静态库，最好把动态和静态库都放进去。根据平台

图 4-69　Qt Creator 添加外部库

的需要，在图 4-69 中选择 "Windows" 中的 "为 debug 版本添加 'd' 作为后缀" 复选框，单击 "下一步" 按钮，完成即可。此时再次打开 pro 时发现多了 3 行。

```
win32: LIBS + = - L$$PWD/lib/ - lM125Dll

INCLUDEPATH + = $$PWD/
DEPENDPATH + = $$PWD/
```

后面两行表明依赖当前路径、包含当前路径下的头文件，在 pro 不修改的情况下这两行可以不要，因此引用外部库最重要的一句话就是第一句了。-L 指定目录，-l 指定库名称（不写后缀名）。因此在以后建立工程时可以通过 UI 来添加外部库，也可以直接在 pro 文件中写上 LIBS + = - L$$PWD/XXX - lxxx，其中 XXX 是库所在的目录，xxx 是库的名称。引入库之后需要添加库对应的头文件，然后就和调用 Qt 自带的库（如 QWidget 库）一样了。

接下来验证读取的数据是否符合 125K 卡号格式，在 API 的头文件中有介绍分析 125K 帧接口的方法，头文件中代码如下。

```
/ * * * * * * * * * * * * * * * * * * * * * * * * * * * * * * * * * * * *
 * 函数名:LF125K_FrameAnalysis
 * 描述:解析一帧数据是否有误
 * 输入参数:
 * @ frameconst uint8 * 125K 的数据帧
 * 输出参数:　无
 * 返回值:正确返回 0,失败返回 - 1
 * * * * * * * * * * * * * * * * * * * * * * * * * * * * * * * * * * * * */
int LF125K_FrameAnalysis( const uint8 * frame);
```

通过头文件的描述，当返回 0 表示正确，因此可以用 if 语句来完成对该帧的解析处理，参数为 uint8 型数据指针，恰好 QByteArray 可以转化为 char 型指针，它们只有最高位表示的含义不同，其余完全一致，因此强制转换即可。后续的操作则调用先前写好的 model 即可。

（5）编译

在 Qt Creator 编译步骤中构建命令，可以右键单击项目，在弹出的快捷菜单中选择 "构建" 命令，也可以按快捷键〈Ctrl + B〉。如果有语法错误，此时会报错，根据错误信息进行修改即可。在 QtCreator 中有对应的窗口显示对应的信息，如图 4-70 所示。

在图 4-70 中，单击 "1 问题" 后会显示当前编译遇到的语法错误或警告；"2 Search Results" 为代码搜索窗口，包含搜索本项目、本文件等强大的搜索功能的 UI；"3 应用程序

图 4-70 Qt Creator 快捷窗口

输出"如同在 Windows 下执行控制台应用程序时的 CMD 窗口,如果在程序中有 qDebug()
函数打印信息就在此 UI 中打印;"4 编译输出"用于详细地打印编译输出信息,如同在
Linux 系统下的 terminal,编译 Qt 程序时输入 make 命令后的状态。

(6)调试运行

Qt 开发应用软件时调试的不多,单击 Qt Creator 左下角下面的绿色三角按钮进行调试,
支持类似于 IAR 等开发环境的单步调试,设置断点等。Qt Creator 提供了调试的一系列 UI,
进入调试模式后会在图 4-70 中添加一行快捷按钮,如图 4-71 所示。

图 4-71 Qt Creator 调试快捷按钮

通过单击右侧的"视图"命令,可切换不同的 UI。最终运行效果如图 4-72 所示。

5. 实训结果及数据

1)在了解 125kHz 模块的基础上制作一
个简单应用,初步掌握 Qt 的使用,了解 Qt 的
强大功能。

2)将软件完善:界面设计更友好,如窗
体形式、背景颜色、字体等;功能更强大,
如记录每张卡的最近 20 条记录、单击某张卡
可详细显示最近 5 条记录;软件更合理,如
有注册功能,未注册的给予对应的标志等。

图 4-72 运行效果

6. 考核标准

考核标准见表 4-8。

表 4-8 考核标准

序号	考 核 内 容	配分	评 分 标 准	考核记录	扣分	得分
1	正确实现实验箱电源接线,正确安装 125kHz 模块	25	系统能正常工作			
2	初步掌握并了解 Qt 的使用	25	能安装并使用程序			
3	完成门禁卡软件界面手机	25	能完整实现门禁卡功能			
4	接线规范性及安全性	25	接线符合国家标准及安全要求			
5	分数总计	100				

4.6　习题

1. 门禁系统的发展历史是什么？目前采用了哪些先进技术应用？

2. 门禁系统按识别方式分为哪几类？试比较每一种识别方式各有什么优缺点。

3. 门禁系统有哪些基本功能和特殊功能？

4. RFID 门禁系统硬件部分主要包括哪些模块？各个模块的功能是什么？

5. RFID 门禁系统软件部分包含有哪些模块？各个模块的功能有哪些？

6. RFID 门禁卡的工作频率有哪些？每种频率适用于哪些不同的应用领域？

7. 人员进出控制 RFID 门禁系统包含哪些模块？各个模块的工作原理是什么？

8. 小区大楼 RFID 门禁控制系统网络的连接方式有哪些？主要采用的网络接口是什么？传输速率为多少？

9. 设计车辆控制门禁 RFID 系统主要考虑的因素是什么？如何构造一个完善、方便的管理系统？

10. 车辆控制门禁 RFID 系统由哪些关键设备构成？每种设备的工作原理是什么？

11. 车辆控制门禁 RFID 系统主要能实现哪些功能？

12. 比较低频、高频和特高频 RFID 设备的工作原理，有何不同？应用范围有何不同？

第5章　RFID智能安全管理系统的设计

安全管理（Safety Management）主要运用现代安全管理的原理、方法和手段，分析和研究各种不安全因素，从技术、组织和管理上采取有力措施，解决和消除各种不安全因素，防止事故发生。安全管理是企业生产管理的重要组成部分，是一门综合性的系统科学。安全管理的对象是生产中一切人、物和环境的状态管理与控制。

5.1　智能安全管理简介

以前的管理更多的是靠人工和制度进行约束，随着社会经济及 RFID 技术的发展，智能化安全管理系统的应用越来越广泛。例如，学校的安全管理、厂矿企业的安全管理、存储仓库的安全管理等。这些可以通过智能化的传感器（如烟雾传感器、湿度传感器、光线传感器和甲烷传感器）、RFID 射频技术、摄像头影像等进行监视、控制和管理。

对企业和矿山的智能安全管理而言，与校园管理有相似之处又有不同之处。企业和矿山的智能安全管理主要涉及人员的安全管理和生产的管理，在保证人员安全的前提下又要提高效率。因此采用射频技术进行人员定位，采用电子标签进行产品定位，采用信息化处理系统进行数据流处理，这些技术在现代生产中已被广泛应用。

校园安全、幼儿园的安全管理是国家和家长都极为重视的，加强学校、幼儿园安全保卫工作刻不容缓。学校的智能安全管理系统主要集中表现为：家长及时获取信息、学校便于进行考勤管理、教育机构统一管理、系统查询方便。系统按照供电的方式可以分为有源和无源系统。无源系统一般是接触式刷卡；而有源系统则是采用有源电子标签，在某个区域内可以精确地定位某个学生。

家庭的智能安全管理主要是防火、防盗、防灾。一般采用各种智能传感器（例如烟雾传感器、光敏传感器等）来检测并预防灾害的发生，采用摄像头监控入室盗窃，采用网络进行远程监控家居。

🔖 小知识

5G 的应用场景

5G 可以通过无线方式连接不同的设备和物体，比如：汽车、空调、门禁、无人机、温度湿度传感器、土壤成分分析仪等，让世间万物实现真正的物联网，这才是 5G 给人类带来的最大革命。

5.2　企业智能安全系统的设计实例

5.2.1　企业智能安全系统的需求

智能安全系统涉及很多方面，下面以某工厂的安全管理系统设计为例进行介绍。

　　随着国民经济的快速发展，一些厂区纷纷使用高技术的智能化手段，为厂区的服务与管理提供快捷高效的超值服务与管理。国家建设部制定了关于智能小区的 3 个级别，分别是基本型、普及型和先进型智能小区。基本型标准中包括家庭防盗、防火、防煤气泄漏和紧急求助等安防系统，3 表抄送系统，小区管理监控中心系统。普及型标准则增加了闭路电视监控系统、门禁管理系统、电子巡更系统、消防联动系统、停车场管理系统、家居自动化系统和综合信息管理系统等。先进型标准还增加了实行住宅小区与城市区域联网、互通信息、资源共享等。而引申到智能厂区的概念中，保留厂区闭路电视监控系统、电子巡更系统、门禁考勤管制系统、厂区周界及厂区防盗报警系统、停车场管理系统、消防联动系统以及其他特殊的智能系统，实现厂区智能信息化管理，以满足厂区安全防范管理的需求。

　　在智能厂区建设中，所有的系统都需要一个集中的厂区监控管理中心，传统的安防系统是采用电话线来传送报警信号，信号传输速度慢，运行费用高，而且功能单一，如果要实现其他（如周界防范、电子巡更等）功能，就必须重新安装新系统，并且各个系统各自独立运行，互不相关，而各系统协调能力差，系统运行、维护复杂，系统升级扩容困难，从而加大了物业管理部门的工作难度，使系统的智能化程度降低。现今的智能化住宅厂区要求厂区系统具有安防系统、周界防范系统、电子巡更系统、背景音乐系统和联动控制系统等相互联系的各项子系统，并且监控中心软件可以集成 CCTV、门禁、考勤和停车场管理系统，为智能厂区建设提供优良的解决方案。

　　本设计方案由闭路电视监控子系统、周界防盗报警子系统、家庭智能防盗子系统、门禁管制子系统及电子巡更子系统等几个子系统构成。各个子系统均可以单独运行，结合使用规则可互为补充，将安全风险降至最低限度，以防止各种可能出现的违法案件和扰乱治安事件的发生。

　　厂区公共安防系统包括：沿厂区围墙建立地周边防越境报警系统；在厂区进出口、会所、主要道路、围墙附近建立的闭路电视监视系统（含周界配套照明）；厂区内的巡更管理系统及门禁考勤管制系统，通过采用四重安全防范技术措施，使厂区安防系统成为一个完整的安全防范系统。厂区内设考虑预留控制中心接口，厂区内的周界防越界报警系统、闭路电视监视系统及照明射灯应能构成联动系统。

　　在方案设计中，考虑到系统的联动性、安全性、稳定性和可靠性等各方面的因素，设计将闭路电视监控系统与周界防盗报警系统结合在同一系统平台中，而将门禁考勤管制系统与电子巡更系统结合在同一系统平台中。为此，周界防盗报警系统应与闭路电视监控系统紧密结合；门禁考勤管制系统应与电子巡更系统紧密结合。

　　在设计系统时，将两者系统预留联动接口，以方便在今后系统升级、扩充时，将闭路电视监控系统与门禁管制系统（或消防系统、楼宇自控系统）进行联动。例如：当有人刷卡时或非法刷卡时，联动摄像机应进行录像；当有火警发生时，消防系统应联动闭路电视监控系统进行录像，或联动门禁管制系统，自动打开所有或部分门。

5.2.2　企业智能安全系统的组成

　　综合智能安全防范系统分为两大子系统，一类是电子防盗报警系统，另一类是闭路电视监控系统。电子防盗报警系统的功能是对生产区、生活区的周界及生活区住户家庭等通过各类探测器进行封锁。在有人非法进入时自动侦测，并及时发出警报通知生产区、生活区的保安人员，同时可通知公安部门；闭路电视监控系统的主要功能是对受监控的各个区域进行实时监视和录像，方便保安人员实时了解各个监控区域人员的进出情况，及时干预发生的意外情况，并提供意外情况发生后的审核资料，为事件和案件的侦破提供依据。从安全管理的角度来说，同时建立这两个系统并且将其有机集合成一体是一个最佳的选择。在传统的安全防范系统中，两个系统为各自独立的系统，独立操作，独立控制，即使是两个系统相互关联，也仅仅是通过继电器的简单连接，实现两者间的粗略联动，简单的连接并不能满足实际的需要，达不到预期设定的效果。随着各行各业数字化进程的发展，作为新技术应用最为广泛的安防行业也跨上了一个新的台阶。

多媒体数字监控管理系统是基于多媒体技术研究出来的一种全新监控平台，是以计算机为核心，采用高新技术，结合监控系统的实际要求及多年来不断完善的安防理论和经验，建立的一套软硬件相结合的、崭新的、完整的监控体系。通过优化内部结构，减少不必要的环节，提高整体性能和反应速度，满足技术不断发展的需求，该系统属于一套真正的监控管理平台。该平台集中体现在多媒体监控系统的视/音频数字化、系统的网络化、应用的多媒体化、管理的智能化、各子系统的集成化。

多媒体数字监控管理系统将本地控制中心外围设备集成化、模块化，采用专用的插接件和软件来实现传统监控的功能；同时加强信息资源管理，遵循国际网络传输协议和视频压缩标准，对系统远程访问、各种操作等进行平台化管理。通过各级权限询问，解决网络上的应用问题。

5.2.3　企业智能安全系统总体方案设计

在本次方案设计中，综合安防管理系统由5部分组成：周界防入侵报警系统，家居智能防盗报警系统，现场闭路电视监控系统，保安电子巡更系统，控制中心综合管理、控制及显示系统。综合安防系统构成框图如图5-1所示。虽然各子系统名称与传统的安防系统一样，但与传统的安防系统相比有本质的区

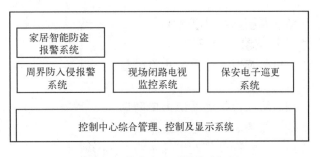

图5-1　综合安防系统构成框图

别，即作为安防系统核心的闭路电视监控系统采用了数字技术和多媒体通信技术，具备了数字处理和通信的功能，因而能够实现传统安防系统不能实现的功能。

根据生产区和生活区面积大、监控点分布较广的特点，综合性安全防范系统中采用多级分布式计算机集中监控管理系统。在新的管理思想指导下，分布式计算机管理系统通过计算机网络技术将孤立的局部监控系统有机地结合起来，构成一个完整的系统。在分布式计算机监控管理系统中各子系统都处于平等地位，通过相互协作完成各种不同的任务，实现分散管理、集中控制的目标。

5.2.4　周界防入侵报警子系统的设计

随着社会的发展、经济的繁荣，现代化科学技术得到越来越广泛的应用。运用现代高科

技技术手段，通过使用周界入侵报警系统可以有效地防止不法人员通过生产区的围墙进入厂内，对加强治安保卫、消除事故隐患和防止犯罪发生，都有着不可替代的重要作用，是厂区步入现代化管理的重要标志之一。

周界防入侵报警系统由前端探测器（对射探头）和报警主机及一些辅助设备（电源、显示地图、警号和探头安装支架等）构成，如图5-2所示。

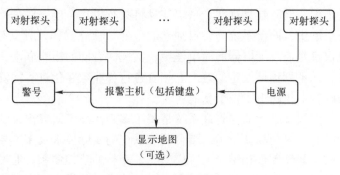

图5-2　周界防入侵报警系统

对射探头由一个发射端和一个接收端组成，如图5-3所示。发射端发射经过调制的两束红外线，这两条红外线构成了探头的保护区域。如果有人企图跨越被保护区域，则两条红外线被同时遮挡，接收端输出报警信号，触发报警主机报警。如果有飞禽（如小鸟、鸽子）飞过被保护区域（如图5-4所示），其体积小于被保护区域，仅能遮挡一条红外射线，则发射端认为正常，不向报警主机报警。

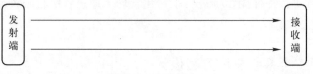

图5-3　对射探头

经过调制的红外线光源是为了防止太阳光、灯光等外界光源干扰，也可防止有人恶意使用红外灯干扰探头工作。

周界防入侵报警系统由单防区输入输出模块、各种主动红外对射探头组成。主动红外对射探头将所收集的报警信号传输到防区扩充器，防区扩充器作为系统中的一种终端设备，通过系统网络将报警信息传送至中心，同时打开联动现场警号/警灯/灯光，在中心的电子地图板和软件上显示报警详细信息，并联动监控系统弹出报警画面，启动数字硬盘录像机对报警画面进行实时录像存储。

图5-4　对射报警方式

5.2.5　企业智能防盗报警子系统的设计

按照《全国住宅小区智能化技术示范工程建设工作大纲》（以下简称为《大纲》）及《全国住宅小区智能化系统示范工程建设要点与技术导则（试行稿）》（以下简称为《导则》）两项文件要求，将小区智能化系统分为3大部分，即安全防范系统、信息管理系统和

信息网络系统，这3个系统间互有一定的联系。小区智能化
系统的关系如图5-5所示。

报警主系统安装在生产区警卫室，所有生产区、生活区
的报警在报警主系统上显示；在生活区安装一套分控系统，
利用生活区平面图显示板，实时显示生活区周界报警、家居
报警（进行声光报警）的信息。

图5-5　小区智能化系统的关系

家居报警主要由报警控制键盘、各种探测器等组成。将
各种探测器所收集的报警信号传输到报警控制键盘，报警控
制键盘发出"嘀-嘀-嘀-"报警声响，同进其作为系统中的一种终端设备，通过系统网络将
报警信息传送至中心，并在中心的电子地图板和SIMS1000软件上显示报警的详细信息。

5.2.6　闭路电视监控子系统的设计

图像监控系统是一个跨行业的综合性保安系统。该系统运用了世界上较先进的传感器技
术、监控摄像技术、通信技术、图像处理和计算机等技术，组成了一个多功能、全方位监控
的高智能化的处理系统，对远端场景进行传感成像、信号传输、集中监视、图像记录以及联
动控制。

设计视频监控系统的目的是对进入厂区或厂区内部关键部位的异常人员或事物进行实时
观察录像或在以后的时间方便调出图像取证；对设备、人员的生产情况进行实时监控；对重
要场所严密监视，以防止事故发生。更重要的是建立有效的安防体系，消除"摆设"现象，
对不规范的行为"看得见""抓得住"。

总监控室为视频信号集中点，设置视频矩阵、监控主机等相关设备。为保证整个厂区的
安全，同时在周界还配置了多对主动红外对射探测器将周界封闭起来。当报警器处于布防状
态时，任何人企图翻越围墙进入厂区都能及时发出报警信号；系统可在总经理室、会议室等
地方布置网络客户端，通过局域网进行图像监视及控制。这样就能及时对公司的情况实时进
行监控，极大地提高了管理手段和工作效率。

厂区监控及安防系统是在电厂内安装摄像机和各类报警探测器，操作人员在监控室就可
以了解全厂人员的出入、设备运行以及周围环境的各种情况，并且可以进行系统远程控制，
就像人在现场一样进行监控巡视，大大增强了安全效果。监视系统除起到正常的监视作用
外，在接到报警系统的示警信号后，还可以进行实时录像，录下报警时的现场情况，以供事
后重放分析。目前，视频报警系统还可以直接完成探测任务。

在生产区的监控室中设有视频监控主机，使用软件系统对系统进行实时管理，提供系统
人机对话界面和系统与计算机局域网的接口，并能够进行硬盘录像。通过网络能将图像传输
至局域网中，网络用户通过适当授权，可利用其计算机实时观察任意一个视频监控点并进行
远程控制，视频流采用组播方式，不影响网络的其他应用。

5.2.7　离线式保安巡更子系统的设计

一般的巡更制度，靠管理员在巡更点的记录簿上签到，难以核实时间，管理层也需几天
复核一次；对于巡视内容多、人员多、管理要求高的公司来说，摆在管理层的一个现实问题

就是，如何确实做到定时、定点、定人管理？

为了加强厂区管理的安全工作以及对保安员值班工作的管理，设计本保安巡更方案。保安巡更管理系统用于对保安巡逻进行有效的签到管理。通过本套系统促使保安员按公司规定的巡逻管理办法对各楼层进行定时的巡逻，以便发现隐患并及时解决。这种巡查方式能大大加强厂区的安全工作，对保安值班员的巡查工作进行有效的监督和管理。

5.3　基于 RFID 的校园安全智能管理系统的设计实例

5.3.1　校园安全智能管理系统概述

随着经济的发展与社会开放程度的提高，社会上的一些违法犯罪行为也日渐影响到校园。中小学师生均属于安全防范能力较弱的群体，中小学校园的安全问题维系着社会的稳定，牵动着家庭的幸福，已成为全社会密切关注的话题。基于建设和谐社会、创建文明安全的校园环境这一迫切社会需求，利用先进的 RFID 技术、图像识别技术、计算机技术和无线通信技术建立的校园安全智能管理系统已经逐步在校园得到推广。

5.3　基于 RFID 的校园安全智能管理系统的设计实例

基于 RFID 的校园安全智能管理系统的优点如下。

1. 家长能及时获得信息

家长能及时获得子女的到校（上学）、离校（放学）的时间信息，了解子女上学途中的安全情况；及时得到学校有关通知（家长会、要求家长提供的教育协助信息、放假通知等）；及时了解学生当日或阶段在校的学习情况（需要校方提供相应服务）；如果发现有某位学生当天没有来上课，系统将报警，提示学校管理员注意，根据情况进行处理。

2. 便于学校管理考勤

便于学校集中式考勤管理，方便从学校到班级了解学生到校情况，及时发现学生缺课情况，避免学校与家长由此引起的责任纠纷，同时也为学校解决学生校外意外事故提供法律上的依据；可以为家长提供辅助教育的信息服务，可以从开通的服务中得到分享；教育工作可以得到家长更好的配合，有利于提高教育质量；学校还可以利用该系统作为学校师生的考勤系统，每月自动生成考勤报表。

3. 便于教育机构统一管理

教育管理机构可实时了解全市所有学校的在校学生情况，便于及时发现问题，便于评估学校学生考勤的管理水平；建立了与所有家长实时相连的通信系统。如果遇到台风等意外情况，则可第一时间通知全市家长，快捷，准确，通知率高，保证了学生的安全。

4. 方便查询系统

该系统为网络版，查询便利，可以安装在学校任何一台计算机上，方便学校相关部门（如校长办公室、学校保卫处、班主任办公室等）查询和打印有关信息。

5. 系统价格合理

价格低廉，适合绝大部分的学校。可将标签放在校徽或者校园卡上，不易损坏，可长期使用，卡费可以押金方式，学生毕业或转学可退。系统功能强，价格合理，不会造成不必要的浪费。

5.3.2　校园安全管理系统的总体组成

目前校园门禁系统还普遍存在种种问题，传统的人工看守或者利用以接触式或非接触式 IC 卡为标识的系统管理，存在着不少隐患和不科学的管理问题。比如，家长和老师不能及时有效地得知学生的信息，校园的管理工作效率低，浪费了大量的人力、物力，而还不能达到一个令人满意的效果。

应用 RFID 技术实现校园门禁的智能自动化以及教育水平和基础设施的现代化，是对新的网络信息技术和远距离无线射频识别技术的高度集中和综合运用。利用远距离非接触式传感，使学生不用刷卡，RFID 读写器自动读取标签，系统自动接收、处理这些信息，简单、方便、可控、

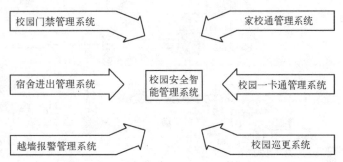

图 5-6　典型的校园安全管理系统组成框图

稳定、快速，与家长反馈信息及时，为校园的管理提供可依据的准确信息，保证了学生的安全和纪律管理工作的顺利进行，真正地实现了校园管理信息化。典型的校园安全管理系统由 6 个子系统组成，典型的校园安全管理系统组成框图如图 5-6 所示。

由校园 RFID 卡、人脸识别终端和 RFID 读卡器为基础组成的安全识别系统，通过校园网络实现在校学生的进出、人数统计、消费、外来人员识别和访客路线安全管理措施，提高了安全防范措施，为建造平安校园打下了坚实的基础。校园 RFID 安全管理系统的总体构成示意图如图 5-7 所示。

5.3.3　校园门禁管理系统

校门门禁管理利用 RFID 和人脸识别双重识别技术，对学生和校外人员的身份进行双重验证，控制校内学生和校外人员的出入；对接送学生的家长进行身份确认；杜绝非法人员进入校园；对学生身份识别——对应，消除冒领学生现象。该系统有效地解决了非法人员进入、在校学生（住宿生、走读生）身份识别烦琐、学生冒领等问题。

适用范围：校门门禁 RFID ＋人脸识别，校园宿舍门禁 RFID，校园机房门禁 RFID，财务室门禁 RFID。人脸识别机及其技术参数如图 5-8 所示。应用在学校及宿舍入口的门禁管理设备如图 5-9 所示。

5.3.4　宿舍进出管理系统

该系统功能：对于学生进出宿舍楼进行实时的信息管理和记录；指定进出时间段；进行进出路线判别；统计宿舍人员数量；对非本住宿楼的学生禁止进入或指定时间进入，保障住宿安全。有效地解决了学生进出宿舍身份识别不清、进出无序和出入信息资料不健全等一系列问题。宿舍进出管理视频监视系统构成示意图如图 5-10 所示。

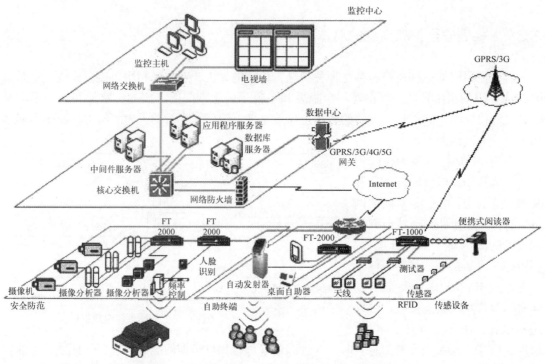

图 5-7 校园 RFID 安全管理系统的总体构成示意图

参数	说明	参数	说明
RF 工作频率	902~928MHz	通信方式	网口、无线（可选）
RF 协议标准	EPC C1 G2（ISO18000-6C）	响应方式	声音加图像
读取距离	0.5~2m 可调	响应时间	<1s
人像获取角度	正面最佳：+30°	功耗	≤300W
拒真率	≤1%	使用环境	0~+50℃

a)   b)

图 5-8 人脸识别机及其技术参数

a）人脸识别机 b）人脸识别机技术参数

图 5-9 应用在学校及宿舍入口的门禁管理设备

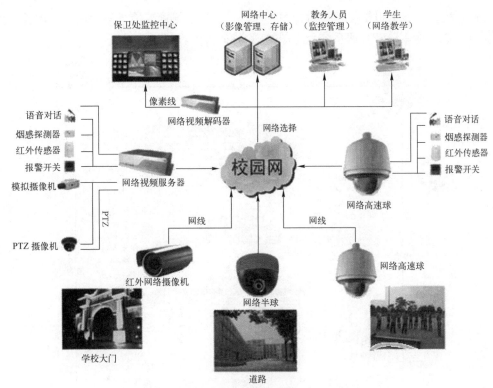

图 5-10　宿舍进出管理视频监视系统构成示意图

5.3.5　家校通管理系统

利用系统采集到的数据，以短信形式通知家长学生到校和离校的情况，同时为家长与老师互动提供一个平台，做到家长、学校对学生在校和离校信息的无缝链接，有效地解决了在家长和学校之间学生在校和离校信息不畅的问题。家校通管理系统构成示意图如图5-11所示。

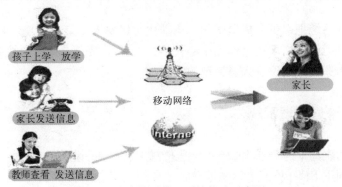

图 5-11　家校通管理系统构成示意图

5.3.6　越墙报警管理系统

越墙报警系统是由红外对射探测器与报警主机组成的。红外对射探测器被安装在校园围墙上，当有人越墙时，相应的红外对射探测器就会现场语音报警，并上传数据到服务器，终端管理计算机就会显示报警位置。对校内、校外进行彻底隔离，有效地解决了校内校外没有有效隔离问题。越墙报警管理系统示意图如图 5-12 所示。

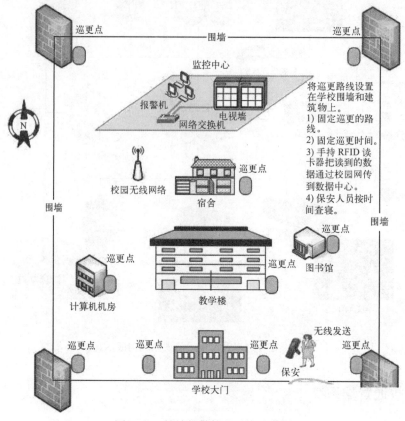

图 5-12　越墙报警管理系统示意图

5.3.7　校园巡更管理系统

校园巡更管理系统把巡更变成电子化、自动化，保安人员只要按规定的路线读取巡更点的信息，数据通过无线网络即可上传到中心机房，避免了保安人员不去按时间和路线巡查，有效地解决了校内巡查不到位、人员懒散的问题。

5.3.8　校园一卡通管理系统

校园卡是将远距离卡与普通 13.56MHz 非接触卡合成在一起的一卡通，它大大加强了系统的功能，合理利用 RFID 校园卡，完成宿舍、校门进出、用餐、学费、上机、医疗和校内商店等小金额校园内消费一卡通的功能。各管理单元密切协作，做好彼此接口对接工作，合理简化程序，一卡式运作，提高了校园管理效率。

涉及现金、票证或需要识别身份的场合（包括学生证、图书借阅证、出入证、教职员工考勤、教职员工会议签到、食堂消费、浴室用水管理、宿舍用电管理、机房收费、停车场、小卖部消费及其他小金额消费等）均采用复合校园卡来完成，并且通过学校在大门、教学楼、宿舍楼等处安装的 RFID 和人脸识别终端设备，实施教学考勤和就宿考勤，限制非授权人员进出，并能对学生行为（包括进出、行动路线）进行管理。

5.3.9 RFID校园门禁考勤平安短信系统的解决方案

在学校门口设立 RFID 读写器，同时给每位学生发放标签。RFID 标签可以放在学生佩戴的学生卡里，标签内包含了学生的全部信息，每一个标签都有一个唯一的 ID，每天学生出入学校，门口的读卡器可以远距离读取标签，传递到数据库，系统就会根据设置给学生的家长发送短信，随时把信息（如"您的孩子在什么时间来到/离开学校"）传递给家长，系统传递的信息可以是短信的方式或是邮件的形式，不仅包括学生出入校园的信息，而且包括学生的考试成绩、各种活动通知、近期学生的表现情况等，学校可以有选择性地发送相关的信息，这样就可以将学生信息及时反馈给家长，学校也可以通过分析这些数据和信息，进行有效、有针对性地管理，并对学校的管理工作进行改革、创新，为信息化校园建设提供最基础的保证，从而提升整个学校的信息化管理水平。

1. RFID 标签的信息写入

给空白 RFID 卡写入学生数据信息；为每一个学生的识别卡分配一个唯一的标识 ID。在 RFID 卡中存储各类数据信息，包括学生姓名、班级、老师和家庭住址等，也可以方便地修改或重新写入 RFID 卡中的数据信息。

2. RFID 读写器符合多种协议

ET7241 有源 RFID 读写器支持无缝网络集成，实时读写所有符合 EPC 标准的标签，是多协议的无线识别读写器，获取信息快速准确，获取信息的同时也提供可视性控制，有丰富的可扩展性，还可随着系统的改变进行灵活的扩展。

3. RFID 自动远距离识别

通过学校门口的读写器，能在学生上学和放学时对学生的学生卡里的 RFID 标签进行远距离读取，省去了传统的人工值守学生出示卡片或者刷卡的过程，避免了疏漏，提高了效率。利用各种 RFID 读卡器可以快速读取学生的 RFID 标签，几十个学生同时通过，都能准确无误地快速识别，这样就提高了准确性和效率。

4. 辨别方向

RFID 读写器有辨别方向的功能，确保系统能够准确识别学生是来到学校还是离开学校，这样就提高了整个系统的完整性、智能化。

5. 有效及时的信息沟通

通过短信服务平台，都可以将学生的信息通过短信的方式发送给家长，家长可以准确知道孩子到校和离校时间，确定了其在路上的安全情况以及在学校的状态，比如出勤、缺课情况，避免了家长与学校产生不必要的纠纷，也为学校和学生家长双方的权利保证提供了法律的依据，使其公开透明，更加公正合理。最主要的是学校和家庭两方面的信息相互对称，方便快捷的信息沟通使教育工作者与学生的家长之间更能很好地相互配合，从整体上提高教育质量。学校还可以利用该系统实施内部的管理，比如师生的考勤系统，系统可根据每月定期累计的数据，自动生成考勤报表。相关教育部门也可以利用该系统实时了解各个学校的情况，方便考核学校的管理水平。

6. 可及时查询

只要是连接互联网的任何计算机都可以进行查询，对学校各个部门可以设定相应的访问和管理权限，相关部门（如校长室、保卫处和班主任等）可根据权限登录，可以查看或打印权限内的相关信息。

7. 增值服务

学校可以把学生卡的冠名权出售给附近的商家，让商家发布广告。商家最好是文具店、书店、超市，这些商家是与学生生活密切相关的，但一定是发布对学生生活有帮助的广告，给学生带来方便。商家这种广告的投入也会非常有效，学校从中取得广告费用，用来降低学校和学生总体的成本，包括双方的投入成本。

8. 降低总体拥有成本

应尽可能降低 RFID 标签卡价格。可以以押金方式收取，学生毕业或者转学可以退。RFID 标签卡做工精细，不容易损坏，能够长期使用。学生只需要每个月交一些低廉的短信费用。初期一次性投资较大，后期只有很少的工作量，比其他系统后期大量的维护工作有明显的优势。该系统技术先进，集中管理，为校园信息化提升了一个档次，从整体上降低了学校的总体成本。

 小知识

为何不用车牌识别收费代替 ETC

ETC 与车牌识别技术原理不同，前者使用的是微波通信，可靠性非常高，车辆到达感应范围内，就可以迅速识别，而后者为视觉识别，对于光线、角度、位置等都有一定的要求，其可靠性远不如 ETC，只有系统稳定、可靠才能提高通行效率。

目前应用的 ETC 是通过实名制绑定车牌号、银行卡号、OBU 设备，在三者同时验证之后才可以支付，极大地提高了安全性，而如果应用车牌识别直接支付，就可能存在识别不准确的问题。

5.4　实训　RFID 智能安全管理系统的设计与安装

5.4.1　2.4GHz 有源 RFID 设备的安装及设计

1. 实训目的及要求

1）了解有源 RFID 的相关标准。

2）了解有源 RFID 的应用领域。

3）熟悉有源标签内部的结构及其工作状态。

4）实习有源 RFID 识别系统各组成部分的结构及工作原理。

5）分析 2.4GHz 固件程序，了解低功耗工作模式的原理。

2. 实训器材

1）硬件：RFID 实训箱套件、计算机等。

2）软件：Keil。

5.4.1　2.4GHz
有源 RFID 设备
的安装及设计

3. 相关知识点

(1) 有源 RFID 系统组成

典型的有源 RFID 系统组成示意图如图 5-13
所示，主要包括主机、阅读器和有源标签 3 大部
分。其中主机就是普通计算机，是 RFID 系统与
特定应用系统的连接点，安装应用软件，通过阅
读器提供的访问接口查询阅读器上已识别的标签
ID。下面仅对阅读器和有源标签的基本结构及其
工作原理进行说明。

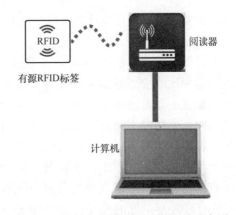

图 5-13　典型的有源 RFID 系统组成示意图

1）阅读器。阅读器是探测监听附近区域的
标签，解析并存储其 ID，等待主机查询取用。

有源 RFID 系统中的阅读器与无源系统的阅读器在原理和结构上没有本质区别。阅读器的一
般结构示意图如图 5-14 所示。

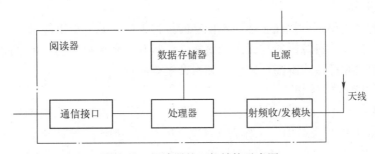

图 5-14　阅读器的一般结构示意图

2）处理器。处理器主要是指阅读器内的核心单片机，通过其上固化存储的程序，完成
对阅读器各功能模块的控制和相关数据的处理。

3）数据存储器。数据存储器用于暂存已收到的标签 ID。一般单片机芯片都集成了数据
存储器。

4）射频收/发模块。它是阅读器与有源标签的通信接口，通过编码调制的无线电波与
标签进行数据交换。射频收/发模块的工作流程图如图 5-15 所示。模块内部一般有载波生成
电路、调制解调电路、载波收发电路。如果模块采用硬件实现编解码，就还会包含符合特定
编码规则的编解码模块，否则将由嵌入式软件驱动实现数据编解码。在阅读器的实际设计
中，本模块可以由散件搭建，也可以选用成品集成电路。

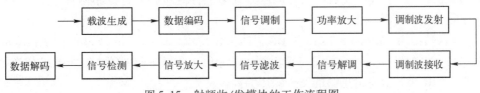

图 5-15　射频收/发模块的工作流程图

5）通信接口。本模块完成与主机的信息交换。如果阅读器与主机采用有线连接，则通
信接口有很多标准设备可供选择，如 RS‑232、RS‑485、CAN 和 Ethernet 等；如果阅读器
与主机间采用无线连接，则通信接口就是一个射频收发模块。

6）天线。天线的主要作用是向外辐射电磁波。一般天线都具有特征频率和方向特性，

只有根据实际情况选用合适的天线，才能保证阅读器的能力得到最大限定的发挥。

（2）有源标签

有源标签的结构框图如图5-16所示。与阅读器相比减少了通信接口部分，各部分的功能及工作原理基本一致。差别在于标签与阅读器功能不同而导致的器件选型差异。标签存储器容量一般比阅读器存储器小，仅存储标签ID及少量数据。由于一般有源标签都以自带电池为电源，所以

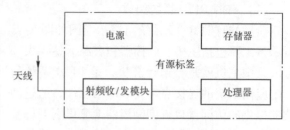

图5-16　有源标签的结构框图

必须选择功耗尽量低的设计，如果标签通过外部电源供电，则在设计上无须过多考虑功耗问题。

目前简单的有源标签大多为主动式ID标签，仅存储一个只读ID码，并按一定周期间隙向外广播ID；更高级的标签能够存储更多信息，响应阅读器的命令，甚至被设计为各种无线传感器或检测设备。

有源标签的最主要特点就在于标签不依靠阅读器发送的载波提供能量，而是具有独立的能量供应系统。所以，有源标签与无源标签相比，具有识别距离更远、配套阅读器发射功率更低的优点，但也有标签成本高、体积大和寿命短等缺点。

（3）有源RFID协议标准

由于有源RFID协议目前尚无统一的事实标准，不同厂商的协议差异性较大，所以阅读器和标签一般都不能互换通用。工作在2.4GHz的有源RFID系统，其协议实现多参考ISO 18000－4标准中的内容；工作在433MHz的有源RFID系统主要参考ISO 18000－7标准。本实训平台上的有源RFID工作在2.4GHz，故本节仅对与其相关的ISO 18000－4标准进行简单介绍。

1）标签存储结构。ISO 18000－4标准（以下简称为18000－4）规定标签数据以字节为单元进行存储，最大存储容量为256B，每个单元可实现写锁定。实际存储结构实现为4B只读ID，ID由生产商在出厂时设置。

2）标签状态转换。18000－4规定的标签在与阅读器的交互过程中会随命令不断改变自身状态。

3）编码方式。18000－4规定编码方式分为上行链路（阅读器→标签）和下行链路两种，上行为曼彻斯特编码，下行为FM0编码。

4）调制方式。18000－4规定信号调制方式为上行链路和下行链路两种，上行为GMSK调制，下行为OOK调制。

5）信息帧结构。18000－4规定的信息帧为比特流，结构可被分为命令帧和响应帧两种。其中命令帧的结构为：起始符＋定界符＋命令码＋数据＋CRC16；响应帧结构为：起始符＋数据＋CRC16。所有信息帧的发送顺序为高位优先。

（4）标签识别过程

本实训平台所用2.4GHz有源RFID标签为主动式只读ID标签，阅读器模块为被动接收模块，系统实现为纯标签ID识别系统，不对标签作数据读写操作，具有多标签冲突处理机制。

（5）标签识别机制

本实训平台所用标签可在独立 3V 电源驱动下间歇性工作，周期性对外广播 ID，周期约为 550ms。标签对外广播 ID 的过程完全独立于阅读器的控制之外，阅读器只是监听标签广播，检测到信号后解调解码获得 ID 数据。

4. 实训内容及步骤

1）安装标签。标签外形和纽扣电池分别如图 5-17 和图 5-18 所示（注意：首先需要将纽扣电池与标签进行焊接）。

标签底部标有 U_{CC} 与 GND，请将黑线焊接到 GND 上，红线焊接到 U_{CC} 上。标签初始化为主动模式。焊接标签和电池如图 5-19 所示。

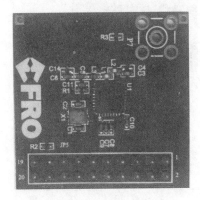
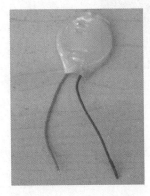

图 5-17 标签外形图   图 5-18 纽扣电池外形图   图 5-19 焊接标签和电池

2）打开："教学资源 \ 源代码 \ 上位机开发用 \ RFID \ UART \ RVMDK"工程目录，编译并烧写到实训箱，将实训箱上的 UART-STM 串口与 PC 相连，打开电源，打开串口助手，并正确配置串口参数。在串口助手上以十六进制发送 02 04，选择并使能 2.4GHz RFID 模块。与低频 RFID 模块相同，2.4GHz RFID 模块一旦使能，将处于主动监听阶段，无须上位机发送任何命令也可以查询周边的 2.4GHz 标签，并将标签数据返回给上位机。

注意：当有多组一同进行该实训时，因为读卡器的读卡范围很广，所以会接收到别组的标签号，建议一组一组有顺序地完成这一步骤。

3）打开："教学资源 \ 源代码 \ 2.4GHz 有源 \ 2.4GHz 有源 RFID 实训—低功耗"工程，编译并烧写入实训箱。上电后，进入例程主界面，也可以进行相同的测试。2.4GHz 有源 RFID 系统主界面如图 5-20 所示。

4）单击"Start"按钮，读写器开始接收标签信息，其主界面如图 5-21 所示。

5）单击"Stop"按钮，停止接收标签信息。

6）单击"Low power"按钮，进入低功耗模式，标签被动接收指令。可用万用表检测主动模式与被动模式下耗电的情况。

5. 实训结果及数据

1）正确连接 2.4GHz 有源 RFID 固件，并实现单片机对其的选择。

2）正确配置 2.4GHz 有源 RFID 固件。

3）获取标签信息。

4）测试主动和被动模式下射频标签的功耗。

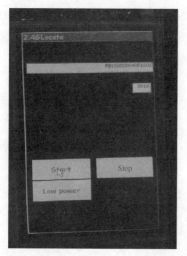

图 5-20   2.4GHz 有源 RFID 系统主界面

图 5-21   接收标签信息的主界面

6. 考核标准

考核标准见表5-1。

表 5-1   考核标准

序号	考核内容	配分	评分标准	考核记录	扣分	得分
1	正确连接 2.4GHz 有源 RFID 固件并能进行选择	20	连接正确			
2	正确配置 2.4GHz 有源 RFID 固件参数	20	能通过软件进行配置			
3	获取标签信息	20	能正确获取标签信息			
4	测试主动和被动模式下射频标签功耗	20	能用万用表进行准确测试			
5	接线规范性及安全性	20	接线符合国家标准及安全要求			
6	分数总计	100				

5.4.2   2.4GHz 有源 RFID 人员定位设置

1. 实训目的及要求

1）了解 2.4GHz 有源 RFID 的相关标准。

2）理解有源 RFID 识别系统的工作原理。

3）掌握 2.4GHz 有源 RFID 的应用。

2. 实训器材

1）硬件：RFID 实训箱套件、计算机等。

2）软件：Keil。

3. 相关知识点

远距离主动识别方式（主要是 2.4～2.8GHz 频段）是目前应用最成功、最受业界欢迎

5.4.2   2.4GHz
有源 RFID 人员
定位设置

的一种识别方式。这种识别方式不仅距离远，可以在 50m 的范围内轻松识别（空气中识别距离能够稳定在 80m）；而且能支持同时读取多达 200 个射频卡；最重要的是能够克服人体、金属等遮挡，甚至在上百个持卡人同时进出时依然能够准确无误地快速识别。

有源 RFID 自动识别技术在学校安全管理相关应用系统中受到了广泛欢迎，RFID 智能安全管理系统如图 5-22 所示：每个学生携带有一枚无线感应标识卡（可作为电子学生证使用），在到学校大门后，校门附近的两个感应器就会读到标识并通过 RS－485 接口转换成 TCP/IP，将信息传给数据中心服务器，由服务器进行处理判别后，由服务商通过 GPRS 移动通信网络向学生父母手机发送一条短信，如"爸爸，我已平安到校了""爸爸，我放学了，一会儿就回家"，同时在服务器中保存所有学生的进出信息，并将它整理成报表供学校、教师和家长查询。利用学校互动网络平台，班主任可将每个学生的在校学习和生活情况等定时或不定时的集中或单独发送至家长的手机或电子邮箱，免去老师逐一通知或因家长缺席家长会等情况而产生的各种交流屏障，方便快捷。

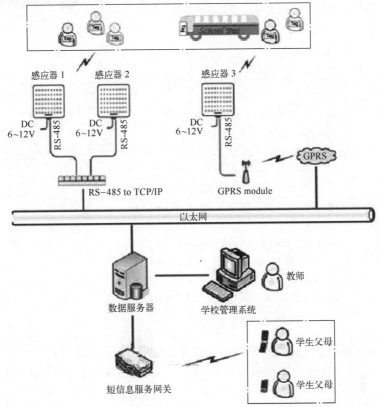

图 5-22　RFID 智能安全管理系统

更多应用领域如下。

1）人员管理类。

① 学生到/离校自动化识别管理。

② 交巡警网格化巡逻的智能管理。

③ 煤矿井下人员的定位、跟踪和查询管理。

④ 考勤、门禁、会议签到和人员出入等管理。

2）车辆管理。

① 智能小区、大厦停车场收费和登记管理。

② 城市公交智能站台和车辆调度的智能管理。

③ 重要机关、部队的车辆出入和牌照防伪识别管理。

④ 海关出入境车辆的识别、登记自动化管理。

本实训标签定时发送数据帧到读卡器，当标签在读写范围值外时，读卡器则接收不到周期性的标签数据，可通过此方式进行宽泛的人员定位。

4. 实训步骤

1）首先安装电池，具体流程请参考"5.4.1 节 2.4GHz 有源 RFID 设备的安装及设计"。

2）打开："教学资源 \ 源代码 \ 2.4GHz 有源 \ 2.4GHz 人员定位实训"，将程序编译并烧写到实训箱。

3）进入例程主界面，单击"Start"按钮，读卡器开始工作。2.4GHz 定位主界面如图 5-23 所示。

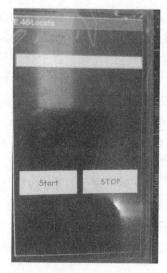

图 5-23　2.4GHz 定位主界面

4）界面核心代码解析如下。

```
hWin = GUI_CreateDialogBox( aDialogCreate, GUI_COUNTOF( aDialogCreate), _cb allback , 0, 0, 0);
                                                                    /* 设置窗体字体 */
    FRAMEWIN_SetFont( hWin, &GUI_FontComic18B_1);
    FRAMEWIN_SetBarColor( hWin, 0, GUI_LIGHTCYAN);
    FRAMEWIN_SetClientColor( hWin, GUI_BLACK);/* BUTTON 部件句柄及设置控件参数 */
    hButton_bussys[0] = WM_GetDialogItem( hWin, GUI_ID_BUTTON0);
    hButton_bussys[1] = WM_GetDialogItem( hWin, GUI_ID_BUTTON1);
    BUTTON_SetFont( hButton_bussys[0], &GUI_FontComic18B_1);
    BUTTON_SetFont( hButton_bussys[1], &GUI_FontComic18B_1);
    BUTTON_SetTextColor( hButton_bussys[0], 0, GUI_BLUE);
    BUTTON_SetTextColor( hButton_bussys[1], 0, GUI_BLUE);
    BUTTON_SetBkColor( hButton_bussys[0],0,GUI_LIGHTCYAN);
    BUTTON_SetBkColor( hButton_bussys[1],0,GUI_LIGHTCYAN);
    BUTTON_SetBkColor( hButton_bussys[0],1,GUI_GRAY);
    BUTTON_SetBkColor( hButton_bussys[1],1,GUI_GRAY); /* 获得 EDIT 部件的句柄及设置控件参数 */
    edit[0] = WM_GetDialogItem( hWin, GUI_ID_EDIT0);
    edit[1] = WM_GetDialogItem( hWin, GUI_ID_EDIT1); /* 设置 EDIT 部件采用十进制范围 50～20 000 */
    EDIT_SetDecMode( edit[1],0,0,2000,0,0);
    EDIT_SetMaxLen( edit[0], 40);
```

5）当标签超出读卡距离时发出警报，核心代码解析如下。

```
while(1)
    {
        flag = 0;
        if (1 = = rec_f2)
        {
            rec_f2 = 0;
            atoh( RxBuffer2, hex, 8);
```

```
                EDIT_SetText(edit[0], hex);
                EDIT_SetValue(edit[1], i + +);
                GPIO_ResetBits(GPIOB, GPIO_Pin_11);
                flag = 1;
                time = 0;
        | else |
                time + +;
        |
        if (0 = = flag && time > = 80000)        //是否超时并未接收到标签数据
        |
                GPIO_SetBits(GPIOB, GPIO_Pin_11); //发出警报
        |
        WM_Exec();
|
```

6）单击"Start"按钮，读写器开始接收标签信息。单击"STOP"按钮，停止接收标签信息。

5. 实训结果及数据

1）正确连接 2.4GHz 有源微波 RFID 固件，并实现单片机对其选择。

2）正确配置 2.4GHz 有源微波 RFID 固件。

3）正确获取不同标签信息，模拟进行人员定位。

6. 考核标准

考核标准见表 5-2。

表 5-2　考核标准

序号	考核内容	配分	评分标准	考核记录	扣分	得分
1	正确连接 2.4GHz 有源 RFID 固件并能进行选择	20	连接正确			
2	正确配置 2.4GHz 有源 RFID 固件参数	20	能通过软件进行配置			
3	获取标签信息，模拟进行人员定位	40	能正确获取标签信息			
4	接线规范性及安全性	20	接线符合国家标准及安全要求			
5	分数总计	100				

5.4.3 RFID 实训箱串口通信设置

1. 实训目的及要求

1）了熟悉 Keil4 开发环境。

2）了解串口通信原理。

3）掌握 STM32 单片机串口中断程序的变化及控制流程。

2. 实训器材

1）硬件：RFID 实训箱套件、计算机等。

2）软件：Keil。

5.4.3　RFID
实训箱串口
通信设置

3. 相关知识点

（1）串口通信介绍

串口通信（Serial Communication）是指外设与计算机之间，通过数据信号线、地线和控制线等按位进行传输数据的一种通信方式。这种通信方式使用的数据线少，在远距离通信中可以节约通信成本，但其传输速度比并行传输低。在物联网 RFID 系统中，由于 RFID 标签接收的数据量一般不会太大，由串口通信的方式传送到后台进行处理和控制是目前最常用的一种数据传输方式，它具有硬件简单可靠、成本低廉和控制方便等特点，所以本实训重点对串口通信进行训练。

串口通信提供了一种灵活的方法来与使用工业标准不归零码（NRZ）异步串行数据格式的外部设备之间进行全双工数据交换。通用异步收发传输器（UART）利用分数波特发生器提供宽范围的波特率选择。它支持同步单向通信和半双工单线通信。它也支持局部互联网（LAN）、智能卡协议和红外数据组织（IrDA）SIR ENDEC 规范以及调制解调器（CTS/RTS）操作。它还允许多处理器通信。使用多缓冲器配置的 DMA 方式，可以实现高速数据通信。

接口通过 3 个引脚与其他设备连接在一起，串口引脚如图 5-24 所示。任何 UART 双向通信至少需要两个脚，即接收数据输入（RX）和发送数据输出（TX）。RX 为接收数据串行，通过采样技术来区别数据和噪声，从而恢复数据；TX 为发送数据输出，当发送器被禁止时，输出引脚恢复其 I/O 端口配置。当发送器被激活且没信息发送时，TX 引脚处于高电平。

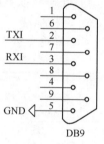

图 5-24　串口引脚

UART 模式的操作具有下列特点。

1）8 位或 9 位负载数据。

2）奇校验、偶校验或者无奇偶校验。

3）配置起始位和停止位电平。

4）独立收发中断。

5）独立收发 DMA 触发。

6）奇偶校验和帧校验出错状态。

UART 模式提供全双工传送，接收器中的位同步不影响发送功能。传送一个 UART 字节包含 1 位起始位、8 位数据位、1 位作为可选项的第 9 位数据或者奇偶校验位，加上 1 位或 2 位停止位。

（2）串口 1 硬件原理

UART1 硬件原理图如图 5-25 所示。

PA9 为 STM32 UART1 的输出引脚，PA10 为 STM32 UART1 的输入引脚。需要对这两个引脚进行初始化。

注意：STM32 串口寄存器具体配置请参考 STM32 中文参考手册。

4. 实训内容及步骤

1）打开例程工程文件→串口 1→STM32-FD-USART1DEMO.uvproj。

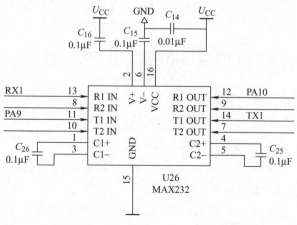

图 5-25　UART1 硬件原理图

2）编译并下载固件到 RFID 实训箱中。

3）使用串口线连接 PC 与 RFID 实训箱的 UART-STM32 口。

4）连接完成后，打开串口助手软件（sscom32. exe），设置串口参数，与程序内的参数对应，例程内是 9600。完成后打开串口，串口助手界面如图 5-26 所示。

给实训箱上电并发送结尾为 0d 0a 的十六进制数据，通过串口助手发送数据如图 5-27 所示。

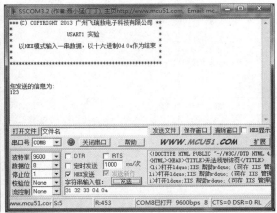

图 5-26　串口助手界面　　　　　　　　图 5-27　通过串口助手发送数据

5）核心代码如下。

```
/***********************************************************
 * 名    称:USART_Config(USART_TypeDef * USARTx)
 * 功    能:串口 1 配置
 * 入口参数:USART_TypeDef    串口号
 * 出口参数:无
 * 说    明:串口配置相关
 ***********************************************************/
void USART_Config(USART_TypeDef * USARTx){
    USART_InitStructure. USART_BaudRate = 9600;                        //速率为 9 600bit/s
    USART_InitStructure. USART_WordLength = USART_WordLength_8b;       //数据位 8 位
    USART_InitStructure. USART_StopBits = USART_StopBits_1;            //停止位 1 位
    USART_InitStructure. USART_Parity = USART_Parity_No;               //无校验位
    USART_InitStructure. USART_HardwareFlowControl = USART_Hardware Flow Control_ None;
                                                                       //无硬件流控
    USART_InitStructure. USART_Mode = USART_Mode_Rx | USART_Mode_Tx;
                                                                       //收发模式
    /* Configure USART1 */
    USART_Init(USARTx, &USART_InitStructure);                          //配置串口参数函数
    /* Enable USART1 Receive and Transmit interrupts */
    USART_ITConfig(USART1, USART_IT_RXNE, ENABLE);                     //使能接收中断
    USART_ITConfig(USART1, USART_IT_TXE, ENABLE);                      //使能发送缓冲空中断
    /* Enable the USART1 */
```

```
            USART_Cmd(USART1, ENABLE);
      }
      /ᐧᐧᐧᐧᐧᐧᐧᐧᐧᐧᐧᐧᐧᐧᐧᐧᐧᐧᐧᐧᐧᐧᐧᐧᐧᐧᐧᐧᐧᐧᐧᐧᐧᐧᐧᐧᐧᐧᐧᐧᐧᐧᐧᐧᐧᐧᐧᐧᐧᐧᐧᐧᐧᐧᐧᐧᐧᐧᐧᐧᐧᐧᐧᐧᐧ
      * 名　　称:USART1_IRQHandler(void)
      * 功　　能:串口1中断服务程序
      * 入口参数:无
      * 出口参数:无
      * 说　　明:串口中断
      ᐧᐧᐧᐧᐧᐧᐧᐧᐧᐧᐧᐧᐧᐧᐧᐧᐧᐧᐧᐧᐧᐧᐧᐧᐧᐧᐧᐧᐧᐧᐧᐧᐧᐧᐧᐧᐧᐧᐧᐧᐧᐧᐧᐧᐧᐧᐧᐧᐧᐧᐧᐧᐧᐧᐧᐧᐧᐧᐧᐧᐧᐧᐧᐧᐧ/
      void USART1_IRQHandler(void)                              //串口1中断服务程序
      {
      unsigned int i;
      if(USART_GetITStatus(USART1, USART_IT_RXNE) ! = RESET)//判断读寄存器是否非空
      {
        RxBuffer1[RxCounter1 + +] = USART_ReceiveData(USART1);      //将读寄存器的数据缓存
                                                                    //到接收缓冲区中
        if(RxBuffer1[RxCounter1 - 2] = = 0x0d&&RxBuffer1[RxCounter1-1] = = 0x0a)  //判断结束标志是否
                                                                    //是 0x //0d 0x0a
        {
          for(i = 0; i < RxCounter1; i + +) TxBuffer1[i] = RxBuffer1[i];    //将接收缓冲器的数据转
                                                                    //到发送缓冲区,准备转发
          rec_f = 1;                                                //接收成功标志
          TxBuffer1[RxCounter1] = 0;                                //发送缓冲区结束符
          RxCounter1 = 0;
        }
      }
      if(USART_GetITStatus(USART1, USART_IT_TXE) ! = RESET)      //这段是为了避免 STM32
                                                                    //USART 第一个字节发
                                                                    //不出去的 BUG
      {
        USART_ITConfig(USART1, USART_IT_TXE, DISABLE);          //禁止发缓冲器空中断
      }
      }
```

5. 实训结果及数据

1）正确连接串口硬件。

2）正确配置串口数据传输参数，并进行数据传输。

3）正确更改串口中断程序，并实现对串口的控制。

6. 考核标准

考核标准见表5-3。

表 5-3 考核标准

序号	考核内容	配分	评分标准	考核记录	扣分	得分
1	正确连接串口硬件	20	连接正确			
2	正确配置串口数据传输参数，并实现数据传输	20	数据传输正确			
3	更改串口中断程序，并实现对串口的控制	40	能正确编程控制串口			
4	接线规范性及安全性	20	接线符合国家标准及安全要求			
5	分数总计	100				

5.4.4 基于 ZigBee 的家居监控应用设置

1. 实训目的及要求

1) 通过本实验了解传感器与网关协调器建网的流程。

2) 熟悉传感器的代码烧写过程。

3) 完成家居监控组网。

2. 实训器材

1) 物联网智能网关如图 5-28 所示。

网关顶部接口如图 5-29 所示。

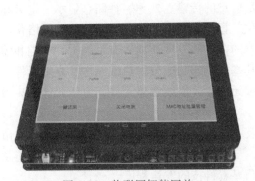

图 5-28 物联网智能网关

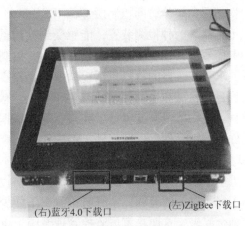

(右)蓝牙4.0下载口　　(左)ZigBee下载口

图 5-29 网关顶部接口

2) ZigBee 节点（带传感器）两个，如图 5-30 和图 5-31 所示。

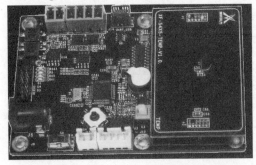

图 5-30 ZigBee 节点（带温度传感器）

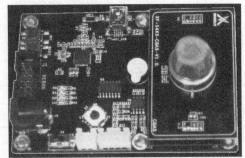

图 5-31 ZigBee 节点（带煤气浓度传感器）

3）ZigBee 网关仿真器一个，如图 5-32 所示。

4）软件准备。

IAR8051 软件。

TI 仿真器驱动软件。

3. 相关知识点

ZigBee 是 基 于 IEEE802.15.4 标准的低功耗局域网协议。根据国际标准规定，ZigBee 技术是一种短距离、低功耗的无线通信技术。这一名称（又称为紫蜂协议）来源于

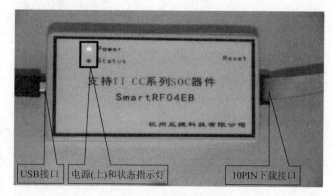

图 5-32 TI 网关仿真器

蜜蜂的八字舞，由于蜜蜂（Bee）是靠飞翔和"嗡嗡"（Zig）地抖动翅膀的"舞蹈"来与同伴传递花粉所在方位信息，也就是说蜜蜂依靠这样的方式构成了群体中的通信网络。其特点是近距离、低复杂度、自组织、低功耗和低数据速率。主要适合用于自动控制和远程控制领域，可以嵌入各种设备。简而言之，ZigBee 就是一种便宜的、低功耗的、近距离无线组网通信技术。

ZigBee 是一种低速短距离传输的无线网络协议。ZigBee 协议从下到上分别为物理层（PHY）、媒体访问控制层（MAC）、传输层（TL）、网络层（NWK）和应用层（APL）等。其中物理层和媒体访问控制层遵循 IEEE 802.15.4 标准的规定。

传感器是一种检测装置，能感受到被测量的信息，并能将感受到的信息按一定规律变换成为电信号或其他所需形式的信息输出，以满足信息的传输、处理、存储、显示、记录和控制等要求。传感器的特点包括：微型化、数字化、智能化、多功能化、系统化和网络化。它是实现自动检测和自动控制的首要环节。传感器的存在和发展让物体有了触觉、味觉和嗅觉等感官，让物体慢慢变得活了起来。通常根据其基本感知功能分为热敏元件、光敏元件、气敏元件、力敏元件、磁敏元件、湿敏元件、声敏元件、放射线敏感元件、色敏元件和味敏元件 10 大类。

近些年家庭意外事故的频发造成人员伤亡及不可估量的财产损失，这不得不为广大市民敲响了家居安防的警钟，家庭防护意识不能少，与时俱进，把手机和计算机将家庭安防系统紧密结合起来，这便是家居监控管理系统，也凸显着科技的发达程度。

4. 实训内容及步骤

硬件连接关系图如图 5-33 所示。

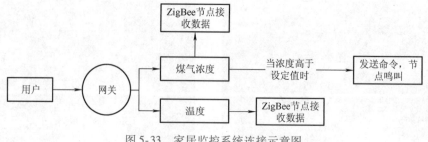

图 5-33 家居监控系统连接示意图

1) ZigBee 节点与网关仿真器程序写入，TI 仿真器硬件连接如图 5-34 所示。

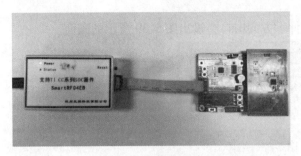

图 5-34　TI 仿真器硬件连接

首先按图 5-34 把 TI 仿真器与 ZigBee 节点连接好，仿真器通过 USB 接口与计算机连接。找到放有节点源程序的文件夹，插的传感器节点不同烧写的程序也自然不同，如图 5-35 所示。

图 5-35　打开工程文件夹

打开源程序文件夹，找到对应工程文件，如图 5-36 所示。

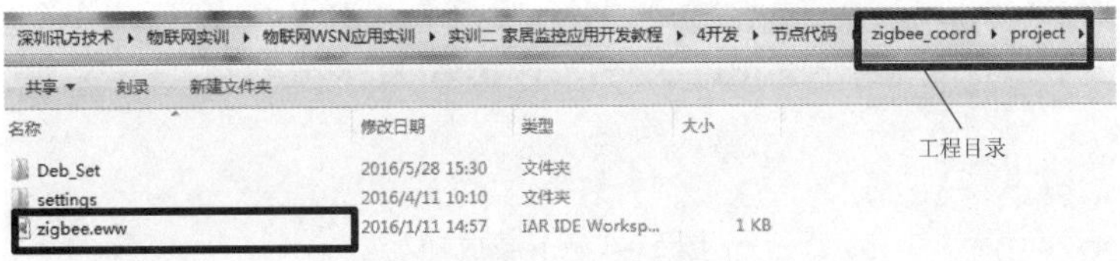

图 5-36　工程文件

单击后打开工程文件界面如图 5-37 所示。

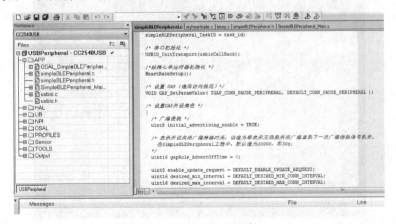

图 5-37　打开工程文件

这时就要查看仿真器驱动是否装上，或者重新安装；按下 TI 仿真器上面右侧的复位键再重新打开软件查看。

首先要编译一下传感器的源程序，单击 IAR8051 右上角的"make"按钮，如图 5-38 所示。

当编译完成后软件下方的窗口会输出图 5-39 所示的画面。

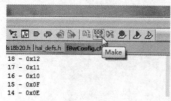

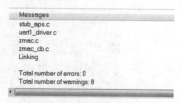

图 5-38　编译

图 5-39　烧写成功

再单击右上角的"Download and Debug"按钮下载程序，如图 5-40 所示。

下载成功后下面的窗口会打印，如图 5-41 所示。

2）网关程序写入。

接下来烧写网关协调器的程序，网关有两个插口，左侧的是 2530ZigBee 程序下载口，右侧的则是 2540 蓝牙节点程序下载口，智能网关连线如图 5-42 所示。

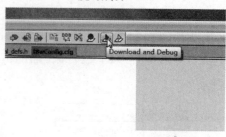

图 5-40　下载

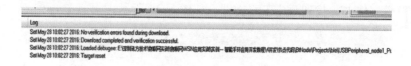

图 5-41　下载成功

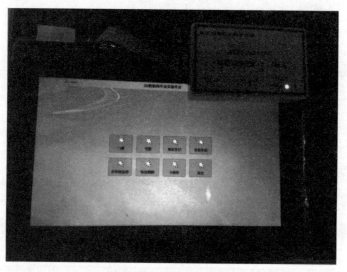

图 5-42　智能网关连线

打开网关的源工程，按照下载节点程序的方法把协调器工程下载到网关中，下载完毕后单击软件工程中的运行即可，网关运行如图 5-43 所示。

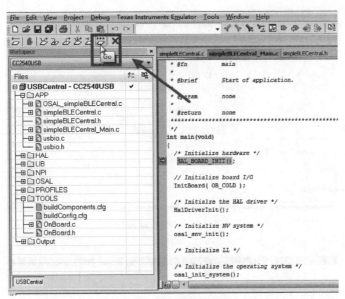

图 5-43　网关运行

这时 ZigBee 节点上的 D1 led 蓝灯会亮起，则说明节点与网关建立网络成功，在应用界面内 ZigBee 传感器会有上线显示。

3) 温度监测、煤气监测。

连接电源适配器，给节点上电，烧写好对应的节点传感器程序，打开网关，找到家居监控应用。

打开应用主界面，当网关连接上两个 ZigBee 节点（浓度节点、温度节点）时，应用主界面右上角的节点显示会亮，变成蓝色，网关主界面和节点连接成功如图 5-44 和图 5-45 所示。

图 5-44　网关主界面

打开应用会看到左侧有一个温度显示栏，通过节点感应传送数据会显示当前环境温度的值，连接煤气浓度节点，网关应用主页面显示当前煤气浓度值，温度及煤气浓度显示如图 5-46 所示。

4) 鸣叫提醒。

设置好煤气的浓度值，单击设置，输入要设置的设定值（仅限数字），单击"确定"按钮，煤气报警浓度设置如图 5-47 和图 5-48 所示。

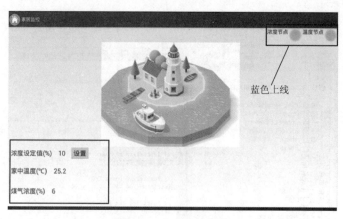

图 5-45   节点连接成功

图 5-46   温度及煤气浓度显示

图 5-47   煤气报警浓度设置

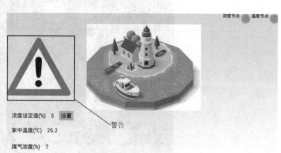

图 5-48   煤气报警浓度显示

鸣叫提醒：当前煤气浓度值超过设定的煤气值时煤气节点会发出鸣叫，应用界面左侧会弹出叹号三角标志。

5. 实训结果及数据

PC 能正确通过网关仿真器写入 ZigBee 节点温度传感器、煤气浓度传感器程序，完成硬件正确接入。

智能网关能与仿真器正确连接，并接收传感器传送的数据。

读者可以参照系统开发手册，尝试对系统进行高级命令的读写操作并验证其正确性。

6. 考核标准

考核标准见表5-4。

表 5-4 考核标准

序号	考核内容	配分	评分标准	考核记录	扣分	得分
1	智能网关与仿真器正常连接	20	系统能正常工作			
2	传感器和仿真器程序正确写入	20	能实现通信握手并开始进行基本测试控制			
3	智能网关正确接收传感器数据	20	能正确完成读写操作			
4	能通过程序修改对传感器继续设置	20	能实现高级功能			
5	接线规范性及安全性	20	接线符合国家标准及安全要求			
6	分数总计	100				

5.4.5 基于 Qt 开发环境的仓库物资监控软件设计

1. 实训目的及要求

1）掌握 HF 13.56MHz ISO-14443A 串口通信协议。

2）了解 HF 13.56MHz RFID 模块的读卡特性。

3）了解 Qt 中 sqlite 的使用。

4）了解 13.56MHz RFID 的应用范围及领域。

2. 实训器材

1）硬件：UP-RFID-S 型实验箱和 PC。

2）软件：Qt Creator、Qt 开发环境（Linux，Windows，MAC 等操作系统都可）。

3. 相关知识点

（1）13.56MHz RFID 应用领域

13.56MHz RFID 主要应用在瓦斯钢瓶的管理、大型会议人员通道系统、物流与供应链管理解决方案、医药物流与供应链管理、智能货架的管理等。

（2）13.56MHz RFID 符合的国际标准

- ISO/IEC 14443 近耦合 IC 卡，最大的读取距离为 10cm。
- ISO/IEC 15693 疏耦合 IC 卡，最大的读取距离为 1m。
- ISO/IEC 18000-3 该标准定义了 13.56MHz 系统的物理层，防冲撞算法和通信协议。
- 13.56MHz ISM Band Class 1 定义 13.56MHz 符合 EPC 的接口定义。

（3）M1 卡性能指标

- MIFARE S50 卡的容量为 1KB 的 EEPROM，分为 16 个扇区，每个扇区为 4 块，以块为存取单位，每块 16 字节。

- MIFARE S70 卡的容量为 4KB 的 EEPROM，前 2KB 共分 32 个扇区，每个扇区 4 块，后 2KB 共分为 8 个扇区，每个扇区 16 块，以块为存取单位，每块 16B。
- 每个扇区有独立的密码和访问控制机制。
- 每张卡有唯一的序列号，4B。

4. 实验步骤

采用 UP – RFID – S 平台的 13.56MHz 模块作为读卡器，利用串口线与 PC 连接，开发一个一卡通管理系统软件。需要有系统管理、用户管理、一卡通相关的查询、消费场景模拟。管理系统中必须使用数据库，对某些操作必须要有管理员权限，界面设计友好。

（1）创建工程

打开 Qt Creator，新建工程。命令为：文件→新建文件或项目→应用程序→Qt Gui 应用→选择→填写名称和创建路径。建立完成后一卡通管理系统工程如图 5-49 所示。

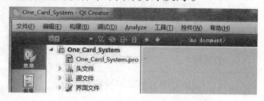

（2）UI 设计

图 5-49　一卡通管理系统工程

设计出基于 UP – RFID – S 13.56MHz 模块的一卡通管理系统的 UI，考虑到模块和 PC 是通过串口连接，因此需要一个串口操作接口；因权限操作需要管理员和用户分离，所以需要管理员登录、用户注册等 UI；记录查询需要有一个 UI 来展示给用户。综合上面基本设计思路，UI 简图如图 5-50 所示。

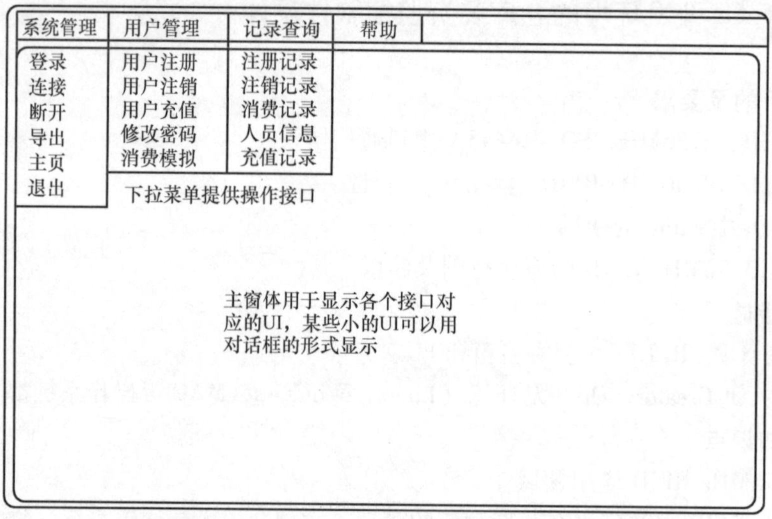

系统管理	用户管理	记录查询	帮助	
登录	用户注册	注册记录		
连接	用户注销	注销记录		
断开	用户充值	消费记录		
导出	修改密码	人员信息		
主页	消费模拟	充值记录		
退出	下拉菜单提供操作接口			

主窗体用于显示各个接口对应的UI，某些小的UI可以用对话框的形式显示

图 5-50　一卡通管理系统的 UI 简图

在图 5-50 中是一个基本的简图。在系统管理菜单下，"登录"用于提供管理员用户登录接口，管理员输入用户名和密码后进行校验登录；"连接"和"断开"用于控制 13.56MHz 模块和 PC 之间的串口连接或断开；"导出"用于将数据库的各个表导出到文件，方便打印等操作；"主页"用于回到窗体的第一界面；"退出"用于退出整个管理系统。

用户管理菜单简要参考学校一卡通的部分实际情况，例如新生刚来，则需要注册，当毕业后应该注销，卡内余额不足是应该可以充值等。记录查询可以类似于用户管理的思想，如学生在校期间应该可以查询自己的消费记录、充值记录，管理员应该可以查看各个学生的相关信息等。窗体的中央（绝大部分空间）应该用于展现可操作的 UI，且中间部分内容可随时更换。最终界面如图 5-51 所示。

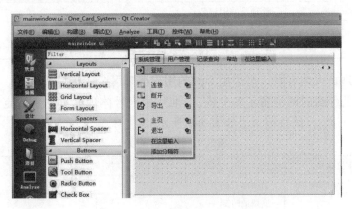

图 5-51　一卡通管理系统的主界面

（3）数据库表设计

根据用户界面设计，大致可以分为管理员用户表、注册表、注销表、消费记录表、充值记录表、人员信息表。用户表用于记录注册时用户填写的用户信息，用户表如表 5-5 所示。

表 5-5　用户表

字段	字段类型	描　述
编号	varchar primary key	用户 ID，可能有相同的姓名等，由用户编号来唯一识别不同的用户
姓名	varchar	用户的姓名
身份类型	varchar	可以是学生、老师等
备注信息	varchar	额外的信息字段，可以添加一些可选信息或者留着以后扩展使用

注册表用于记录用户注册的相关信息，注册表的各个字段如表 5-6 所示。

表 5-6　注册表

字段	字段类型	描　述
卡号	varchar primary key	注册时发放的卡号
用户编号	varchar	用户表中的用户编号（外键）
时间	varchar	注册时的时间
备注信息	varchar	额外的信息字段，可以添加一些可选信息或者留着以后扩展使用

注册表简单记录卡号和用户编号，也就是一张卡一定对应一个用户，但一个用户可能有多张卡。与注册表对应的就是注销表，用于记录注销信息，注销表的各个字段如表 5-7 所示。

表 5-7　注销表

字段	字段类型	描　述
卡号	varchar primary key	注销用户的卡号
时间	varchar	注销时的时间
备注信息	varchar	额外的信息字段，可以添加一些可选信息或者留着以后扩展使用

管理员的用户名、密码采用一个独立的表进行记录，管理员表如表 5-8 所示。

表 5-8 管理员表

字段	字段类型	描　　述
用户名	Varchar primary key	管理员的用户名
密码	varchar	管理员登录用的密码
备注信息	varchar	额外的信息字段，可以添加一些可选信息或者留着以后扩展使用

正常来说管理员人数有限，可采用不同的用户名来区分不同的管理员。消费记录表用于详细记录谁在哪儿什么时间消费了多少钱，"谁"由卡号体现（一张卡一定对应一个人，一个人有可能有多张卡），消费记录表如表 5-9 所示。

表 5-9 消费记录表

字段	字段类型	描　　述
卡号	varchar primary key	当前消费的卡 ID
时间	varchar	消费的时刻
地点	varchar	在哪儿消费
读卡器编号	Varchar	刷卡机的 ID（类似于 ATM 机）
金额	Varchar	消费的金额
备注信息	varchar	额外的信息字段，可以添加一些可选信息或者留着以后扩展使用

充值记录表详细记录充值时间、充值前后的金额等相关信息，具体如表 5-10 所示。

表 5-10 充值记录表

字段	字段类型	描　　述
卡号	varchar primary key	当前充值的卡 ID
时间	varchar	充值的时刻
原有金额	varchar	卡内剩余金额
充值金额	Varchar	本次充值金额
当前金额	Varchar	充值后的金额
备注信息	varchar	额外的信息字段，可以添加一些可选信息或者留着以后扩展使用

（4）编码

创建表采用 SQL 语句进行创建，类似于 C#和 JAVA。Qt 提供 QSqlQuery 类，QSqlQuery 类提供了一种执行和操纵 SQL 语句的方式。因此使用 QSqlQuery 类来执行创建表的 SQL 语句。接着是绑定表的方法，没有输入参数，这样避免后面调用时输入表名的麻烦。

定义 RegisterTableModel 类目的是实现对人员记录表的增删改查，接着实现这几个功能。

```
int RegisterTableModel::findRecord( const QString &tagId)
{
    for( int row = 0; row < rowCount( ); row + + ) {
        if( data( index( row, 0)). toString( ) = = tagId)
            return row;
    }
    return - 1;
}
```

上面代码为查询，当执行 bindTable 后，该模块就已经设置了数据库表并进行了选择，因此这里只需要对该模块的数据进行检索即可，该查询方法结合注册记录表特征，利用卡号唯一性进行查找，当找到该卡号后就返回该卡号所在记录的行数。删除操作也类似，找到该行后直接删除即可。

在构造函数中，从父类传入了 SerialPortThread 实例，供注册时从串口读写数据，然后创建了 M1356Dll 的实例，用于后面的成员方法调用 M1356Dll 提供的方法，创建了 QUuid 类，用于在注册时给用户产生 Uuid。其他的功能对应注册页面的用户接口，注册界面设计如图 5-52 所示。

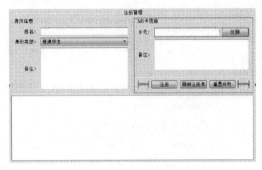

图 5-52　注册页面

注册页面的设计和注册表、用户信息表相关，此处简单填写几个基本信息，然后单击"注册"按钮进行注册。图 5-52 中，"识别"按钮用于读取卡号，因此注册页面可以完整的讲述从 HF 13.56MHz RFID 模块识别标签到发送响应帧到 PC，PC 解析处理呈现在 UI 上，用户单击按钮保存到数据库的整个过程。

```cpp
void RegistorWidget::on_btn_Register_clicked()
{
    QMessageBox message;
    QString userName = ui→lineEdit_Name→text();
    QString userType = ui→comboBox_UserType→currentText();
    QString personRemark = ui→textEdit_PersonMark→toPlainText();
    QString cardRemark = ui→textEdit_CardMark→toPlainText();
    QString cardId = ui→lineEdit_CardId→text();
    message.setStandardButtons(QMessageBox::Yes);
    message.setWindowTitle(tr("温馨提示"));
    message.setIcon(QMessageBox::Warning);
    //校验用户名的长度,采用 utf8 编码,汉语占用 2 个字符的宽度
    if(userName.toUtf8().length() < 4)
    {
        message.setText(tr("用户名长度有问题,长度应该大于等于两个汉字的长度。"));
        message.exec();
        return;
    }
    . . . . . . . . . . . . . . . . .
    QString personId = uuid→createUuid().toString();
    QString time = CurrentDateTime();
    RegisterTableModel * registerTableModel = new RegisterTableModel(this);
    registerTableModel→bindTable();
    PersonTableModel * personTableModel = new PersonTableModel(this);
    personTableModel→bindTable();
    if(registerTableModel→findRecord(cardId) ! = -1)
    {
        message.setText(tr("此卡已经注册,请换张卡再试!"));
```

```
            message. exec( ) ;
            delete registerTableModel;
            return ;
        }
    if( ! registerTableModel→addRecord( cardId, personId, time, cardRemark ) )
        {
            message. setText( tr( "卡号信息保存失败,请重试!" ) ) ;
            message. exec( ) ;
            delete registerTableModel;
            return ;
        }
    if( ! personTableModel→insertRecords( personId, userName, userType, personRemark ) )
        {
            message. setText( tr( "人员信息保存失败,请重试!" ) ) ;
            message. exec( ) ;
            delete personTableModel;
            return ;
        }
    DialogCardConfig  ∗ dcc  =  new DialogCardConfig( this, serialThread ) ;
    dcc→setWindowTitle( tr( "初始化卡" ) ) ;
    dcc→exec( ) ;
    delete dcc;
    delete registerTableModel;
    delete personTableModel;
}
```

首先获取用户输入的用户名等信息,然后检测用户名、密码等信息是否合法,如果不合法给予提示。接着是注册新用户的逻辑实现,首先需要看此卡是否已经被注册,因此需要在注册表中查询此卡是否存在,如果已经在注册表里则表示已经注册。注册的时候需要用到卡号,因此需要先实现识别按钮,识别按钮单击事件代码如下。

```
    if( ! serialThread→serialPortIsOpen( ) )
        {
            QMessageBox::warning( this, tr( "温馨提示" ), tr( "请先连接读卡器后再试!" ), QMessageBox::
Yes ) ;
            return;
        }
    uint16 frameLen;
    quint8 buffer[1];
    uint8  ∗p;
    memset( buffer, 0, 1 ) ;
    buffer[0]  =  RC632_14443_ALL;
    p  =  m1356dll→RC632_SendCmdReq( RC632_CMD_REQUEST_A, buffer, 1 ) ;
    frameLen  =  BUILD_UINT16( p[0], p[1] ) ;
    serialThread→writeData( ( char  ∗ ) ( p + 2 ), frameLen ) ;
```

首先检测串口有没有被打开，如果没有则返回，串口部分略。接着构造一帧请求帧，请求识别 A 型卡，根据 HF 13.56MHz 模块的串口通信协议构造该命令帧。最后调用自定义的串口类将这一请求帧写入到串口。当串口接收到请求帧的时候会发出信号，然后进行下一步处理。在一卡通系统中，需要识别卡号的地方非常多，应该放在类似于主窗口的类里边去处理卡号请求响应帧，否则每个页面都要实现可能太麻烦，因此将处理部分直接写在 Main-Window 中。串口类实例在 MainWindow 中创建，因此可以直接使用 Connect 语句连接 Serial-PortThread 的信号，处理代码如下。

```
void MainWindow::on_serialMsgreceived(QByteArray bytes){
        M1356_RspFrame_t frame = m1356dll→M1356_RspFrameConstructor(bytes);
        if(frame.status.left(2) == "00")
        {
        if(frame.cmd.remove(" ") == "0102")//寻卡
            {
                    uint16 frameLen;
                    quint8 buffer[1];
                    uint8 *p;
                    memset(buffer,0,1);
                    buffer[0] = 0x04;
                    p = m1356dll→RC632_SendCmdReq(RC632_CMD_ANTICOLL,buffer,1);
                    frameLen = BUILD_UINT16(p[0],p[1]);
                    serialPortThread→writeData((char *)(p + 2),frameLen);
            }
            else if(frame.cmd.remove(" ") == "0202")//寻卡结果
            {
                    uint16 frameLen;
                    quint8 buffer[4];
                    uint8 *p;
                    memset(buffer,0,4);
                    QSTRING_TO_HEX(frame.vdata.remove(" "),buffer,4); // 卡号
                    p = m1356dll→RC632_SendCmdReq(RC632_CMD_SELECT,buffer,4);
                    frameLen = BUILD_UINT16(p[0],p[1]);
                    serialPortThread→writeData((char *)(p + 2),frameLen);
                    tagId = frame.vdata.remove(" ");
            }
            else if(frame.cmd.remove(" ") == "0302")
            {
                    emit sendCardId(tagId);
            }
        }
        else
        {
            if(frame.cmd.remove(" ") == "0102")//寻卡
            {
```

```
                    QMessageBox::warning(this,tr("温馨提示"),tr("寻卡失败,请调整卡与读卡器的距
离后再试"),QMessageBox::Yes);
                }
                    else if(frame.cmd.remove(" ") == "0202")//寻卡结果
                {
                    QMessageBox::warning(this,tr("温馨提示"),tr("A卡防冲撞失败,请调整卡与读卡
器的距离后再试!"),QMessageBox::Yes);
                }
            }
        }
```

在处理函数中首先构造一帧 13.56MHz 的响应帧并判断是否执行成功，失败则给出提示，成功则发送防碰撞命令（和 14443 协议相关），再次成功则发送选择命令，当选中此卡后发送当前选择的卡号。在 on_serialMsgreceived 方法中，主要使用 M1356Dll 提供的方法，熟悉串口通信协议即可完成，不再详细说明。在 RegistorWidget 类添加一个槽函数，将它和 MainWindow 中发送卡号的信号连接，当读取到卡号时即可在注册页面显示当前识别的卡号。回到注册按钮处理事件中，接着创建 Person 表的 Model，根据前面封装的对应数据库表的 Model 添加记录到数据库表中（此处没有使用"事物"，目的是为了简单，在真正的系统软件中需要使用"事物"，否则注册表添加成功，人员信息表失败，会导致无主卡，使用"事物"可以回滚前边的操作），到此标签的 ID 被读卡器读取，通过串口传送到 PC，显示并存储到数据库整个过程结束。根据 M1 卡的特性和实际的使用，初次注册需要初始化卡，例如，地铁购买一卡通时需要充值一样，此处注册成功则需要接着对卡进行充值初始化。充值初始化代码请参照工程源码，这里不详述。充值初始化对于 M1 卡尤其重要，初始化时不仅可以给卡内充值，还能格式化卡，只有格式化成钱包的卡才能进行加减运算。本次一卡通演示系统中，没有在卡内进行加减运算，卡只起到存取作用，运算交给 PC 去处理的。其他的几个部分也类似注册界面，不再一一详述，请参照源码做实验。

（5）编译

与 "4.5.7 基于 Qt 开发环境的门禁监控软件设计"步骤相同。

（6）调试运行

通过单击 Qt Creator 调试窗口的视图，切换不同的 UI。具体的调试可以自行学习。最终运行效果如图 5-53 所示。

5. 实训结果及数据

1）学习掌握 HF 13.56MHz 模块的串口通信协议、Qt 基本编程技巧、Qt 中多线程的使用、Qt 信号插槽机制的使用、sqlite 数据库的使用。

2）了解一卡通管理系统的简要功能、Qt 在 UI 设计方面的基本知识。

图 5-53　运行效果

3）本次实验的一卡通系统还有很多需要改进的地方，同时改进本系统也需要首先掌握这部分源码后再优化和丰富。改进方向建议：主要在界面友好、性能优化、功能丰富方面入手。

6. 考核标准

考核标准见表5-11。

表 5-11　考核标准

序号	考核内容	配分	评分标准	考核记录	扣分	得分
1	正确实现实验箱电源接线，正确安装 13.56MHz RFID 模块	25	系统能正常工作			
2	能初步掌握并了解 Qt 的编程技巧	25	能安装并使用程序			
3	完成一卡通软件界面设计	25	能完整实现一卡通管理功能			
4	接线规范性及安全性	25	接线符合国家标准及安全要求			
5	分数总计	100				

5.5　习题

1. 传统的智能安全管理系统由哪些设备构成？有什么优缺点？

2. 现代智能安全管理系统完成的主要功能有哪些？主要应用了哪些新技术和新设备？

3. 企业智能安全系统由哪几个子系统组成？每个子系统是如何工作的？

4. 现代智能安全系统与传统智能安全系统相比较，采用了哪些数字新技术？试列举最新数字电子安防产品的技术参数。

5. 红外线探头工作原理是什么？常用产品的技术性能有哪些？

6. 校园安全管理系统由哪些子系统组成？主要实现哪些管理功能？

7. 校园安全管理系统学生门禁系统常用的主要设备有哪些？各种设备的关键技术参数是什么？

8. 校园安全管理系统与互联网和移动通信网的物理接口主要有哪些？采用的技术协议有哪些？不同网络、不同技术协议之间是如何实现转换的？

9. 常用的校园一卡通有哪些主要功能？主要的技术参数是什么？应用范围有哪些？

10. 有源微波 RFID 射频系统的构成与工作原理是什么？

11. 2.4GHz 有源微波 RFID 射频卡工作的技术参数和应用范围是什么？主要技术协议是什么？

第6章　RFID智能交通管理系统设计

随着高新技术的发展和应用，道路交通管理领域正发生一场深刻的变革。智能交通系统在全球范围内的兴起从根本上改变了传统交通控制的思想观念，传统的经验型交通管理模式已经无法适应新时期道路交通发展的需求。道路交通管理正在从以静态管理为主的模式向着以动态管理为主、动静态管理相结合进行网络化和智能化管理的方向发展，对道路交通流进行整体优化、全面控制和主动诱导的先进交通控制技术和管理方法在现实中正逐步得以实施。

第6章　RFID 智能
交通管理系统设计

6.1　RFID 智能交通管理系统简介

智能交通管理系统（Intelligent Transportation Management System，ITMS）是通过先进的交通信息采集、数据通信传输、电子控制和计算机处理等技术，把采集到的各种道路交通信息和各种交通服务信息传输到交通控制中心，交通控制中心对交通信息采集系统所获得的实时交通信息进行分析、处理，并利用交通控制管理优化模型进行交通控制策略、交通组织管理措施的优化，经对交通信息进行分析、处理和优化后的交通控制方案和交通服务信息等内容通过数据通信传输设备分别传输给各种交通控制设备和交通系统的各类用户，以实现对道路交通的优化控制，为各类用户提供全面的交通信息服务。

6.1.1　智能交通管理系统的发展

我国按照自身的国情和交通发展规律，也提出了适应我国的智能交通运输系统体系结构的建议框架，其主要内容具体如下。

1）ITS 用户服务：包括分属于 10 种服务类型的 33 项用户服务项目及 800 多项用户服务要求。

2）ITS 顶层体系结构：包括系统需求模型中的需求总图、顶层数据流图以及系统构架模型中的信息流/信息通道图。

3）城市交通控制与诱导系统体系结构：包括系统需求模型中的需求总图、数据流总图、系统构架总图、信息流/信息通道图、过程定义、信息流字典、信息通道定义等。

通过智能交通管理系统的建设，交通管理者们可以利用多媒体技术、网络技术和卫星定位技术等现代化的管理手段实时、准确、全面地掌握当前交通状况，预测交通流动向，制订合理的交通引导方案，实现快速反应，准确、及时地处理交通突发事件，提前消除交通隐患。增强城市交通管理部门对城市交通的管控能力，改变城市交通管理的科学化、现代化水平，城市交通系统的整体性能将得到根本改善。

6.1.2　RFID 技术在智能交通管理系统中的应用

在智能交通系统体系框架中，包括交通监控与管理（交通监视、交通控制和城市出入口控制)、信息服务(路线引导服务、旅行者信息服务、出行信息服务和驾驶人信息服务)、安全保障(事故报警、事故响应、应急车辆管理、行车安全警报服务和自动驾驶)、电子收费(人工收费、半自动收费和不停车收费)、运输管理(快速客货运服务、电子数据交换、运营车辆调度管理和公共交通服务)等服务功能。

交通信息采集是 ITMS 中最重要的环节,其作用是为交通管理、交通引导、交通指挥及交通信息服务提供信息源和基础。交通信息分为静态和动态两大类。静态交通信息包括交通空间信息和交通属性信息,这些信息很多是不变的,不受人为因素的影响;动态交通信息是反映道路网络交通流状态以及交通需求空间分布的特征数据。关键的交通信息包括车辆信息和道路交通参数信息两大类,车辆信息包括车牌号、车辆类型和车主身份等;道路交通参数信息包括车流量、平均车速、道路占有率、交通密度和行程时间等。这些关键的交通信息无论对交通规划、路网建设以及交通管理,还是对智能交通系统功能的实现都非常重要,是交通发展规划和道路交通科学管理的重要基础和前提。

利用 RFID 技术可以大规模采集道路交通信息。在实现上需要在道路上安装 RFID 阅读器,在车辆上安装 RFID 标签。将每辆车的 RFID 卡的 ID 号作为关键字段建立数据库。将标签 ID 号与车牌号关联可以建立车辆有关参数数据库。

可以将 RFID 阅读器安装在道路上方或者道路两旁。一个 RFID 阅读器可以连接多条天线,并且阅读器可以从逻辑上区分某个 RFID 标签是被哪条天线读到的。一个阅读器连同多条天线,可以对每条行车线上的车辆流动情况进行监控。

RFID 系统有能力可靠地确认任何一辆汽车,无论何时何地、静止或移动及任何天气下(以前使用影像车牌辨识方法,容易受大雨、浓雾及污损车牌影响),都可以做到准确无误。每一电子车牌含有唯一且加密的 ID 数字,读取器可以在时速 300km 及 100m 远的条件下,同时读取多个电子车牌的 ID。

RFID 技术较为广泛地应用于智能交通的管理、指挥,为交通领域做出了贡献。它主要应用在以下方面。

1)城市公交管理。RFID 阅读器实时定点采集公交车辆通过站点的时间及车内信息,确定公交车辆所处位置;调度中心和站牌可以显示公交车在线运行的动态信息(车辆位置和拥挤程度等),便于灵活调度车辆和方便乘客候车;提高车辆到达站的准时性。

2)智能交通信号灯控制。通过安装在路口的 RFID 阅读器,可以探测并计算出某两个红绿灯区间的车辆数目,从而智能地计算红灯或绿灯的分配时间。在距离十字路口 30~50m 的位置安装 RFID 阅读器,在公交车等特殊车辆通过时,提供给信号灯控制系统一个信号,就可以实现其优先通过的交通信号控制。

3)交通流量控制。在城市中心区路段,通过安装在入口处的 RFID 阅读器读取车辆信息,在出口可以对进入中心区的车辆按行驶距离不停车地进行收费,以缓解中心区的交通压力。

4)高速公路不停车收费。该功能已经在国内很多高速公路上实现,大大提高了高速公路的通行效率。

5)自动停车服务。当车辆驶入进出门禁天线通信区时,天线以微波通信的方式与电子识别卡进行双向数据交换,从电子车卡上读取车辆的相关信息,在司机卡上读取司机的相关信息,自动识别电子车卡和司机卡,并判断车卡是否有效和司机卡的合法性,车道控制计算机显示与该电子车卡和司机卡一一对应的车牌号码及驾驶员等资料信息。车道控制计算机自动将通过时间、车辆和驾驶员的有关信息存入数据库中,车道控制计算机根据读到的数据进行判断实现通行和收费管理。

6）车辆证照管理。交通稽查人员通过手持读写器读取车辆信息，通过无线数据通信与远程数据库比对，实现车辆信息的自动核查。将 RFID 技术应用于智能交通领域，可充分发挥其自动识别及动态信息采集的巨大优势，能够有效解决城市交通信息化建设的瓶颈问题。RFID 识别系统对车辆进行全自动化数据采集，一方面大大提升了全新的城市车辆管理形象，预防了人工操作的漏洞，有利于资料存档，保证车辆信息的安全与可靠；另一方面大大地促进了城市及政府企业的自动化建设步伐。

7）实时流量统计。根据两阅读器区间的车辆通过数量，可以实时进行某路段的车辆流量统计，为交通控制中心提供交通流量信息，并可以统计车辆类型，计算某段道路上的平均车速，供公众参考。

6.2 RFID 智能交通管理系统架构

6.2.1 智能交通系统整体架构

智能交通系统的整体架构图如图 6-1 所示。可以从以下 3 个层次来进行划分。

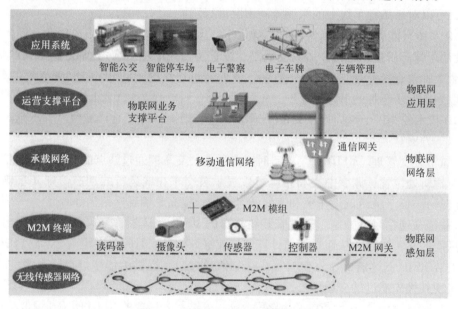

图 6-1　智能交通系统的整体架构图

1. 物联网感知层

物联网感知层主要通过各种将数据从一台终端传送到另一台终端（Machine to Machine，M2M）的设备实现基础信息的采集，然后通过无线传感网络将这些 M2M 设备连接起来，使其从外部看起来就像一个整体一样，这些 M2M 设备就像神经末梢一样分布在交通的各个环节中，不断地收集视频、图片和数据等各类信息。

2. 物联网网络层

物联网网络层主要通过移动通信网络将感知层所采集的信息运输到数据中心，并将这些信息在数据中心加工处理形成有价值的信息，以便做出更好的控制和服务。

3. 物联网应用层

物联网应用层是基于信息展开的，将信息以多样的方式展现到使用者面前，供不同的使用者决策、服务和开展业务。

6.2.2 智能交通应用系统架构

智能交通应用系统由应用子系统、信息服务中心和指挥控制中心3部分构成。

应用子系统包括交通信息采集系统、信号灯控制系统、交通诱导系统和停车诱导系统；信息服务中心包括远程服务、远程监测、前期测试、在线运维、数据交换和咨询管理6个模块；指挥控制中心包括交通设施数据、交通信息数据和GIS 3个平台以及应用管理、数据管理、运行维护和信息发布4个模块。

应用子系统实现各职能部门的专有交通应用；信息服务中心以前期调测、远程运维管理和远程服务为目的，结合数据交换平台实现与应用子系统的数据共享，通过资讯管理模块实现信息的发布以及用户和业务的管理等；指挥控制中心以GIS平台为支撑，建立部件和事件平台，部件主要指交通设施，事件主要指交通信息，通过对各应用子系统的管理，以实现集中管理的目的，具有数据分析、数据挖掘、报表生成、信息发布和集中管理等功能。智能交通系统的应用架构图示意图如图6-2所示。

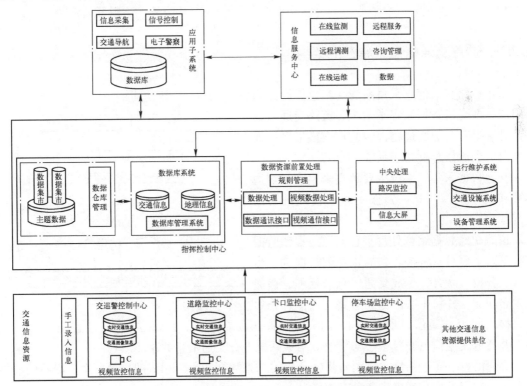

图6-2 智能交通系统的应用架构图示意图

根据城市智能交通建设的要求，结合各地道路条件、交通状况和目前的管理职能，智能交通应用系统的主要功能需求如下。

1）拥有先进的智能指挥控制中心，具有交通信息的实时自动检测、监视与存储功能，应具有兼容、整合不同来源交通信息的能力。

2）对所采集到的交通信息进行分级集中处理，具有对道路现状交通流进行分析、判断的能力，应能对道路交通拥挤具有规范的分类与提示，包括常发性交通拥挤、偶发性交通事件、地面和高架道路上存在的交通问题以及交通事故等，并具有初步的交通预测功能。

3）在发现交通异常（包括来源于人工采集的信息）时，能够以恰当的方式及时向相关交通管理人员报警、提示。

4）应具有多种发布交通信息的能力，以调节、诱导或控制相关区域内交通流的变化。发布内容可以是交通拥挤、交通事故等信息。发布的方式，智能交通系统主要采用 Web、广播、手机和可变信息屏等形式。

5）能够接收交通管理人员的各类交通指令，并在接收指令后能及时作出正确反应，基本达到预设效果，能够为交通管理人员提供处理常见交通问题的决策预案和建议。

6）应具有大范围的信息采集、汇总和处理能力，具有稳定、可靠的软硬件设施配置和运行环境。同时，在相关的节点应能够进行协调，所采集的信息经处理后，具有与其他相关机构、部门的信息系统相互进行信息共享和交换的能力。

7）系统的硬件设备和软件平台及通信设施，应符合国家有关信息化安全管理方面的要求。信息采集与发布系统应具有故障自检功能，使系统的运行管理人员能及时了解外场设备状况，并具有及时检查、维护这些设施的能力。

8）系统可实现私人交通服务、公众交通服务和商务交通服务，达到可运营的目的。

6.2.3　道路交通信息采集系统架构

城市道路交通信息采集系统（其总体设计如图6-3所示）按功能结构划分，主要由4部分组成，即交通数据采集子系统、道路交通数据综合处理平台与地面道路视频监控交换平台、通信系统、交通信息发布子系统。

交通数据采集子系统主要负责采集实时交通参数和视频图像信息，并按一定的格式进行预处理。

道路交通数据综合处理平台与道路视频监控交换平台主要负责将接收到的预处理数据进一步处理、分析、融合，完成交通信息的处理、存储和发布功能，并将中心区地面道路交通信息采集系统接入城市交通信息服务中心和指挥控制中心，并通过交通信息服务中心与其他应用子系统进行交通信息共享。

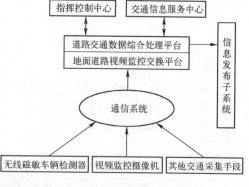

图6-3　城市道路交通信息采集系统总体设计图

交通信息发布子系统主要负责将融合后的结果数据转化为相应的交通信息，以不同的方式发布，向交通参与者提供各种交通信息。

基于光纤和电缆的通信系统为完成交通信息采集设备、交通信息发布设备与地面道路交通数据综合处理平台（以及摄像机与道路交通视频监视系统的视频图像信息交换控制平台）之间的互联建立通信信道。

为了满足道路交通信息采集系统的近期和远期功能需求，需要新建一个中央控制和处理中心

—道路交通数据综合处理平台，来完成本系统的各种交通信息的汇集、存储、处理、管理和发布控制，并为交通管理人员提供与系统的接口界面，对外提供交通信息共享。为此，在系统构架中，道路交通信息采集系统以道路交通数据综合处理平台为核心，完成所要求的各项功能。

6.2.4 智能信号灯控制系统架构

系统采用地磁感应车辆检测器完成对道路横截面车流量、道路交叉路口的车辆通过情况的检测，以自组网的方式建立智能控制网络，通过系统平台数据与信号机自适应数据协同融合处理的方式，制定符合试点路网车辆通行最优化的信号机配时方案。以"智能分布式"控制交通流网络平衡技术对路口、区域交通流、道路交通流饱和度、总延误、车辆排队长度、通行速度进行交通流的绿波控制和区域控制。无线自组网智能交通信号控制系统示意图如图 6-4 所示。

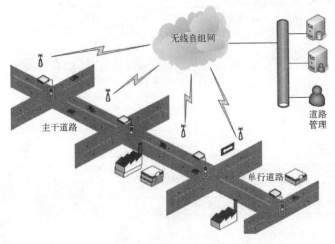

图 6-4 无线自组网智能交通信号控制系统示意图

6.3 智能公交管理系统的设计

对于整个城市交通管理系统的设计题目太大，下面以具体的智能公交系统为例介绍智能交通管理系统的设计。

6.3.1 智能公交系统的总体设计

智能公交系统的结构图如图 6-5 所示。

智能公交系统主要包括车辆监控中心、信息采集中心、信息处理中心几个部分，其应用设计方案如图 6-6 所示。

6.3.2 系统应用方案设计

智能车辆管理系统作为新一代人、车交互系统，是物联网在交通行业的应用。该系统将M2M 技术应用到汽车中去，通过加载无线网络到汽车中，将采集到的汽车运行状况、位置

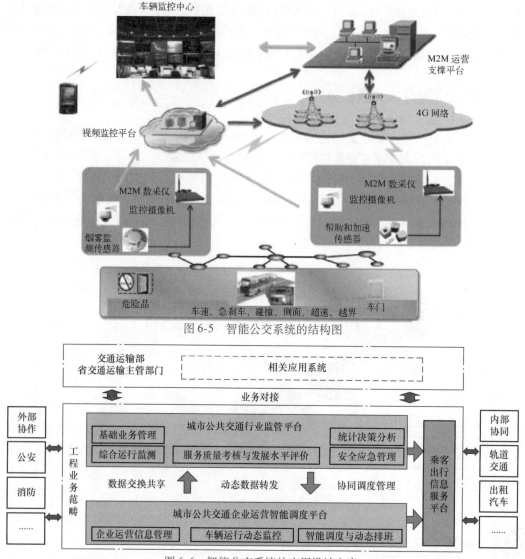

图 6-5　智能公交系统的结构图

图 6-6　智能公交系统的应用设计方案

信息用移动的无线网络传递到后台的 M2M 平台进行统一处理，从而实现对汽车的远程监控和管理。在定位功能上，可以采用卫星定位加基站定位的全覆盖定位方式。在室外任何地方，可通过卫星信号对车辆位置精确定位和监控；在室内的情况下，可通过中国移动基站定位技术，弥补卫星定位盲区的不足，实现全覆盖的无缝定位。

M2M 平台可以对车载传感器与终端的状态进行实时管理，能够完成远程升级、故障告警、参数配置、远程控制等多项管理功能。

6.3.3　交通管理系统的组成

1. 智能公交管理控制平台

常见的智能交通管理系统可根据各地实际需求编制应用软件，主要实现显示直观、管理便捷等功能。图 6-7 所示为某城市智能公交管理控制平台。

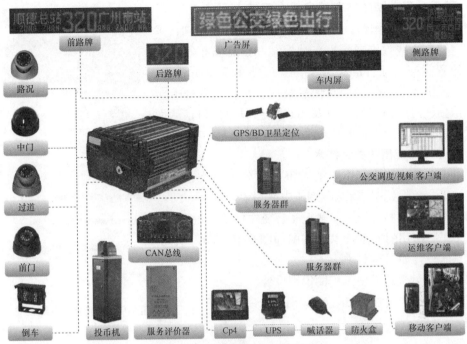

图6-7 城市智能交通管理控制平台

2. 智能公交调度系统

智能公交调度系统可收集公交 GPS 所传回的信息，通过安装于公交车上的智能终端对公交进行自动或人工调度，智能公交调度系统如图6-8所示。

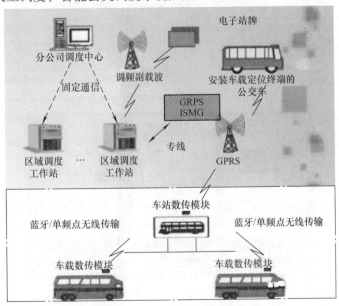

图6-8 智能公交调度系统

3. 二维条码应用

公交司机和乘客可方便地通过智能手机扫描二维码，来获取站点地图和周边地图、进行公交线路和时刻以及站点周边便民信息的查询等。智能公交系统二维码的应用如图6-9所示。

4. 基于电子车牌的涉车信息平台系统

根据我国的基本国情，提供以 RFID 无线射频识别技术为基础、结合无线数据通信、自动控制和信息发布等现代化科技的智能交通综合解决方案，实现涉车信息平台化、服务化，提供采集、传输以及信息集成，并在此基础上包含数据挖掘、对外信息发布以及用户信息服务接口，从而建立设立涉车信息的资源型整合平台。

5. 电子车牌应用的关键技术

在电子车牌应用中，主要的关键技术分为 3 类，即信息采集技术、数据处理技术和无线传输技术。

（1）信息采集技术——车辆电子标签中的信息设计

电子车牌应用的关键技术分布图如图 6-10 所示。电子标签信息的设计如图 6-11 所示。

（2）数据处理技术——车辆识别设计

车辆识别技术示意图如图 6-12 所示。

图 6-9　智能公交系统二维码的应用

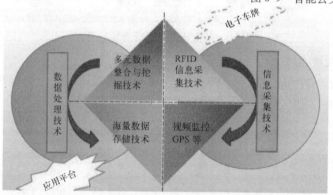

图 6-10　电子车牌应用的关键技术分布图

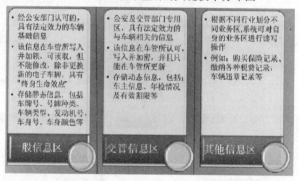

图 6-11　电子标签信息的设计

通过路侧设备实现与车载 RFID 的通信，并取得车辆信息，从而可以进行车辆识别、收费、监测和处罚。

（3）无线传输技术——电子车牌通信设计

通信设计如图 6-13 所示。

对于涉车信息平台来说，无线网络是非常重要的通道，是数据采集、传输和落地的关键。

图 6-12　车辆识别技术示意图

对外接口层	设备管理接口		设备业务接口		通信控制接口
消息管理层	消息解析		消息分发		消息管理
通信管理层	设备适配	链路管理	链路检测		断链告警
设备接入层	网口	串口	WLAN	USB	GPRS CDMA	4G/5G网络

图 6-13　通信设计

6.4　智能交通管理系统 RFID 设备的设计与安装实训

6.4.1　模拟 LED 信号灯闪烁的安装调试实训

1. 实训目的及要求

1）熟练掌握 Keil4 开发环境的使用。

2）了解 STM32 通用 I/O 端口的使用。

3）掌握 STM32 单片机固件的烧写方式。

4）编写程序，并下载实现 LED 灯闪烁。

2. 实训器材

1）硬件：RFID 实训箱套件、计算机等。

2）软件：Keil4。

3. 相关知识点

（1）GPIO 功能描述

每个 GPIO 端口有两个 32 位配置寄存器（GPIOx_ CRL，GPIOx_ CRH），两个 32 位数据寄存器（GPIOx_IDR，GPIOx_ODR），一个 32 位置位/复位寄存器（GPIOx_BSRR），一个

6.4.1　模拟 LED 信号灯
闪烁的安装调试

16 位复位寄存器（GPIOx_BRR）和一个 32 位锁定寄存器（GPIOx_LCKR）。

GPIO 端口的每个位可以由软件分别配置成如下多种模式。

1）输入浮空。

2）输入上拉。

3）输入下拉。

4）模拟输入。

5）开漏输出。

6）推挽输出。

7）推挽复用。

8）开漏复用。

对每个端口位均可以自由编程。

（2）LED 灯硬件原理图

LED 灯硬件原理图如图 6-14 所示。

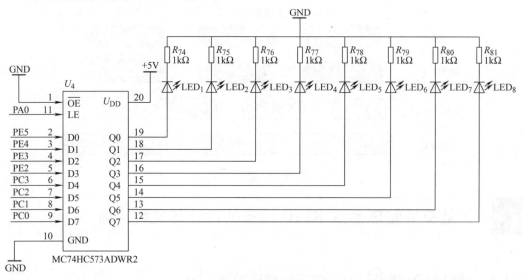

图 6-14　LED 灯硬件原理图

使用 MC74HC573ADWR2 芯片，相关参数请查阅相关文件。LE 需要拉高使能芯片工作。LED$_1$ ~ LED$_8$分别对应了 PE5 ~ PE2 与 PC3 ~ PC0，将相应的引脚拉高点亮 LED 灯。

（3）STM32 引脚初始化

```
    RCC_APB2PeriphClockCmd(RCC_APB2Periph_GPIOA | RCC_APB2Periph_GPIOE | RCC_APB2 Periph_
GPIOC , ENABLE);                                        /初始化端口的时钟频率/

    GPIO_InitStructure. GPIO_Mode = GPIO_Mode_Out_PP;    /设置为输出/

    GPIO_InitStructure. GPIO_Speed = GPIO_Speed_50MHz;   /设置速率/

    GPIO_Init( GPIOE, &GPIO_InitStructure);              /初始化端口/
```

4. 实训步骤

1）打开例程工程文件，LED 闪烁→stm32-fd-FlashLED. uvproj。

2）编译并下载固件到 RFID 实训箱。

3）完成后可以看到 LED 灯闪烁。

4）核心代码如下。

```
/********************************************************************
 *名      称:void LED_Config(void)
 *功      能:LED 控制初始化函数
 *入口参数:无
 *出口参数:无
 *说      明:
 *调用方法:无
 ********************************************************************/
void LED_Config(void)
{
RCC_APB2PeriphClockCmd(RCC_APB2Periph_GPIOA|        RCC_APB2Periph_GPIOE       | RCC_
APB2Periph_GPIOC , ENABLE);
    GPIO_InitStructure. GPIO_Pin = GPIO_Pin_0;
    GPIO_InitStructure. GPIO_Mode = GPIO_Mode_Out_PP;
    GPIO_InitStructure. GPIO_Speed = GPIO_Speed_50MHz;        //速度为 50MHz
    GPIO_Init(GPIOA, &GPIO_InitStructure);
    GPIO_SetBits(GPIOA, GPIO_Pin_0);    //将 PA0 拉高,使能 MC74HC573ADWR2 芯片
    GPIO_InitStructure. GPIO_Pin = GPIO_Pin_4|GPIO_Pin_3 | GPIO_Pin_5 | GPIO_Pin_2;
    GPIO_Init(GPIOE, &GPIO_InitStructure);
    GPIO_InitStructure. GPIO_Pin = GPIO_Pin_0 | GPIO_Pin_1 | GPIO_Pin_2 | GPIO_Pin_3;
    GPIO_Init(GPIOC, &GPIO_InitStructure);
}


/********************************************************************
 *名      称:int main(void)
 *功      能:主函数
 *入口参数:无
 *出口参数:无
 *说      明:
 *调用方法:无
 ********************************************************************/
int main(void)
{
  RCC_Configuration();                    //系统时钟配置
  LED_Config();                           //LED 控制配置
  while (1)
  {
    Led_All_On();                         //LED 亮
    Delay(0xFFFFFF);
    Led_All_Off();                        //LED 灭
  Delay(0xFFFFFF);
  }
}
```

5. 实训结果及数据

1) 熟悉和学习 Keil 开发环境,能正确编写 LED 灯控制程序。

2) 能正确下载相应的程序到 STM32 单片机上。

3) 安装并配置 MC74HC573ADWR2 芯片,实现对 LED 灯的控制。

6. 考核标准

考核标准见表6-1。

表6-1　考核标准

序号	考核内容	配分	评分标准	考核记录	扣分	得分
1	正确实现实训箱接线	20	系统能正常工作			
2	正确下载相应的程序到STM32单片机上	20	能正确下载程序			
3	实现对实训箱上的LED灯进行控制	20	能正确实现LED灯闪烁			
4	对程序进行修改，以实现LED灯闪烁变化	20	能实现最少一种LED灯的变换闪烁			
5	接线规范性及安全性	20	接线符合国家标准及安全要求			
6	分数总计	100				

6.4.2　模拟LCD显示屏显示交通管理信息的安装调试

1. 实训目的及要求

1）了解STM32单片机工作和液晶屏的显示原理。

2）掌握液晶屏工作原理。

3）熟悉实现液晶屏驱动的控制软件编程。

2. 实训器材

1）硬件：RFID实训箱套件、计算机等。

2）软件：Keil4、Image2LCD。

3. 相关知识点

TFT液晶显示屏接口如下。

将4.3 TFT显示屏（480×272像素）接在40芯的接口与STM32连接。显示屏与STM32连接的定义如图6-15所示。

40芯包含16位数据线、读写线、命令/数据控制线、片选线、LCD硬件复位线、背光控制线以及触摸控制线。STM32就是通过这个接口来控制显示的。实训箱选用了具有16位FSMC接口的STM32F103VET6作为MCU，FSMC接口也可以被称为16位并行接口，时序同I8080接口。按照显示屏驱动电路ILI9325的手册，为了达到色彩与显示效率的平衡，采用了16位65536色（表示65536种颜色）接口模式。

6.4.2　模拟LCD显示屏显示交通管理信息的安装调试

P3

左	引脚		右
3.3V	1	2	PA5-SPI1-SCK
GND	3	4	PB7-SPI1-CS3
PE1-LCD-RST	5	6	PA7-SPI1-MOSI
PD4-oOE	7	8	PA6-SPI1-MISO
PD5-nWE	9	10	PB6-7846-INT
PD7-LCD-CS	11	12	
PD11-A16-RS	13	14	
PE10-D7	15	16	
PE9-D6	17	18	
PD1-D3	19	20	PD8-D13
PE8-D5	21	22	PE15-D12
PE7-D4	23	24	GND
	25	26	PE14-D11
PD0-D2	27	28	PE13-D10
PD15-D1	29	30	PE12-D9
PD14-D0	31	32	PD9-D14
	33	34	PE11-D8
GND	35	36	GND
5V	37	38	
5V	39	40	PD10-D15

Header 20X2

图6-15　显示屏与STM32连接的定义

4. 实训步骤

1）打开例程工程文件。打开工程文件如图 6-16 所示，显示例程 FSMC-TFT→STM32-LCD-TFT. uvproj。

2）图片取模。Image2LCD 软件（路径：应用程序→Image2LCD）的设置如图 6-17 所示，导入图片，单击保存生成＊＊＊.c 文件，里面就是图片的十六进制数据。

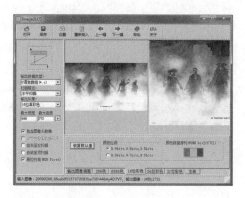

图 6-16 打开工程文件　　　　　　　　　图 6-17 图片取模窗口

3）编译并下载固件到 RFID 实训箱中。

4）下载完成后实训箱屏幕会显示一张图片。

5）核心代码如下。

```
/***************************************************************
 *名    称:FSMC_LCD_Init(void)
 *功    能:FSMC 初始化
 *入口参数:无
 *出口参数:无
 *说    明:
 *调用方法:无
 ***************************************************************/
void FSMC_LCD_Init(void)
{
    FSMC_NORSRAMInitTypeDef    FSMC_NORSRAMInitStructure;
    FSMC_NORSRAMTimingInitTypeDef  p;
    GPIO_InitTypeDef GPIO_InitStructure;              //使能 FSMC 外设时钟
    RCC_AHBPeriphClockCmd(RCC_AHBPeriph_FSMC, ENABLE);
    RCC_APB2PeriphClockCmd(RCC_APB2Periph_GPIOA|RCC_APB2Periph_GPIOB|RCC_APB2Periph_
GPIOC|RCC_APB2Periph_GPIOD|RCC_APB2Periph_GPIOE,ENABLE);
    GPIO_InitStructure. GPIO_Pin = GPIO_Pin_13;       //LCD 背光控制
    GPIO_InitStructure. GPIO_Speed = GPIO_Speed_50MHz;
    GPIO_InitStructure. GPIO_Mode = GPIO_Mode_Out_PP;
    GPIO_Init(GPIOD, &GPIO_InitStructure);
    GPIO_InitStructure. GPIO_Pin = GPIO_Pin_1 ;       //LCD 复位
    GPIO_Init(GPIOE, &GPIO_InitStructure);     // 复用端口为 FSMC 接口 FSMC-D0--D15
    GPIO_InitStructure. GPIO_Pin = GPIO_Pin_0 | GPIO_Pin_1 | GPIO_Pin_4 | GPIO_Pin_5 |GPIO_
Pin_8 | GPIO_Pin_9 | GPIO_Pin_10 | GPIO_Pin_14 | GPIO_Pin_15;
```

```
          GPIO_InitStructure. GPIO_Speed = GPIO_Speed_50MHz;
          GPIO_InitStructure. GPIO_Mode = GPIO_Mode_AF_PP;
          GPIO_Init(GPIOD, &GPIO_InitStructure);
          GPIO_InitStructure. GPIO_Pin = GPIO_Pin_7 | GPIO_Pin_8 | GPIO_Pin_9 | GPIO_Pin_10 | GPIO_
Pin_11 | GPIO_Pin_12 | GPIO_Pin_13 | GPIO_Pin_14 | GPIO_Pin_15;
          GPIO_Init(GPIOE, &GPIO_InitStructure);        //FSMC NE1   LCD 片选
          GPIO_InitStructure. GPIO_Pin = GPIO_Pin_7;
          GPIO_Init(GPIOD, &GPIO_InitStructure);   //FSMC RS---LCD 指令   指令/数据      切换
          GPIO_InitStructure. GPIO_Pin = GPIO_Pin_11 ;
          GPIO_Init(GPIOD, &GPIO_InitStructure);
          GPIO_SetBits(GPIOD, GPIO_Pin_13);               //LCD 背光打开


      /*******************************************************************
      *名      称:void ili9325_DrawPicture(u16 StartX,u16 StartY, u8 Dir,u8 * pic)
      *功      能:在指定坐标范围显示一幅图片
      *入口参数:StartX       行起始坐标
      *              StartY     列起始坐标
      *              Dir          图像显示方向
      *              pic          图片头指针
      *出口参数:无
      *说      明:图片取模格式为水平扫描,16 位颜色模式。取模软件为 img2LCD
      *调用方法:ili9325_DrawPicture(0,0,0,(u16 * )demo);
      *******************************************************************/
      void ili9325_DrawPicture(u16 StartX,u16 StartY,u8 * pic)
      {
          u32   i = 8, len;
          u16 temp,x,y;
          x = ((uint16_t)(pic[2] << 8) + pic[3])-1;     //从图像数组中取出图像的长度
          y = ((uint16_t)(pic[4] << 8) + pic[5])-1;     //从图像数组中取出图像的高度
          if(Dir = =0){
            LCD_WR_REG(0x002A);
            LCD_WR_Data(StartX);
            LCD_WR_Data(StartX);
            LCD_WR_Data((StartX + x) >>8);
            LCD_WR_Data((StartX + x)&0x00ff);
            LCD_WR_REG(0x002b);
            LCD_WR_Data(StartY);
            LCD_WR_Data(StartY);
            LCD_WR_Data((StartY + y) >>8);
            LCD_WR_Data((StartY + y)&0x00ff);
            LCD_WR_REG(0x002c);
          }
          else if(Dir = =1){
            LCD_WR_CMD(0x0003,0x1018);              //图像显示方向为左下起,行递增,列递减
            LCD_WR_CMD(0x0050, StartY);             //水平显示区起始地址为 0~239
            LCD_WR_CMD(0x0051, StartX + y);         //水平显示区结束地址为 0~239
            LCD_WR_CMD(0x0052, 319-(x + StartX));   //垂直显示区起始地址为 0~319
            LCD_WR_CMD(0x0053, 319-StartX);         //垂直显示区结束地址为 0~319
            LCD_WR_CMD(32, StartY);                 //水平显示区地址
            LCD_WR_CMD(33, 319-StartX);             //垂直显示区地址
```

```
        }
        //LCD_WR_REG(34);//写数据到显示区

        len = 2 * ((uint16_t)(pic[2] < <8) + pic[3]) * ((uint16_t)(pic[4] < <8) + pic[5]);
                                        //计算出图像所占的字节数
        while(i < (len + 8)) {          //从图像数组的第 9 位开始递增
        temp = (uint16_t)( pic[i] < <8) + pic[i + 1];//16 位总线,需要一次发送 2 字节的数据
            LCD_WR_Data(temp);          //将取出的 16 位像素数据送入显示区中
            i = i + 2;                  //取模位置加 2,以获取下一个像素数据
        }
    }
```

5. 实训结果及数据

1）熟悉 STM32 单片机工作和液晶屏显示原理，并能进行正确安装。

2）熟练掌握液晶屏驱动的控制软件编程。

3）能正确编译并下载固件到 RFID 实训箱中。

4）能正确用 LCD 显示屏显示图片。

6. 考核标准

考核标准见表 6-2。

表 6-2　考核标准

序号	考 核 内 容	配分	评 分 标 准	考核记录	扣分	得分
1	正确实现实训箱接线	20	系统能正常工作			
2	正确安装液晶显示屏	20	能正确安装硬件			
3	正确编写液晶显示屏控制软件	20	软件编写正确			
4	正确实现 LCD 显示	20	显示图案和色彩正确			
5	接线规范性及安全性	20	接线符合国家标准及安全要求			
6	分数总计	100				

6.4.3　模拟交通管理信息控制触摸屏的安装调试

1. 实训目的及要求

1）掌握触摸屏工作原理。

2）掌握使用 STM32 单片机控制触摸屏。

3）熟练进行触摸屏的控制软件编写。

2. 实训器材

1）硬件：RFID 实训箱套件、计算机等。

2）软件：Keil4、触摸屏。

6.4.3　模拟交通管理信息
控制触摸屏的安装调试

3. 相关知识点

（1）触摸屏工作原理

RFID 实训箱使用电阻式触摸屏。电阻式触摸屏是一种传感器，它将矩形区域中触摸点 (X, Y) 的物理位置转换为代表 X 坐标和 Y 坐标的电压。很多 LCD 模块都采用了电阻式触摸屏，这种屏幕可以用四线、五线、七线或八线来产生屏幕偏置电压，同时读回触摸点的电压。电阻式触摸屏的结构示意图如图 6-18 所示。

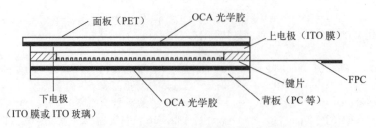

图 6-18 电阻式触摸屏的结构示意图

触摸屏的工作原理：通过压力感应原理来实现对屏幕内容的操作和控制。这种触摸屏屏体部分是一块与显示器表面非常配合的多层复合薄膜，其中第一层为玻璃或有机玻璃底层，第二层为隔层，第三层为多元树脂表层，表面还涂有一层透明的导电层，上面再盖有一层外表面经硬化处理、光滑防刮的塑料层。在多元树脂表层表面的传导层及玻璃层感应器被许多微小的隔层所分隔的电流通过表层，轻触表层压下时，接触到底层，控制器同时从 4 个角读出相应的电流及计算手指位置的距离。这种触摸屏是利用两层高透明的导电层组成的，两层之间距离仅为 2.5μm。当手指触摸屏幕时，平常相互绝缘的两层导电层就在触摸点位置有了一个接触，因其中一面导电层接通 Y 轴方向的 5V 均匀电压场，使得侦测层的电压由零变为非零，控制器侦测到这个接通后，进行 A－D 转换，并将得到的电压值与 5V 相比，即可得触摸点的 Y 轴坐标。同理得出 X 轴的坐标，这就是所有电阻技术触摸屏的最基本的原理。触摸屏包含上下叠合的两个透明层，四线和八线触摸屏由两层具有相同表面电阻的透明阻性材料组成，五线和七线触摸屏由一个阻性层和一个导电层组成，通常还要用一种弹性材料将两层隔开。当触摸屏表面受到的压力（如通过笔尖或手指进行按压）足够大时，顶层与底层之间就会产生接触。所有的电阻式触摸屏都采用分压器原理来产生代表 X 坐标和 Y 坐标的电压。分压器是通过将两个电阻进行串联来实现的。电阻 R_1 连接正参考电压（U_{REF}），电阻 R_2 接地。两个电阻连接点处的电压测量值与下面那个电阻的阻值成正比。

为了在电阻式触摸屏上的特定方向测量一个坐标，需要对一个阻性层进行偏置：将它的一边接 U_{REF}，另一边接地。同时，将未偏置的那一层连接到一个 ADC 的高阻抗输入端。当触摸屏上的压力足够大，使两层之间发生接触时，电阻性表面被分隔为两个电阻。它们的阻值与触摸点到偏置边缘的距离成正比。触摸点与接地边之间的电阻相当于分压器中下面的那个电阻。因此，在未偏置层上测得的电压与触摸点到接地边之间的距离成正比。

（2）触摸控制芯片硬件原理

触摸控制芯片硬件原理图如图 6-19 所示。

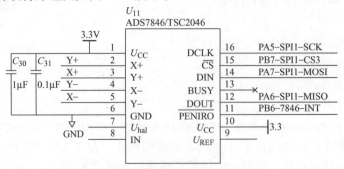

图 6-19 触摸控制芯片硬件原理图

这块芯片是触摸控制芯片，通过 SPI 方式与单片机相连。DCLK 引脚与 STM32 的 PA5 相连，CS 片选与 PB7 相连，DIN 与 PA7 相连，DOUT 与 PA6 相连。在编写程序时需要对相关引脚进行初始化。通过对芯片的操作读取到触摸点的位置。

4. 实训步骤

1）打开例程。工程文件→触摸屏→Stm32-FD-Touch. uvproj。

2）编译并下载固件到实训箱。

3）给实训箱上电可以进入校正界面，进行校正。触点边缘校正和触点中心校正分别如图 6-20 和图 6-21 所示。

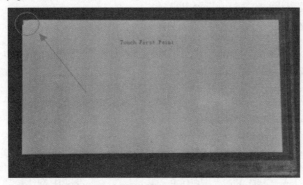

图 6-20　触点边缘校正

触摸两个点进行校正，需要长按大概 500ms 才行。

4）进入程序后，用手指在屏幕上随机画线，如图 6-22 所示。

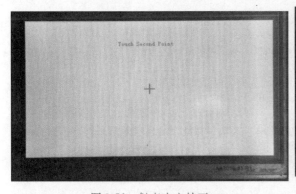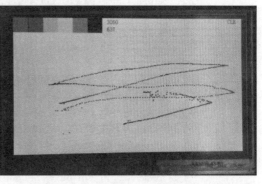

图 6-21　触点中心校正　　　　　　　图 6-22　用手指在屏幕上随机画线

5）核心代码如下。

```
/ **********************************************************************
 *名      称:void tp_Config( void)
 *功      能:TFT 触摸屏控制初始化
 *入口参数:无
 *出口参数:无
 *说      明:
 *调用方法:无
 **********************************************************************/
void tp_Config( void)
{
  GPIO_InitTypeDef  GPIO_InitStructure;
```

```
    SPI_InitTypeDef    SPI_InitStructure;

    /* SPI1 时钟使能 */
    RCC_APB2PeriphClockCmd(RCC_APB2Periph_SPI1,ENABLE);
    /* SPI1 SCK(PA5)、MISO(PA6)、MOSI(PA7)                     设置 */
    GPIO_InitStructure.GPIO_Pin = GPIO_Pin_5 | GPIO_Pin_6 | GPIO_Pin_7;
    GPIO_InitStructure.GPIO_Speed = GPIO_Speed_50MHz;        //口线速度50MHz
    GPIO_InitStructure.GPIO_Mode = GPIO_Mode_AF_PP;          //复用模式
    GPIO_Init(GPIOA, &GPIO_InitStructure);

    /* SPI1 触摸芯片的片选控制设置 PB7 */
    GPIO_InitStructure.GPIO_Pin = GPIO_Pin_7;
    GPIO_InitStructure.GPIO_Speed = GPIO_Speed_50MHz;        //口线速度50MHz
    GPIO_InitStructure.GPIO_Mode = GPIO_Mode_Out_PP;         //推挽输出模式
    GPIO_Init(GPIOB, &GPIO_InitStructure);
    /* 由于SPI1 总线上挂接了4个外设,所以在使用触摸屏时,需要禁止其余3个SPI1 外设,才能
正常工作 */
    GPIO_InitStructure.GPIO_Pin = GPIO_Pin_4;               //SPI1 SST25VF016B 片选
    GPIO_Init(GPIOC, &GPIO_InitStructure);
    GPIO_InitStructure.GPIO_Pin = GPIO_Pin_12;              //SPI1 VS1003 片选
    GPIO_Init(GPIOB, &GPIO_InitStructure);
    GPIO_InitStructure.GPIO_Pin = GPIO_Pin_4;               //SPI1 网络模块片选
    GPIO_Init(GPIOA, &GPIO_InitStructure);
    GPIO_SetBits(GPIOC, GPIO_Pin_4);                        //SPI CS1
    GPIO_SetBits(GPIOB, GPIO_Pin_12);                       //SPI CS4
    GPIO_SetBits(GPIOA, GPIO_Pin_4);                        //SPI NSS


    /* SPI1 总线 配置 */
    SPI_InitStructure.SPI_Direction = SPI_Direction_2Lines_FullDuplex;
                                                      //全双工
    SPI_InitStructure.SPI_Mode = SPI_Mode_Master;          //主模式
    SPI_InitStructure.SPI_DataSize = SPI_DataSize_8b;      //8 位
    SPI_InitStructure.SPI_CPOL = SPI_CPOL_Low;    //时钟极性,空闲状态时,SCK 保持低电平
    SPI_InitStructure.SPI_CPHA = SPI_CPHA_1Edge;   //时钟相位,数据采样从第一个时钟边沿开始
    SPI_InitStructure.SPI_NSS = SPI_NSS_Soft;            //软件产生 NSS
    SPI_InitStructure.SPI_BaudRatePrescaler = SPI_BaudRatePrescaler_64;//波特率控制 SYSCLK/64
    SPI_InitStructure.SPI_FirstBit = SPI_FirstBit_MSB;         //数据高位在前
    SPI_InitStructure.SPI_CRCPolynomial = 7;    //CRC 多项式寄存器初始值为7
    SPI_Init(SPI1, &SPI_InitStructure);

    /* SPI1 使能 */
    SPI_Cmd(SPI1,ENABLE);
}
/**************************************************************
*名    称:u16 TPReadX(void)
*功    能:触摸屏 X 轴数据读出
*入口参数:无
*出口参数:无
*说    明:
*调用方法:
**************************************************************/
u16 TPReadX(void)
```

```
    {
        u16 x = 0;
        TP_CS( );                          //选择 XPT2046
        Delay(20);                         //延时
        SPI_WriteByte(0x90);               //设置 X 轴读取标志
        Delay(20);                         //延时
        x = SPI_WriteByte(0x00);           //连续读取 16 位的数据
        x < < =8;
        x + = SPI_WriteByte(0x00);
        Delay(20);                         //禁止 XPT2046
        TP_DCS( );
        x = x > >3;                        //移位换算成 12 位的有效数据 0-4095
        return (x);
    }
/ *************************************************************
 *名    称:u16 TPReadY(void)
 *功    能:触摸屏 Y 轴数据读出
 *入口参数:无
 *出口参数:无
 *说    明:
 *调用方法:
 *************************************************************/
u16 TPReadY(void)
    {
        u16 y = 0;
        TP_CS( );                          //选择 XPT2046
        Delay(20);                         //延时
        SPI_WriteByte(0xD0);               //设置 Y 轴读取标志
        Delay(20);                         //延时
        y = SPI_WriteByte(0x00);           //连续读取 16 位的数据
        y < < =8;
        y + = SPI_WriteByte(0x00);
        Delay(20);                         //禁止 XPT2046
        TP_DCS( );
        y = y > >3;                        //移位换算成 12 位的有效数据 0 ~ 4095
        return (y);
    }
```

5. 实训结果及数据

1）熟悉 STM32 单片机工作和触摸屏的工作原理，并能进行正确安装。

2）熟练使用 STM32 单片机控制触摸屏。

3）熟练进行触摸屏的控制软件编程。

4）用触摸屏能正确定位和书写。

6. 考核标准

考核标准见表6-3。

表 6-3　考核标准

序号	考核内容	配分	评分标准	考核记录	扣分	得分
1	正确实现实训箱接线	20	系统能正常工作			
2	正确安装触摸屏	20	能正确实现硬件的安装			
3	正确编写触摸屏控制软件	20	软件编写正确			
4	正确实现触摸屏的定位和书写	20	定位正确并能识别书写内容			
5	接线规范性及安全性	20	接线符合国家标准及安全要求			
6	分数总计	100				

6.5　实训　ETC 系统原理及应用

6.5.1　智能交通 ETC 收费系统的认知

1. 实训目的及要求

1）了解 RFID 技术的基本原理。

2）了解 ETC 收费系统的工作流程。

3）熟悉智能小车的使用方法。

4）使用智能小车进行 ETC 收费。

5）登录智能交通业务平台查看扣费金额以及卡号余额。

6）登录智能交通业务平台进行智能小车卡号充值。

2. 实训器材

1）PC（搭建好智能交通业务平台环境）一台。

2）讯方智能交通沙盘一个，如图 6-23 所示。

3）讯方智能小车一辆，如图 6-24 所示。

图 6-23　智能交通沙盘 ETC 收费站

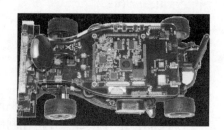

图 6-24　智能小车

3. 相关知识点

（1）ETC 收费介绍

ETC（Electronic Toll Collection）收费系统即电子不停车收费系统，是指车辆在通过收费站时，收费设备实现车辆识别、信息写入并自动从预先绑定的 IC 卡上扣除相应资金。

ETC 是国际上正在努力开发并推广普及的一种用于道路、大桥隧和车场管理的电子收费系统。通过安装在车辆挡风玻璃上的车载电子标签与在收费站 ETC 车道上的微波天线之间的微波专用短程通信，利用计算机联网技术与银行进行后台结算处理，从而达到车辆通过路桥收费站不需停车而能交纳路桥费的目的。

ETC 技术在 20 世纪 80 年代开始兴起，20 世纪 90 年代在世界各地使用，受到各国政府和企业的广泛重视，世界许多著名公司（如 Amtech、TI、Bosch、Hitachi、Toyota 等）竞相研制。因此 ETC 技术发展很快，其主要经历以下 3 个发展阶段。

1）磁卡收费。主要在 ETC 发展初期使用。但由于其投资大，存储容量小，寿命短，保密性差，对环境要求苛刻，防潮、防污、防振、抗静电能力差，因而没有得到很好应用。

2）接触式 IC 卡收费。IC 卡因其存储容量大，保密性好，抗电磁干扰强，投资和维护费用少，易实现智能功能而取代磁卡收费。但由于需要接触操作、易磨损、易受污、安全可靠性欠佳，从而使用受到限制，主要应用于公共交通收费等半人工收费系统。

3）非接触式 ID 卡收费。它是在 IC 卡基础上，利用现代射频识别技术而发展起来的新一代收费系统。最大特点是免接触，使得保密、安全性进一步提高，而且没有接触磨损，寿命长，抗恶劣环境性能好，适合于 ETC 系统的野外、全天候工作。一般工作在微波波段，识别距离长，读写数据率高，适合于对高速运动的物体进行识别，真正实现不停车收费，是 ETC 系统发展的方向。目前各大公司正致力于微波非接触式 ID 卡收费系统的开发研制。

ETC 的组成及功能如下所述。

ETC 系统是通过安装于车辆上的车载装置和安装在收费站车道上的天线之间进行无线通信和信息交换，主要由车辆自动识别系统、中心管理系统和其他辅助设施等组成。其中，车辆自动识别系统由车载单元［（Onboardunit，OBU）又称为应答器（Transponder）或电子标签（Tag）］、路边单元（Roadsideunit，RSU）、环路感应器等组成。OBU 中存有车辆的识别信息，一般安装于车辆前面的挡风玻璃上，RSU 安装于收费站旁边，环路感应器安装于车道地面下。中心管理系统有大型的数据库，存储大量注册车辆和用户的信息。

ETC 的关键技术应用如下所述。

当车辆通过收费站时，环路感应器感知车辆，RSU 发出询问信号，OBU 做出响应，并进行双向通信和数据交换；中心管理系统获取车辆识别信息（如汽车 ID 号、车型等）和数据库中相应信息进行比较判断，根据不同情况来控制管理系统产生不同的动作，如计算机收费管理系统从该车的预付款项账户中扣除此次应交的过路费，或送出指令给其他辅助设施工作。其他辅助设施如违章车辆摄像系统，自动控制栏杆或其他障碍，交通显示设备（红、黄、绿灯等设备）指示车辆行驶。

（2）智能小车介绍

智能小车包含两块电路板，分别是控制底板和高级编程板。控制底板的主要作用是控制智能小车的速度、寻道和读取定位标签。高级编程板实现实时路况图像传输与平台通信。

车辆的寻迹是通过电磁场感应来实现的，在轨道正下方铺有一根 20kHz 频率、100mA 电流的导线。在小车上安装寻迹传感器。小车的转向是由伺服机来实现的。小车后方传动齿轮上安装一个编码器，用于车辆测速。小车的底盘下安装一个 13.56MHz 的天线，并连接到控制底板上。当小车行走在跑道时，通过读取跑道上的 13.56MHz 标签来实现定位功能。

小车的前面寻迹传感器上方安装一块 900MHz 的电子标签，此标签主要用于储存小车的余额信息，用于 ETC 收费与停车场收费。安装在高级编程板上的摄像头用于监控实时路况。

（3）系统工作流程

本实训系统主要实现的是对智能小车进行电子不停车收费（ETC 收费）的功能。在智能交通沙盘的 ETC 收费站附近安装 RFID 读头（900MHz）以及天线，读头在收费站附近的覆盖区域不停地扫描、搜索带有电子标签的智能小车，当智能小车进入收费站时，RFID 读头识别到智能小车上的电子标签并读取相关身份信息，然后对绑定卡号进行扣费处理，接着将扣费金额和卡号余额等信息通过 WiFi 发送到智能交通业务平台。最后，收费站闸机被打开，智能小车通过。

整个 ETC 收费过程是自动完成的，无须人工干预，通过登录智能交通业务平台还可以实时查询通过 ETC 收费站的智能小车绑定的车主信息，如扣费金额和卡号余额等，当智能小车卡号余额不足时，可以通过智能交通业务平台进行卡号充值。

4. 实训内容及步骤

1）打开智能交通沙盘开关并通过 USB 与计算机连接，智能交通沙盘控制面板如图 6-25 所示。

2）双击打开智能交通沙盘控制面板上关于 ETC 收费系统的程序代码的工程文件（XF_IOT_ SmartTraffic→RVMDK→SmartTraffic→SmartTraffic. uvproj）。

3）单击"编译"按钮，如图 6-26 所示。

4）编译完成后单击"程序下载"按钮，如图 6-27 所示。

5）等待程序下载完成，查看输出窗口的下载完成指示。

关闭智能交通沙盘控制面板电源，然后重新上电。将智能小车放置在智能交通沙盘外道 ETC 收费站前一段距离，准备启动智能小车通过收费站，并进行 ETC 收费。

拨动总电源开关，启动智能小车。按一下智能小车的高级编程板的启动开关"START"按键，启动高级编程板。

　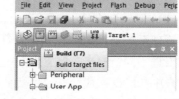　

图 6-25　智能交通沙盘控制面板　　图 6-26　单击"编译"按钮　　图 6-27　单击"程序下载"按钮

等待一段时间，LED 灯开始闪烁（WiFi 正在连接），接着 LED 灯变为长亮（WiFi 连接成功），此时高级编程板已经启动，并连接智能交通业务平台成功。

当小车通过 ETC 模拟收费站时，对小车进行自动扣费处理，扣费成功后道闸栏杆可自动抬起，让车辆放行，实现对车辆的不停车收费。

6）登录智能交通业务平台，在浏览器中输入物联网开发平台登录网址，http：// 129.168.2.139：8080/cbp_ smp 进入系统登录界面，其中 129.168.2.139 为服务器地址，如图 6-28 所示。

7）在登录信息输入框中输入用户名、密码和验证码，单击"登录"按钮，登录后单击进入智能交通系统主界面，然后进入综合管理。单击界面上 ETC 收费图标，进入 ETC 收费

图 6-28　系统登录界面

系统，如图 6-29 所示。

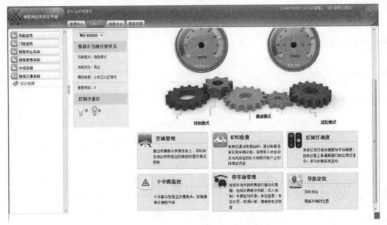

图 6-29　智能交通系统主界面

8）在 ETC 收费界面里可以查看经过智能交通沙盘的智能小车所绑定的车主相关信息，也可以查看智能小车所绑定卡号的扣费金额和余额等信息，如图 6-30 所示。

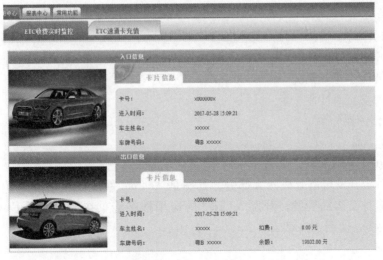

图 6-30　ETC 收费监控

5. 实训结果及数据

1）验证智能小车通过 ETC 收费站时，收费站闸机能否自动打开。

2）验证智能交通业务平台上能否看到智能小车的扣费信息。

3）验证在智能交通业务平台上能否进行卡号充值。

4）思考一下 900 MHz 读头的寻卡流程。

6. 考核标准

考核标准见表 6-4。

表 6-4　考核标准

序号	考 核 内 容	配分	评 分 标 准	考核记录	扣分	得分
1	智能交通沙盘系统连接正确	20	系统能正常工作			
2	ETC 系统能正常工作	20	能实现通信握手并开始进行基本测试控制			
3	智能小车能正确接收指令	20	智能小车的 RFID 能正确完成读写操作			
4	能实现收费监控正确	20	可准确充值和扣费			
5	接线规范性及安全性	20	接线符合国家标准及安全要求			
6	分数总计	100				

6.5.2　基于 Android 平台的获取 ETC 扣费信息的程序设计

1. 实训目的及要求

1）通过本实训项目，学生能够掌握讯方智能交通 Android SDK 的使用。

2）通过本实训项目，学生能够通过调用讯方智能交通 Android SDK 开发出具有获取 ETC 扣费信息功能的应用程序。

2. 实训器材

1）搭建好 Android 应用程序开发环境的 PC（eclipse、ADT、Android SDK 和 JDK）一台。

2）Android 移动终端（华为 MediaPad 10 Link）一部。

3）讯方智能小车一辆。

4）讯方智能交通沙盘一个。

5）WiFi 路由器一个。

3. 相关知识点

（1）Android 应用开发

Android 系统开发可以分成两大部分，其一是 Android 系统的应用程序开发，其二则是 Android 系统本身架构的开发。开发 Android 的应用程序着重在如何使用 Framework 及 Android SDK，主要是使用 Java 语言。

（2）JDK

JDK（Java Development Kit）是 Sun Microsystems 针对 Java 开发人员的产品。自从 Java 推出以来，JDK 已经成为使用最广泛的 Java SDK。JDK 是整个 Java 的核心，包括了 Java 运

行环境、Java 工具和 Java 的基础类库。

（3）ADT（Android Development Tools）

目前 Android 开发所用的开发工具是 Eclipse，在 Eclipse 编译 IDE 环境中安装 ADT，为 Android 开发提供开发工具的升级或者变更，简单理解为在 Eclipse 下开发工具的升级下载工具。

（4）Android SDK

SDK（software development kit）是软件开发工具包。其被软件开发工程师用于为特定的软件包、软件框架、硬件平台和操作系统等建立应用软件的开发工具的集合。因此，Android SDk 指的是 Android 专属的软件开发工具包。

（5）Java Socket

对于 Java Socket 编程而言，有两个概念，一个是 ServerSocket，另一个是 Socket。服务端和客户端之间通过 Socket 建立连接，之后它们就可以进行通信了。首先 ServerSocket 在服务端监听某个端口，当发现客户端有 Socket 来试图连接它时，它会接受该 Socket 的连接请求，同时在服务端建立一个对应的 Socket 与之进行通信。

4. 实训内容及步骤

（1）了解讯方智能交通 Android SDK

讯方智能交通 Android SDK 封装了 Android 终端和讯方智能交通沙盘、沙盘的通信建立、消息解析与业务处理，用户只需通过调用 SDK 提供的接口即可完成与讯方智能交通沙盘和沙盘的通信，分别完成智能交通沙盘运行状态的获取、小车位置信息的获取与智能交通沙盘的远程控制，ETC 扣费信息、停车场进出信息以及十字路口车流量信息的获取。讯方智能交通 Android SDK 以 library 形式提供，用户引入该 library 之后即可使用，下面介绍这里提供的主要函数接口（只涉及本实训用到的接口）。

1）SdkInterface. setSandTableSocketParam（String ip, int port）。

在开始与智能交通沙盘通信之前，需要通过此方法设置智能交通沙盘的 IP 地址与通信端口。IP 地址格式为"192. 168. 1. 1"，通信端口默认为10025。

2）SdkInterface. startSDKService（Context context, int business）。

在设置智能交通沙盘 Socket 通信参数成功之后，通过此方法开启与智能交通沙盘的通信服务，其中 business 用来标识启动哪个业务的服务。

3）SdkInterface. getETCConsumeInfo（）。

在开启通信服务之后，即可通过此方法，获取 ETC 扣费信息。

4）SdkInterface. stopSDKService（Context context, int business）。

在操作完成之后，程序退出之前，通过此方法关闭与智能交通沙盘的通信服务。

（2）在 Android 工程中引用讯方智能交通 Android SDK

这里的 Android 应用程序需要引用讯方智能交通 Android SDK（xf_smarttraffic_sdk），需要将 xf_smarttraffic_sdk 放置在与应用程序同一级目录下。

1）打开 Eclipse，单击"File"，在下拉菜单中选择"Import"，如图 6-31 和图 6-32 所示。

2）在弹出的对话框中选择"Android"下的"Existing Android Code Into Workspace"，如图 6-33 所示，然后单击"Next"按钮，进入到工程导入界面。

图 6-31　打开 Eclipse，单击 File 菜单

图 6-32　选择"Import"导入 xf_smarttraffic_sdk

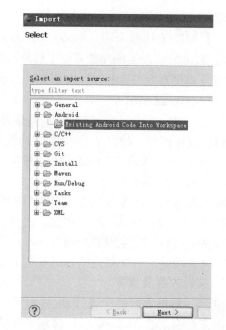

图 6-33　选择"Existing Android Code Into Workspace"

3）在弹出的对话框中单击"Browse"按钮，如图 6-34 所示，选择 xf_smarttraffic_sdk 所在目录，然后单击"确定"按钮。

4）选择好 SDK 路径之后，勾选"Copy projects into workspace"，单击"Finish"按钮完成 xf_smarttraffic_sdk 的导入，如图 6-35 所示。

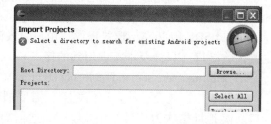

图 6-34　单击"Browse"选择 SDK 所在目录

注意：导入之后，工程名会变成完整的包名，这里可以选中工程，然后按〈F2〉键，修改工程名。

5）在 xf_smarttraffic_sdk 导入完成之后，新建一个 Android 工程，如图 6-36 所示，选择"File"→"New"→"Android Application Project"命令。

6）在弹出的 New Android App 对话框中填入必填项，注意：由于 xf_smarttraffic_sdk 采用的是 Android2.2，所以引用它的工程必须采用 Android2.2 或者以上版本。这里的 Build SDK 和 Minimum Required SDK 都选择 Android 2.2，如图 6-37 所示。

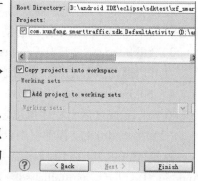

图 6-35　单击"Finish"按钮完成导入

7）单击"Next"按钮，直至"Finish"按钮可以单击，单击"Finish"按钮完成工程的创建，工程结构如图 6-38 所示。

8）选中新建的工程，单击鼠标右键，在弹出的菜单中选择"Properties"命令，然后单击选中弹出的对话框左侧的"Android"，单击"Add"按钮，在弹出的对话框中选择 xf_smarttraffic_ sdk，如图 6-39 所示，单击"OK"按钮，回到"Properties"界面；单击"OK"按钮完成 xf_ smarttraffic_ sdk 的添加，至此就可以在工程中调用 xf_ smarttraffic_ sdk 的接口函数了。

图 6-36　新建工程　　　　　　　　　　　　图 6-37　填写必填项

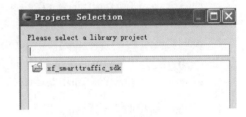

图 6-38　新建的工程目录结构　　　　　　　图 6-39　添加 xf_ smarttraffic_ sdk

9）获取 ETC 扣费信息的功能

本实训需要获取 ETC 的扣费信息，包括卡号、进入时间、驶出时间、扣费和卡余额，这里分两块显示扣费信息，一个是 ETC 入口信息（显示卡号和进入时间），另一个是 ETC 出口信息（显示卡号、驶出时间、扣费和卡余额）。当有小车通过 ETC 收费站并扣费时，SDK 包会发送 action 为 com. smarttraffic. consume 的广播，注册广播接收者，在接收到此广播的时候，更新界面。另外，也可以定时读取 ETC 扣费信息，从而更新界面。

打开 src 目录下的 MainActivity. java，首先，需要在 onCreate 方法中设置与智能交通沙盘通信参数并开启与智能交通沙盘的通信服务。然后定义显示 ETC 扣费信息的 TextView，定义广播接收者，设置界面布局，获取控件，注册广播接收者，最后，还需要定义一个继承 BroadcastReceiver 的广播接收者 ETCConsumeReceiver，实现 onReceive 方法。

1）开启服务代码如下所示：

```
//设置智能沙盘 IP 地址与通信端口
SdkInterface. setSandTableSocketParam("192. 168. 15. 10",
10025);
//开启与智能沙盘的通信服务
SdkInterface. startSDKService(getApplicationContext(),
TrafficConfig. BUSINESS_SANDTABLE);
```

2）定义控件和广播接收者代码如下所示：

```
/ * *
 * 定义显示 ETC 扣费信息的 TextView
 */
privateTextView cardsn_entrance_tv, intime_tv,
cardsn_exit_tv, outtime_tv, fee_tv, balance_tv;
/ * *
 * 广播接收者—接收 ETC 扣费信息
 */
private ETCConsumeReceiver etcConsumeReceiver;
```

3）设置布局文件、获得控件代码如下所示：

```
//设置界面布局文件
setContentView( R. layout. activity_main);
//获得控件
cardsn_entrance_tv = (TextView)findViewById( R. id. cardsn_entrance);
intime_tv = (TextView)findViewById( R. id. intime);
cardsn_exit_tv = (TextView)findViewById( R. id. cardsn_exit);
outtime_tv = (TextView)findViewById( R. id. outtime);
fee_tv = (TextView)findViewById( R. id. fee);
balance_tv = (TextView)findViewById( R. id. balance);
```

4）实现广播接收者代码如下所示：

```
//创建广播接收者对象
class ETCConsumeReceiver extends BroadcastReceiver{
@ Overridepublic void onReceive( Context context, Intent intent) {
```

5）获取 ETC 扣费信息代码如下所示：

```
//获取 ETC 扣费信息
ConsumeInfoBean consumeInfoBean =
TrafficConfig. getConsumeInfoBean();
if( consumeInfoBean ！ = null) {
//显示卡号
cardsn_entrance_tv.
setText( consumeInfoBean. getCardsn());
cardsn_exit_tv. setText( consumeInfoBean. getCardsn());
//显示进入/驶离时间
intime_tv. setText( consumeInfoBean. getTradeTime());
outtime_tv. setText( consumeInfoBean. getTradeTime());
//显示扣费信息和卡余额
fee_tv. setText( consumeInfoBean. getTradeMoney() + "");
balance_tv. setText( consumeInfoBean. getBalance() + "");
}
}
}
```

6）注册广播接收者，接收 ETC 扣费信息的广播，代码如下所示：

```
//创建广播接收者对象
etcConsumeReceiver = new ETCConsumeReceiver( );
//注册接收 ETC 扣费信息的广播
registerReceiver(etcConsumeReceiver,
new IntentFilter(TrafficConfig. ACTION_CONSUME_INFO));
```

5. 实训结果及数据

1）熟悉 Android 应用开发；熟悉 JDK ；ADT（Android Development Tools）结构和每部分的功能。

2）熟练应用 Android SDK；Java Socket 进行简单的程序设计。

3）尝试美化程序界面。

4）尝试定时获取 ETC 扣费信息并更新界面。

6. 考核标准

考核标准见表6-5。

表6-5　考核标准

序号	考核内容	配分	评分标准	考核记录	扣分	得分
1	正确配置 Android 应用开发环境	25	软件系统能正常工作			
2	熟练应用 Android SDK；Java Socket 编程	25	能实现通信握手并开始进行基本测试控制			
3	正确验证 ETC 扣费信息	25	能正确完成扣费信息读写操作			
4	接线规范性及安全性	25	接线符合国家标准及安全要求			
5	分数总计	100				

6.5.3　基于 Qt 开发环境的高速公路 ETC 收费系统软件设计

1. 实训目的及要求

1）掌握 UHF 900MHz　RFID 模块串口通信协议。

2）了解 UHF 900MHz　RFID 模块的读卡特性。

3）了解 Qt 中 sqlite 的使用。

4）了解 900MHz RFID 的应用范围及领域。

2. 实训器材

1）硬件：UP－RFID－S 型实验箱、PC。

2）软件：Qt Creator，Qt 开发环境。

3. 相关知识点

（1）900MHz 串口通信协议

通信协议的目的是当上位机与下位机模块进行通信时，使下位机模块能够有效识别出上位机传输的命令，使上位机能够正确读取出下位机模块的参数和状态。上位机向下位机模块发送指令时，必须使用请求帧协议的格式，将指令和数据通过串口发送到下位机模块上。下位机模块也只能识别请求帧协议格式的数据，其他数据无法正确解析。当下位机模块向上位机返回数据时，发送的是响应帧格式的数据，上位机只要按照响应帧的格式就可以将数据解析出来。具体串口协议请参照串口协议部分的900MHz串口通信协议文档。

（2）链接库

链接库分为动态链接库和静态链接库，动态链接库的文件扩展名是".dll"，静态链接库的文件扩展名是".a"。

动态链接库和静态链接库的功能都是为了共享代码。使用静态链接库会将代码指令编译到".exe"文件中，而使用动态链接库则是独立引用。在静态链接库中不可以再包含其他动态或者静态链接库，而在动态链接库中可以继续包含其他动态链接库和静态链接库。静态链接库相对来说简单容易一些，动态链接库比较复杂。但是动态链接库更灵活，功能较强。

（3）QT串口通信类QSerialPort

QSerialPort是Qt自带的串口通信类，其功能非常强大。使用QSerialPort不仅可以省去自己编写连接和控制串口的代码，同时也加强了串口读写的安全性。注意：在使用QSerialPort类时，需要在".pro"文件中添加Qt+=serialport。

QSerialPort类常用成员方法：

1）void setPortName（const QString &name）；

参数：name为串口名称。setPortName（）函数的功能是设置连接的串口名称。

2）bool setBaudRate（qint32 baudRate，Directions directions = AllDirections）；

参数：①baudRate为波特率。②directions为方向，默认为双向。返回值：成功返回true，失败返回false。setBaudRate（）函数的功能是设置串口的波特率。

3）bool setDataBits（DataBits dataBits）；

参数：dataBits为数据位。返回值：成功返回true，失败返回false。setDataBits（）函数的功能是设置串口的数据位。

4）bool setParity（Parity parity）；

参数：parity为奇偶校验。返回值：成功返回true，失败返回false。setParity（）函数的功能是设置串口的奇偶校验。

5）bool setStopBits（StopBits stopBits）；

参数：stopBits为停止位。返回值：成功返回true，失败返回false。setStopBits（）函数的功能是设置串口的停止位。

6）bool setFlowControl（FlowControl flowControl）；

参数：flowControl为流控制。返回值：成功返回true，失败返回false。setFlowControl（）函数的功能是设置串口的流控制。

（4）常用SQL命令

常用的SQL命令包括创建表、插入数据、删除数据、修改数据和查询数据等。这几个是最基本的SQL命令，使用这几个命令就能够灵活地操作数据库中数据。

● 创建表：create table 表名（列名 类型［not null］［primary key］，列名 类型［not null］，..）；

可选项：［not null］［primary key］。

● 插入数据：inser into 表名［列名，列名，...］values（值，值....）；

可选项：当插入数据个数与列数相等时，列名可以省略。

4. 实验步骤

根据 RFID 的基本原理，使用 Qt 模拟设计一个高速收费站，实现收费站的收费和管理功能。主要是对 900M 的协议格式、链接库的使用、Qt 的界面设计、槽函数、多线程等进行详细的了解。

（1）新建工程

新建一个 Qt Application 工程，项目名称为 900M，基类选择 QWidget，取消创建界面复选框，具体创建方法请阅读 4.5.7 节。

（2）设计数据库

数据库需要根据软件的需求，进行详细的分析，设计出一个完整、安全的数据库系统。根据高速收费站的需求，在数据库中总共需要两张表格，一个是用户信息表（见表 6-6），一个是用于存储记录的记录表（见表 6-7）。

表 6-6　用户信息表结构（user）

字段（中文）	字段（英文）	属性	主键	外键	说明
卡号	cardID	vchar	√		卡的编号
车牌号	plate_ number	vchar	√		车牌号
车类型	type	vchar			类型分为 5 种： 一类车：0.5 元/km 二类车：1 元/km 三类车：1.5 元/km 四类车：1.8 元/km 五类车：2 元/km
余额	balance	float			卡中余额

表 6-7　记录表结构（record）

字段（中文）	字段（英文）	属性	主键	外键	说明
卡号	cardID	vchar		√	卡的编号（user 表中的 cardID）
车牌号	plate_ number	vchar		√	车牌号（user 表中的 plate_ number）
进入时间	inTime	vchar			车辆驶入收费站的时间
出去时间	outTime	vchar			车辆驶出收费站的时间
消费	consumption	int			
余额	balance	int			卡中余额

根据数据表结构，设计出创建和操作数据库的类。首先新建类文件，文件类型为 C++ Class。由于此程序中使用的是 Sqlite 数据库，所以类名为 sqlite。创建时不需要继承其他类。

在编写代码前需要在".pro"文件中添加 QT + = sql 才能支持 SQL 类的使用。

在主要程序运行前，首先需要创建和连接好数据库，否则在程序运行阶段无法对数据库中的数据进行任何操作。使用 QSqlDatabase 类中的 addDatabase（）方法添加一个 SQLITE 类型的数据库连接，使用 setDatabaseName（）方法设置数据库的名字，使用 open（）方法打开数据库。

当数据库初次建立时，需要创建出在程序中需要操作的表，使用 QSqlQuery 类中的 exec（）方法可以执行 SQL 命令，使用 SQL 命令可以对数据库进行操作。

```
/* 连接数据库 */
bool Sqlite::connect()
{
    db = QSqlDatabase::addDatabase("QSQLITE");
    db.setDatabaseName(DATABASE);
    if(!db.open()) return false;
    QSqlQuery query;

    /* 创建 user 表 cardID 和 plate_number 作为联合主键 */
    //卡号、车牌号、车类型、余额
    query.exec("create table user (cardID vchar, plate_number vchar, type vchar, balance float, primary key
(cardID,plate_number))");

    /* 创建 record 表 cardID 和 plate_number 作为外键 */
    //卡号、车牌号、进入时间、出去时间、计费、余额
    query.exec("create table record (cardID vchar, plate_number vchar, inTime vchar, outTime vchar, con-
sumption int, balance int, FOREIGN KEY (cardID) REFERENCES user(cardID), FOREIGN KEY (plate_
number) REFERENCES user(plate_number))");
    return true;
}
```

数据表创建后，需要根据程序中可能使用的数据库操作，编写相关的方法。数据库的基本操作包括：增加、删除、修改和查询。

```
* 添加 user 数据 */
bool Sqlite::add_user(char *cardID, char *plate_number, char *type, float balance)
{
    char command[256];
    sprintf(command, "insert into user values('%s', '%s', '%s', %f);", cardID, plate_number, type,
balance);
    QSqlQuery query;
    return query.exec(command);
}
/* 添加 record 数据 */
bool Sqlite::add_record(char *cardID, char *plate_number, char *inTime, char *outTime, float
consumption, float balance)
{
    ……
}

/* 更改 user 中的数据 */
bool Sqlite::update_user(char *cardID, char *plate_number, float balance)
{
    ……
}
//更改 record 中的数据
bool Sqlite::update_record(char *cardID, char *plate_number, char *inTime, char *outTime, float
consumption, float balance)
```

```
    {
    ......
    }
    //查找(表名称,条件)
    QSqlQuery Sqlite::select(const char * table,char * where)
    {
        char command[256];
        sprintf(command,"select * from %s",table);
    if(where! = NULL)
        {
            char tmp[256];
            strcpy(tmp,command);
            sprintf(command,"%s where %s",tmp,where);
        }
        QSqlQuery query;
        query.exec(command);
        return query;
    }
    //删除(表名称,条件)
    bool Sqlite::del(const char * table,char * where)
    {
        char command[256];
        sprintf(command,"delete from %s",table);
        if(where! = NULL)
        {
            char tmp[256];
            strcpy(tmp,command);
            sprintf(command,"%s where %s",tmp,where);
        }
        QSqlQuery query;
        return query.exec(command);
    }
}
```

（3）界面设计

界面设计是根据软件需要完成的功能，设计出软件的界面布局，在 Qt 中经常使用
QVBoxLayout、QHBoxLayout 和 QGridLayout 来设计布局。QVBoxLayout 创建的是垂直布局，QVBoxLayout 中的部件都是垂直排列的。QHBoxLayout 创建的是水平布局，QHBoxLayout 中的部件都是水平排列的。QGridLayout 创建的是网格布局，QGridLayout 中的部件可以按照网格进行布局。以上这些布局类都可以使用 addWidget（）成员方法在布局中添加控件，还可以使用 addLayout（）方法在布局中添加布局。界面设计如图 6-40 所示。

除了布局控件以外，常用的控件还有按钮、标签、文本框等。QPushButton 是按钮类，QLabel 是标

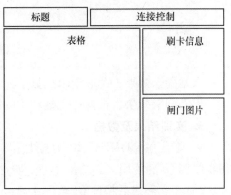

图 6-40　界面设计

签类，QLineEdit 是文本框类。

（4）软件实现效果

卡号在注册之前刷卡，则提示卡号未注册，如图 6-41 所示。

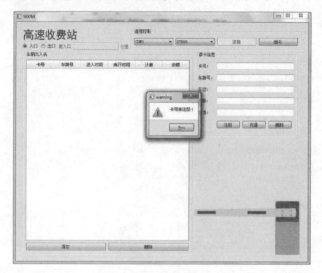

图 6-41　未注册提示

卡号注册界面效果，注册成功后便可以刷卡，如图 6-42 所示。

图 6-42　注册界面

入站刷卡效果，读取卡信息显示在右侧，刷卡记录显示在表格中，如图 6-43 所示。

出站刷卡效果，根据里程数和车的类型自动扣除卡上金额，如图 6-44 所示。

5. 实训结果及数据

1）在了解 900MHz　RFID 模块串口通信协议和读卡特性的基础上做的一个简单应用，初步掌握 Qt 的使用，学会使用 Qt 进行简单的界面设计。

2）在学习之后将此 Qt 软件完善：界面设计更友好，如窗体形式、背景颜色、字体等；功能更强大。

图 6-43 进站效果

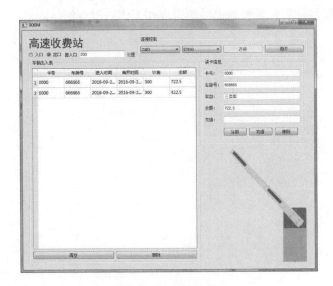

图 6-44 出站效果

6. 考核标准

考核标准见表 6-8。

表 6-8 考核标准

序号	考核内容	配分	评分标准	考核记录	扣分	得分
1	正确实现实验箱电源接线，正确安装 900MHz RFID 模块	25	系统能正常工作			
2	能熟练掌握 Qt 的使用	25	能安装并使用程序			
3	完成高速公路 ETC 收费软件界面设计	25	能完整实现 ETC 收费系统功能			
4	接线规范性及安全性	25	接线符合国家标准及安全要求			
5	分数总计	100				

6.6　习题

1. 智能交通管理系统经历了哪些技术发展？

2. 目前有哪些 RFID 设备和 RFID 系统用于智能交通管理？每种设备和系统的技术和应用特点是什么？

3. 智能交通管理系统主要包含哪些子系统？各个子系统中的关键设备有哪些？

4. 智能交通管理主体框架中分为几层？每一层分别起的作用是什么？

5. 智能交通 RFID 管理系统应用层有哪些主要硬件设备？设备的技术参数是什么？

6. 试举例说明在车辆信息采集、信号灯控制、交通信息发布和便民信息查询等方面智能交通管理系统是如何工作的？

7. 二维码的工作原理是什么？说明如何通过手机扫描二维码获取交通信息。

8. 信号灯主要采用哪些种类的灯光源？说明 LED 光源的工作和控制原理。

9. 常用液晶显示屏的控制芯片有哪些？共同的控制参数有哪些？

10. 触摸屏有哪些种类？各种触摸屏的构成和工作原理有何异同？

第7章　RFID嵌入式系统开发

嵌入式系统（Embedded System）是一种"完全嵌入受控器件内部，为特定应用而设计的专用计算机系统"。与个人计算机这样的通用计算机系统不同，嵌入式系统通常执行的是带有特定要求的预先定义的任务。嵌入式系统只针对一项特殊的任务，设计人员能够对它进行优化，减小尺寸用以降低成本。

伴随着20世纪90年代末计算机网络的成熟发展，21世纪，人类进入了所谓的后PC时代。后PC时代是指将计算机、通信和消费产品的技术结合起来，以3C产品的形式通过Internet进入家庭。在这一阶段，人们开始考虑如何将客户终端设备变得更加智能化、数字化，从而使得改进后的客户终端设备轻巧便利、易于控制或具有某些特定的功能。为了实现人们在后PC时代对客户终端设备提出的新要求，嵌入式技术（Embedded Technology）提供了一种灵活、高效和高性价比的解决方案。

7.1　嵌入式系统简介

7.1.1　嵌入式系统的特点

嵌入式系统已经广泛地渗透到科学研究、工程设计、工业控制、文化娱乐、军事技术和电子商务等人们生活的方方面面。例如：智能仪器仪表、导弹、汽车控制系统、机器人、自动取款机（Automatic Teller Machine，ATM）、家用电器和智能手机等内部都有嵌入式系统。嵌入式系统是非通用系统，是根据嵌入对象的特点而定制的硬软件环境。例如用于手机的嵌入式系统，就不能直接应用到数字电视中，用于导弹制导的嵌入式系统就不能直接应用于汽车的控制系统等。

对于嵌入式系统的特点可概括如下。

1）专用性强。嵌入式系统的个性化很强，其中的软件系统与硬件的结合非常紧密，一般要针对硬件进行系统的移植，即使在同一品牌、同一系列的产品中，也需要根据系统硬件的变化和增减不断进行修改。同时针对不同的任务，往往需要对系统进行较大更改，程序的编译下载要与系统相结合。

2）系统内核小。由于嵌入式系统一般是应用于小型电子装置的，系统资源相对有限，所以内核较之传统的操作系统要小得多。嵌入式系统的硬件和软件都必须进行高效地设计，"量体裁衣"，去除冗余，力争在同样的硅片面积上实现更高的性能，这样才能在具体应用中对处理器的选择更具有竞争力。

3）系统精简。嵌入式系统一般没有系统软件和应用软件的明显区分，不要求其功能设计及实现上过于复杂，这样一方面利于控制系统成本，同时也利于实现系统安全。为了提高执行速度和系统可靠性，嵌入式系统中的软件一般都被固化在存储器芯片中或单片机本身，而不是存储于磁盘中。

4）高实时性的系统软件（OS）是嵌入式软件的基本要求，而且软件要求固态存储，以提高速度；软件代码要求高质量和高可靠性。

5）嵌入式软件开发要想走向标准化，就必须使用多任务的操作系统。嵌入式系统的应用程序可以没有操作系统而直接在芯片上运行；但是为了合理地调度多任务、利用系统资源、系统函数以及与专家库函数接口，用户必须自行选配实时操作系统（Real Time Operating System，RTOS）的开发平台，这样才能保证程序执行的实时性、可靠性，并减少开发时间，保障软件质量。

6）嵌入式系统本身不具备二次开发能力，即设计完成后用户通常不能在该平台上直接对程序功能进行修改，必须有一套开发工具和环境才能进行再次开发。

7.1.2 嵌入式系统的组成

一个嵌入式系统装置一般都由嵌入式计算机系统和执行装置组成，嵌入式系统组成框图如图 7-1 所示。嵌入式计算机系统是整个嵌入式系统的核心，由硬件层、中间层、系统软件层和应用软件层组成。执行装置也称为被控对象，它可以接受嵌入式计算机系统发出的控制命令，执行所规定的操作或任务。

1. 硬件层

硬件层中包含嵌入式微处理器、存储器（SDRAM、ROM、Flash 等）、通用设备接口和 I/O 接口（A-D、D-A、I/O 等）。在一片嵌入式处理器基础上添加电源电路、时钟电路和存储器电路，就构成了一个嵌入式核心控制模块。其中操作系统和应用程序都可以被固化在 ROM 中。

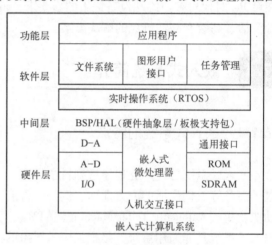

图 7-1 嵌入式系统组成框图

（1）嵌入式微处理器

嵌入式系统硬件层的核心是嵌入式微处理器，嵌入式微处理器与通用 CPU 最大的不同在于嵌入式微处理器大多工作在为特定用户群所专用设计的系统中，它将通用 CPU 许多由板卡完成的任务集成在芯片内部，从而有利于嵌入式系统在设计时趋于小型化，同时还具有很高的效率和可靠性。

嵌入式微处理器有各种不同的体系，即使在同一体系中也可能具有不同的时钟频率和数据总线宽度，或集成不同的外设和接口。据不完全统计，目前全世界嵌入式微处理器已经超过 1000 多种，体系结构有 30 多个系列，其中主流的体系有 ARM、MIPS、PowerPC、X86 和 SH 等。

（2）存储器

嵌入式系统需要存储器来存放和执行代码。嵌入式系统的存储器包含 Cache、主存和辅助存储器。

Cache 是一种容量小、速度快的存储器阵列，它位于主存和嵌入式微处理器内核之间，存放的是最近一段时间微处理器使用最多的程序代码和数据。在需要进行数据读取操作时，微处理器尽可能地从 Cache 中读取数据，而不是从主存中读取，这样就大大改善了系统的性能，提高了微处理器和主存之间的数据传输速率。

主存是嵌入式微处理器能直接访问的寄存器，用来存放系统和用户的程序及数据。它可以位于微处理器的内部或外部，其容量为 256KB ~ 1GB，根据具体的应用而定，一般片内存储器容量小，速度快，片外存储器容量大。

辅助存储器用来存放大数据量的程序代码或信息，它的容量大、但读取速度与主存相比就慢很多，用来长期保存用户的信息。嵌入式系统中常用的外存有硬盘、NAND Flash、CF 卡、MMC 和 SD 卡等。

（3）通用设备接口和 I/O 接口

嵌入式系统和外界交互需要一定形式的通用设备接口，如 A‐D、D‐A 和 I/O 等，外设通过与片外其他设备或传感器的连接来实现微处理器的输入/输出功能。每个外设通常都只有单一的功能，它可以在芯片外，也可以内置芯片中。外设的种类很多，可从一个简单的串行通信设备到非常复杂的 802.11 无线设备。

目前嵌入式系统中常用的通用设备接口有模‐数转换接口（A‐D）、数‐模转换接口（D‐A），I/O 接口有串行通信接口（RS‐232 接口）、以太网接口（Ethernet）、通用串行总线接口（USB）、音频接口、VGA 视频输出接口、现场总线（I^2C）、串行外围设备接口（SPI）和红外线接口（IrDA）等。

2. 中间层

硬件层与软件层之间为中间层，也称为硬件抽象层（Hardware Abstract Layer，HAL）或板级支持包（Board Support Package，BSP）。它将系统上层软件与底层硬件分离开来，使系统的底层驱动程序与硬件无关，上层软件开发人员无须关心底层硬件的具体情况，根据 BSP 层提供的接口即可进行开发。该层一般包含相关底层硬件的初始化、数据的输入/输出操作和硬件设备的配置功能。BSP 具有以下两个特点。

1）硬件相关性。嵌入式实时系统的硬件环境具有应用相关性，而作为上层软件与硬件平台之间的接口，BSP 需要为操作系统提供操作和控制具体硬件的方法。

2）操作系统相关性。不同的操作系统具有各自的软件层次结构，因此，不同的操作系统具有特定的硬件接口形式。

实际上，BSP 是一个介于操作系统和底层硬件之间的软件层次，包括了系统中大部分与硬件联系紧密的软件模块。设计一个完整的 BSP 需要完成 3 部分工作，即嵌入式系统的硬件初始化、实现 BSP 功能以及设计硬件相关的设备驱动。

3. 系统软件层

系统软件层由实时多任务操作系统（Real-time Operation System，RTOS）、文件系统、图形用户接口（Graphic User Interface，GUI）、网络系统及通用组件模块组成。

在大型嵌入式应用系统中，为了使嵌入式开发更方便、快捷，需要具备一种稳定、安全的软件模块集合，用以管理存储器分配、中断处理、任务间通信和定时器响应以及提供多任务处理等，即嵌入式操作系统。嵌入式操作系统（Embedded Operation System，EOS）是一种用途广泛的系统软件，过去它主要应用于工业控制和国防系统领域。EOS 负责嵌入系统的全部软、硬件资源的分配、任务调度，控制、协调并发活动。随着 Internet 技术的发展、信息家用电器的普及应用及 EOS 的微型化和专业化，EOS 开始从单一的弱功能向高专业化的强功能方向发展。

嵌入式操作系统在系统实时高效性、硬件的相关依赖性、软件固化以及应用的专用性等方面具有较为突出的特点。EOS 是相对于一般操作系统而言的，它除具备了一般操作系统最基本的功能（如任务调度、同步机制、中断处理和文件功能等）以外，还具有以下特点。

1）可装卸性。开放性、可伸缩性的体系结构。

2）强实时性。EOS 实时性一般较强，可用于各种设备控制当中。

3）统一的接口。提供各种设备驱动接口。

4）操作方便、简单、提供友好的图形用户接口和图形界面，追求易学易用。

5）提供强大的网络功能，支持 TCP/IP 协议及其他协议，提供 TCP/UDP/IP/PPP 协议支持及统一的 MAC 访问层接口，为各种移动计算设备预留接口。

6）强稳定性，弱交互性。嵌入式系统一旦开始运行就不需要用户过多的干预，这就要负责系统管理的 EOS 具有较强的稳定性。嵌入式操作系统的用户接口一般不提供操作命令，它通过系统调用命令向用户程序提供服务。

7.2 基于 ARM 处理器的嵌入式 Linux 操作系统

7.2.1 ARM 处理器

ARM（Advanced RISC Machines）公司是 16/32 位 RISC 微处理器知识产权设计供应商。ARM 公司通过将其高性能、低成本、低功耗的 RISC 微处理器、外围和系统芯片设计技术转让给合作伙伴来生产各具特色的芯片。ARM 公司已成为移动通信、手持设备、多媒体数字消费嵌入式解决方案的 RISC 标准。

ARM 处理器有如下 3 大特点。

1）小体积、低功耗、低成本而高性能。

2）16/32 位双指令集。

3）全球众多的合作伙伴。

ARM 处理器分 ARM7、ARM9、ARM9E、ARM10、ARM11 和 Cortex 等系列。基于 ARM 核的产品如下。

1）Intel 公司的 XSCALE 系列。

2）Freescale 公司的龙珠系列 i. MX 处理器。

3）TI 公司的 DSP + ARM 处理器 OMAP 及 C5470/C5741。

4）Cirrus Logic 公司的 ARM 系列：EP7212、EP7312 和 EP9312 等。

5）SamSung 公司的 ARM 系列：S3C44B0、S3C2410 和 S3C24A0 等。

6）Atmel 公司的 AT9I 系列微控制器：AT91M40800、AT91FR40162 和 AT91RM9200 等。

7）Philips 公司的 ARM 微控制器：LPC2104、LPC2210 和 LPC3000 等。

早期的嵌入式系统很多都不用操作系统，它们只是为了实现某些特定功能，使用一个简单的循环控制对外界的控制请求进行处理，不具备现代操作系统的基本特征（如进程管理、存储管理、设备管理和网络通信等）。不可否认，这对一些简单的系统而言是足够的。但是，当系统越来越复杂、利用的范围越来越广泛的时候，缺少操作系统就成了一个最大缺点，因为每设计一项新的功能都可能需要从头开始设计，实际上增加了开发成本和系统的复杂度。

7.2.2 嵌入式 Linux 操作系统

Linux 正在嵌入式开发领域稳步发展。Linux 使用可共享和修改的自由软件（General Public License，GPL），所有对特定开发板、PDA、掌上计算机、可携带设备等使用嵌入式 Linux 感兴趣的人都可以从互联网上免费下载其内核和应用程序，并开始移植和开发。许多 Linux 改良品种迎合了嵌入式市场，它们包括 RTLinux（实时 Linux）、uclinux（用于非 MMU 设备的 Linux）、Montavista Linux（用于 ARM、MIPS、PPC 的 Linux 分发版）、ARM-Linux（ARM 上的 Linux）和其他 Linux 系统。

嵌入式 Linux（Embedded Linux）是指对标准 Linux 经过小型化裁剪处理之后，能够固化在容量只有几千字节或者几兆字节的存储器芯片或者单片机中，是适合于特定嵌入式应用场合的专用 Linux 操作系统。在目前已经开发成功的嵌入式系统中，大约有一半使用的是 Linux，这与它自身的优良特性是分不开的。

嵌入式 Linux 同 Linux 一样，具有低成本、多种硬件平台支持、优异的性能和良好的网络支持等优点。另外，为了更好地适应嵌入式领域的开发，嵌入式 Linux 还在 Linux 基础上做了如下部分改进。

1. 改善内核结构

Linux 内核采用的是整体式结构（Monolithic），整个内核是一个单独的、非常大的程序，这样虽然能够使系统的各个部分直接沟通，提高系统响应速度，但与嵌入式系统存储容量小、资源有限的特点不相符合。因此，在嵌入式系统经常采用的是另一种称为微内核（Microkernel）的体系结构，即内核本身只提供一些最基本的操作系统功能，如任务调度、内存管理、中断处理等，而类似于设备驱动、文件系统和网络协议等附加功能则可以根据实际需要进行取舍。这样就大大减小了内核的体积，便于维护和移植。

2. 提高系统实时性

由于现有的 Linux 是一个通用的操作系统，虽然它也采用了许多技术来加快系统的运行和响应速度，但从本质上来说并不是一个嵌入式实时操作系统，因此，利用 Linux 作为底层操作系统，可在其上进行实时化改造，从而构建出一个具有实时处理能力的嵌入式系统，如 RT-Linux 已经成功地应用于航天飞机的空间数据采集、科学仪器测控和电影特技图像处理等各种领域。

嵌入式 Linux 同 Linux 一样，也有众多的版本，其中不同的版本分别针对不同的需要在内核等方面加入了特定的机制。

7.3 嵌入式系统的开发流程

嵌入式系统的设计可以分成 3 个阶段，即分析、设计和实现，嵌入式系统的开发流程如图 7-2 所示。

1. 需求分析

需求分析阶段主要通过充分的市场调研和与用户的交流，制定出要开发的系统的性能指标、操作方式、外观等需求参数。根据需求参数进行可行性论证，得出项目是否可行的结论。此阶段要形成需求描述、性能指标参数和可行性分析等文档。

2. 系统定义与结构设计

系统定义与结构设计阶段是根据需求分析寻找能构成系统的合适组件，形成多套方案；然后估计每套方案的成本与效益，在充分权衡利弊的基础上，选择恰当的方案实施。此阶段要形成系统设计说明、总体结构设计方案等文档。

3. 硬件子系统设计

硬件子系统设计阶段主要完成电路原理图设计和印制电路板（Printed Circuit

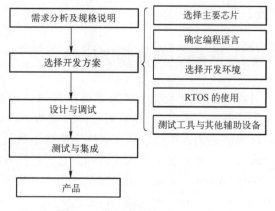

图 7-2　嵌入式系统的开发流程

Board，PCB）布线。硬件设计应综合考虑多种因素，如选择合适的印制电路板、合理布局各个元器件的位置、避免元器件之间的相互干扰、方便与其他设备的连接以及合理的产品外观、尺寸和供电方式等。此阶段需要形成电路设计原理图、PCB 布线图和硬件子系统详细设计文档。

4. 软件子系统设计

软件子系统设计通常包括嵌入式操作系统定制、设备驱动程序开发和应用程序开发 3 项内容。

嵌入式操作系统定制是根据实际需要对选定的标准嵌入式操作系统的模块进行定制，删除冗余的不需要模块，添加所需要的模块（通常为设备驱动程序），使操作系统所提供的功能刚好满足整个系统的需要。

嵌入式系统通常是一个资源受限的系统，处理能力有限，直接在其硬件平台上开发软件比较困难。常用的方法是在处理能力较强的通用计算机上编写程序，然后通过交叉编译手段生成能在嵌入式系统中直接运行的可执行程序，最后将生成的可执行程序下载到嵌入式系统中运行。对于嵌入式程序的调试运行，既可以通过安装在通用计算机上的嵌入式开发模拟环境中进行，也可以通过与选定的硬件子系统相同或相似的嵌入式开发板或实训箱上进行。完成交叉编译的通用计算机称为宿主机或上位机，运行可执行程序的嵌入式开发板或实训箱称为目标机或下位机。

由于软件子系统的开发不是直接在硬件子系统上进行的，因此，软件子系统与硬件子系统的开发可以同时进行。此阶段需要形成嵌入式操作系统定制文档、设备驱动程序开发文档和应用程序开发文档。

5. 系统集成与测试

在硬件子系统与软件子系统设计完成后，需要将软件子系统下载到硬件子系统的 Flash 中，然后进行整体的系统测试。在测试中，需要使用不同的方法来测试系统的运行结果是否与预期的相同。此阶段需要形成整个系统的集成与测试文档。

6. 项目评估与总结

项目评估与总结阶段主要对整个系统开发过程中的成功经验和失败教训进行总结，为下一次的开发奠定基础。

7.4　嵌入式系统在 RFID 中的应用

　　随着医疗电子、智能家居、物流管理和电力控制等方面科技手段的不断进步，嵌入式系统利用自身积累的底蕴经验，重视和把握这个机会，想办法在已经成熟的平台和产品基础上与应用传感单元的结合，扩展物联和感知的支持能力，发掘某种领域物联网应用。作为物联网重要技术组成的嵌入式系统，其视角有助于深刻、全面地理解物联网的本质。

　　嵌入式系统在物联网中的应用包含两层意思：第一，物联网的核心仍然是互联网，是在互联网基础上延伸和扩展的网络；第二，其用户端延伸和扩展到了任何物品与物品之间，进行信息交换和通信，必须具备嵌入式系统构建的智能终端。因此，物联网系统是通过射频识别（RFID）、红外感应器、全球定位系统和激光扫描器等信息传感设备，按约定的协议，把任何物品与互联网相连接，进行信息交换和通信的系统架构。

　　物联网不仅仅提供了传感器的连接，其本身也具有智能处理的能力，能够对物体实施智能控制，这就是嵌入式系统所能做到的。诚然，物联网将传感器与智能处理相结合，利用云计算、模式识别等各种智能技术，扩充其应用领域，从传感器获得的海量信息中分析、加工和处理出有意义的数据，以适应不同用户的不同需求，发现新的应用领域和应用模式。

7.5　实训　RFID 嵌入式系统 Linux 开发应用

7.5.1　基于 ARM 9 实训箱的 LED 灯控制

1. 实训目的及要求

1）学习使用 ARM 9 实训箱。

2）了解 Linux 和嵌入式基础知识以及 STM32 通用 I/O 端口的使用。

3）控制 ARM 9 实训箱上的 LED 灯，掌握 STM32 单片机固件的烧写方式。

2. 实训器材

1）PC 两台。

2）UP-CUP S2440 ARM 9 实训箱一台。

3）串口线（USB 转串口 + 母对母交叉线）各一条。

4）RJ45 网线一条。

3. 相关知识点

1）利用串口实现 Windows 主机与 ARM 9 Linux 的通信。

2）利用 NFS 实现 Linux 主机与 ARM 9 Linux 之间的通信。

3）使用自带的 LED 控制程序，控制实训箱上的 LED 灯。

　　注意：实训箱的实训内容均是基于 ARM 9 实训箱进行的相关实训，使用的是博创 UP - CUP S2440 实训箱。这 4 个实训对读者有较高的 Linux 要求，可以根据具体情况选做。本实训默认读者已经有了一定的 Linux 基础。

4. 实训步骤

1）利用串口实现 Windows 主机与 ARM 9 Linux 通信。首先将 USB 转串口线与母对母交叉串口线相连，将 USB 转串口线的 USB 端插入 PC（Windows XP）的 USB 接口中，母对母串口线的另一个母头插入 ARM 9 实训箱的 RS-232 的 0 接口。

打开 PC 上的"超级终端"，为该终端起一个名称。在下一个界面中的"连接时使用"一栏中，选择此时USB 转串口线所用的 COM 口序号，确定后设置串口参数，应用→确定，配置串口参数如图 7-3 所示，串口参数配置为比特率为 115 200，数据位为 8，停止位为 1，无校验。

为 ARM 0 实训箱上电，打开开关，此时在超级终端上显示图 7-4 所示的内容，输入 root，此时已经完成了利用串口与实训箱通信的工作，已经以 root 身份由串口进入了实训箱 Linux 管理平台。

图 7-3　配置串口参数

图 7-4　以 root 身份登录 Linux Console

输入"ifconfig"，得到 ARM 9 Linux 系统的 IP 地址，如图 7-5 所示。可以发现，默认的IP 地址处于 192.168.1.＊＊＊网段，而在此前实训中用的都是 192.168.0.＊＊＊网段，修改 IP 地址也是通过 ifconfig 命令实现的，如图 7-6 所示。

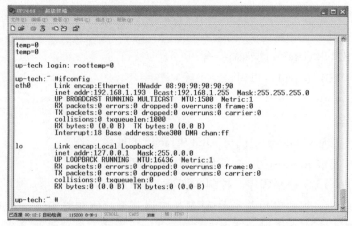

图 7-5　输入"ifconfig"得到 ARM 9 Linux 系统的 IP 地址

请读者将自己的实训箱设置为 192.168.0.（50＋实训箱编号）的 IP 地址，如实训箱 1，就是 ifconfig eth0 192.168.0.51。

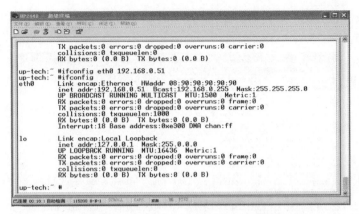

图 7-6　通过 ifconfig 命令修改 IP 地址

2）在 Linux 宿主机上搭建开发环境。打开一台新的 PC 上启动 Linux 操作系统，或在原 PC（步骤 1 所用）上用"虚拟主机 VMware"启动 Linux，作为"宿主机"使用。

Linux 宿主机上的开发环境搭建过程，请读者按照以下步骤完成。

步骤 1：

将 ARM9 实训配套教学资源程序调入，在 Linux 宿主机下，以 root 身份执行以下命令。

```
#mount /dev/cdrom /mnt        （挂载光驱）
#mkdir /temp_dir                （在根目录下创建一个新临时的文件夹）
#cd /mnt                          （进入 mnt 目录）
#cp-rf UP-CUP2440Linux/temp_dir（将光驱中 UP-CUP2440Linux 文件夹的内容复制到临时文件夹中）
#cd /temp_dir                    （进入临时文件夹）
#chmod 777 install. sh        （修改 install. sh 脚本,使其可执行）
#. /install. sh        （运行 install. sh 脚本。该脚本会在本机内安装开发环境）
```

步骤 2：

按照《UP-CUP S2440 实训指导书》描述，运行完 install. sh 脚本后，会自动安装好交叉编译环境，但是编者在测试的时候，发现并不是这样，还需修改/etc/profile 文件，添加图 7-7 所示的内容，重启 Linux，输入命令 arm-linux-gcc-v 后，如果得到图 7-8 所示的结果，就证明交叉编译器完成安装。

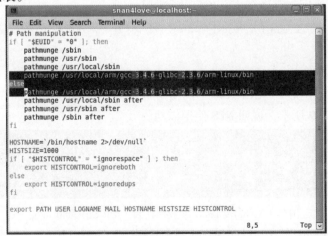

图 7-7　修改/etc/profile 文件

此时根目录下会出现一个新的文件夹/UP-CUP2440，里面有包括之后实训会用到的源代码和镜像等内容。

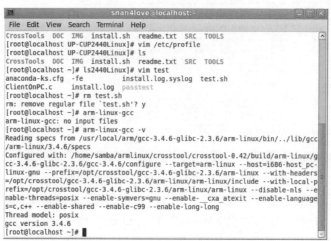

图 7-8　交叉编译器完成安装

3）开启 NFS 功能，使 Linux 主机与 ARM 9 Linux 进行通信。需要将 Linux 主机下的/UP-CUP2440 目录挂载到 ARM 9 上的嵌入式 Linux 系统下，步骤如下。

步骤1：

修改 Linux 主机下的/etc/exports 文件添加，即

　/UP-CUP2440　192. 168. 0. 0/255. 255. 255. 0(rw, async, no_root_squash)

修改 Linux 主机下的/etc/hosts. allow 文件添加，即

　nfsd:192. 168. 0. 0/255. 255. 255. 0

运行命令，即

　#service nfs start　　　　　（开启 NFS 服务器）
　#service iptables stop　　　（关闭防火墙）

步骤2：

在 Windows 主机的超级终端下，运行命令如下。

　mount-t nfs-o nolock, rsize = 4096, wsize = 4096 192. 168. 0. 158:/UP-CUP2440 /mnt/nfs
　cd/mnt/nfs
　ls/mnt/nfs

可以看到 Linux 主机/UP-CUP2440 下的所有内容均已挂载到了 ARM 9 嵌入式 Linux 的/mnt 目录下，如图 7-9 所示，说明 NFS 使用成功。

图 7-9　ARM 9 Linux 下成功挂载了 UP-CUP2440 目录

4）在 ARM 9 Linux 嵌入式操作系统上控制 LED 灯。

步骤1：在 Linux 宿主机上进入 LED 相关实训目录。

```
#cd /UP-CUP2440/SRC/exp/basic/08_led
#make clean
#make                               （重新编译该目录内文件）
```

步骤2：启动 ARM 9 Linux 嵌入式系统。

利用超级终端进入 ARM 9 Linux 系统 mount，挂载 Linux 主机上的/UP-CUP2440 目录。

在 ARM 9 Linux 系统上进入→mnt→nfs→SRC→exp→basic→08_ led 目录，运行命令如下。

```
#insmod driver/s3c2440-led. ko              （加载 LED 驱动）
#. /test_led                                （运行 LED 测试程序）
```

正确运行 LED 测试程序的结果如图 7-10 所示。此时 ARM 9 实训箱内屏幕下方的 LED 等开始变化，表明实训成功。

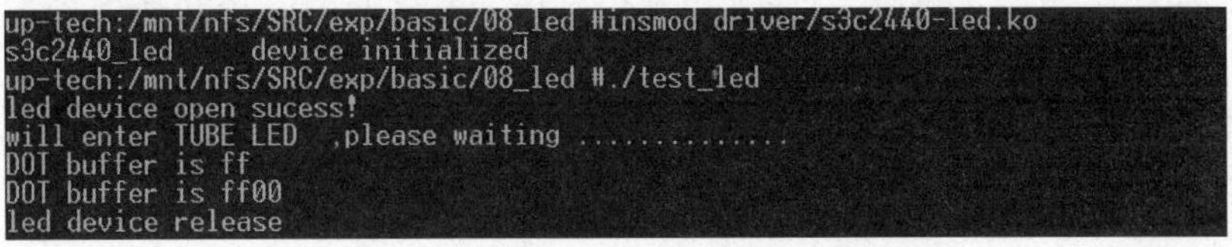

```
up-tech:/mnt/nfs/SRC/exp/basic/08_led #insmod driver/s3c2440-led.ko
s3c2440_led     device initialized
up-tech:/mnt/nfs/SRC/exp/basic/08_led #./test_led
led device open sucess!
will enter TUBE LED  ,please waiting .............
DOT buffer is ff
DOT buffer is ff00
led device release
```

图 7-10　正确运行 LED 测试程序的结果

5. 实训结果及数据

1）成功利用串口实现 Windows 主机与 ARM 9 Linux 之间的通信。

2）成功利用 NFS 实现 Linux 主机与 ARM 9 Linux 之间的通信。

3）运行 LED 测试控制程序，控制实训箱上的 LED 灯。

4）尝试修改 Linux 主机下的 test_ led. c 程序，以实现不同的控制 LED 灯的目的。

6. 考核标准

考核标准见表 7-1。

表 7-1　考核标准

序号	考核内容	配分	评分标准	考核记录	扣分	得分
1	正确实现实训箱与 PC 串口接线	20	系统连接正确能正常工作			
2	正确配置串口并实现通信连接	20	串口配置正确并实现连接			
3	正确开启 NFS 功能，实现 Linux 主机与 ARM 9 Linux 通信	20	Linux 主机与 ARM 9 Linux 成功通信			
4	对程序进行修改，以实现 LED 灯不同的控制	20	能实现最少一种 LED 灯的变换闪烁			
5	接线规范性及安全性	20	接线符合国家标准及安全要求			
6	分数总计	100				

7.5.2　基于 ARM 9 实训箱的嵌入式 Linux 内核移植

1. 实训目的及要求

1）学习 Linux 内核和文件系统的编译和移植。

2）在 Linux 宿主机下配置参数，编译内核。

3）在 Linux 宿主机下制作新的文件系统。

4）在 Windows 主机下，向 ARM 9 开发板烧写内核和文件系统。

2. 实训器材

1）PC 一台。

2）UP-CUP S2440 ARM9 实训箱一台。

3）串口线（USB 转串口＋母对母交叉线）各一条。

4）RJ45 网线一条。

3. 相关知识点

在上一个实训中的 ARM 9 开发板内使用的 Linux 嵌入式系统是出厂时自带的内核系统，它通过 NFS 挂载 Linux 宿主机上的文件系统控制 LED 灯。在本实训中，读者将学会如何重新配置编译内核，将 LED 灯的驱动程序和可执行程序直接加入内核和文件系统中，无须通过 NFS 即可控制 LED 灯。

4. 实训步骤

1）配置编译内核。在 Linux 宿主机上，以 root 身份进入目录，即

/UP-CUP2440/SRC/kernel/linux-2.6.24.4：
#cd /UP-CUP2440/SRC/kernel/linux-2.6.24.4
#make menuconfig　　　　　（进入内核配置界面,如图 7-11 所示）

在配置界面中，进入→Device Driver→Character device，将 S3C2440 LED driver 前选择＜＊＞，如图 7-12 所示，退出配置界面，即

#make　　　　　　　（对配置好的内核进行编译）

完成内核编译后，会在 arch/arm/boot 目录下生成一个 zImage 镜像文件，还需运行以下命令将其做成 uImage 文件，即

#./mkimage － A arm － T kernel － C none － O linux － a 0x30008000 － e 0x30008040 － d arch/arm/zImage － n 'Kernel_LED'

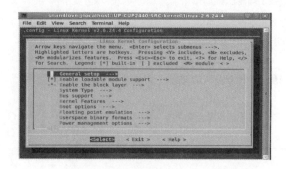

图 7-11　内核配置界面

图 7-12　选定 LED 驱动

此时，会在当前目录下生成一个名为 uImage 的新的内核镜像，将其复制至 Windows 主机中。

2）重新制作 ARM 9 开发板的嵌入式文件系统。在 Linux 宿主机上运行程序，即

#cd /UP-CUP2440/SRC/rootfs/rootfs/rootfs_src/bin(进入文件系统/bin 目录)

#cp /UP-CUP2440/SRC/exp/basic/08_led/test_led ./(将测试 LED 灯的可执行程序复制到文件系统的/bin 目录中)

#cd ../..　　　　　　　(退回到 /UP-CUP2440/SRC/rootfs 目录)

#./mkrootfs.sh　　　　　(执行脚本,生成一个新的 root.cramfs 文件系统)

将新的 root.cramfs 文件系统复制至 Windows 主机中。

3）在 Windows 主机上为 ARM 9 开发板烧写新的内核和文件系统。用 RJ45 网线将 PC 的网口和 ARM9 开发板的网口相连。关闭主机上的无线网卡（请注意此步很重要）。

将 ARM9 实训箱附带的/IMG/tftp32.exe、/IMG/up2440.img 和新制作的 uImage、root.cramfs 文件放入一个新的文件夹内,双击打开新文件夹内的 tftp32.exe 软件,如图 7-13 所示。

打开超级终端,打开 ARM9 开发板开关,在超级终端屏幕上出现 Hit any key to stop autoboot 倒数时,按〈Enter〉键,进入 U-boot 命令行,如图 7-14 所示。

图 7-13　打开新文件夹内的 tftp32.exe 软件　　　　图 7-14　进入 U-boot 命令行

在 U-boot 命令行内依次输入命令如下。

#setenv ipaddr 192.168.0.51(在 U-boot 状态下,ARM 9 开发板的 IP 地址)

#setenv serverip 192.168.0.201(注意:这个 IP 地址是此时 Windows PC 的有线 IP 地址,要根据自己的主机 IP 地址更改此值!)

#saveenv　　　　　　　　　(保存环境变量)

#tftp 0x030008000 up2440.img（上传 U-boot 配置文件,这步只需运行一次即可,以后在烧写内核和文件系统时,无须重复这一步!）,上传 up2440.img 成功后就得到图 7-15 所示的提示信息。

#run update_kernel（烧写新的内核文件,烧写成功后,得到图 7-16 所示的烧写内核成功界面）

#run update_rootfs（烧写新的文件系统,烧写成功后,得到图 7-17 所示的烧写文件系统成功界面）

#boot(以写的内核启动嵌入式 Linux 系统)

在启动界面的开头,查找图 7-18 所示的提示行,可以看到 Image Name 是 Kernel_LED,这个名字就是在第一步 ./mkimage 命令中为这个新的内核镜像取的名称,从中可以得知,内核烧写移植成功。

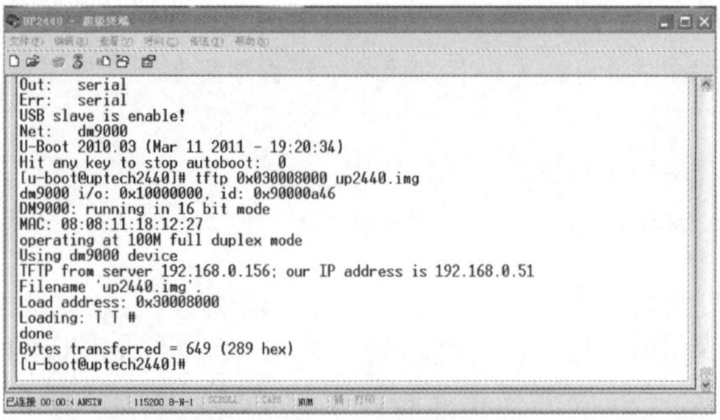

图 7-15　上传 up2440.img 成功

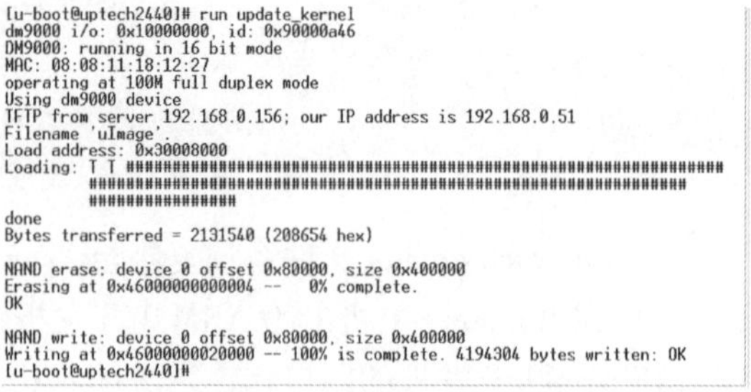

图 7-16　烧写内核成功的界面

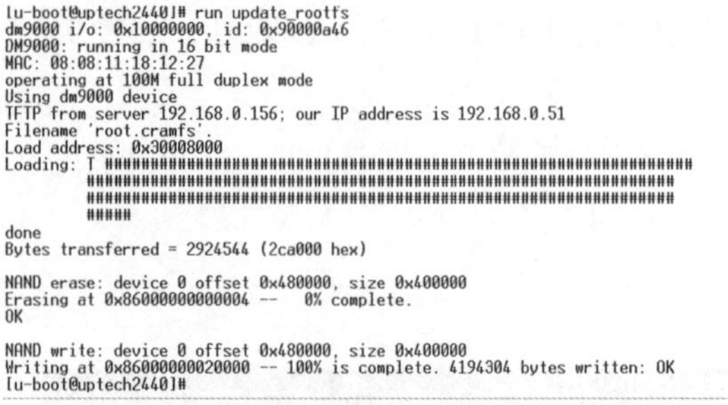

图 7-17　烧写文件系统成功的界面

图 7-18　Image Name

在嵌入式 Linux 系统命令行下，进入/bin 目录，利用 ls 命令可以看到，这里面有 test_led 程序，如图 7-19 所示，运行 test_led，内核和文件系统移植成功。

图 7-19　找到了 test_led 程序

5. 实训结果及数据

1）成功在 Linux 宿主机下配置参数，实现编译内核。

2）成功实现在 Linux 宿主机下制作新的 ARM 9 文件系统。

3）成功实现在 Windows 主机下向 ARM 9 开发板烧写内核和文件系统。

6. 考核标准

考核标准见表 7-2。

表 7-2　考核标准

序号	考核内容	配分	评分标准	考核记录	扣分	得分
1	正确实现实训箱与 PC 串口接线和通信配置	25	系统连接和配置正确，能正常工作			
2	成功在 Linux 宿主机下配置参数，实现编译内核	25	正确生成新的内核镜像			
3	在 Windows 主机上为 ARM 9 开发板烧写新的内核和文件系统	25	内核系统烧制成功			
4	接线规范性及安全性	25	接线符合国家标准及安全要求			
5	分数总计	100				

7.5.3　将 ARM 9 开发板接入无线局域网

1. 实训目的及要求

1）了解 Linux 启动过程的基本知识。

2）学习使用 iwconfig 命令。

3）学习 C 语言网络编程。

4）学习串口编程和使用 Telnet。

5）学习 ARM 9 开发板如何通过串口与 PC 进行通信。

6）学习启动 ARM 9 开发板的无线功能接入无线局域网。

2. 实训器材

（1）硬件

1）PC 两台。

2）UP- CUP S2440 ARM9 实训箱一台。

3）串口线（USB 转串口 + 母对母交叉线）各一条。

4）RJ-45 网线一条。

5）NetCore NW336 USB 无线网卡（PC 用）一部。

（2）软件

1）tftp32. exe。

2）TCP&UPD 测试工具。

3）comMaster. exe。

4）putty. exe。

3. 相关知识点

1）本实训的目的是实现 WiFi 设备服务器的基本功能，也就是串口转 WiFi 功能。所以首先学习利用 ARM9 开发板上的串口与 Windows PC 通信。ARM9 开发板上虽然有 RS－232-0 和 RS－232-1 两个串口，但是同一时间内只有一个可以工作，而在之前的两个实训中，一直是通过串口（超级终端）来登录嵌入式 Linux 系统的，这样，唯一可以工作的串口被占用了。如果要把这个串口解放出来，那么就需要另外一种方法登录嵌入式 Linux，这个方法就是 Telnet。本实训的整体框架图是，ARM9 开发板同时启动有线网卡和无线网卡，其中有线与 Linux PC 相连，实现 NFS 挂载功能，无线与 Windows PC 的无线同时连入同一无线网络，实现 Telnet 登录。此外，ARM9 开发板上的串口继续与 Windows 主机的串口相连，测试串口通信程序。ARM 9 开发板接入 WiFi 拓扑图如图 7-20 所示。

此处需要注意以下两点。

① 基于保持 AP 点无线网络的加密为 NONE。

② 此时 ARM 9 开发板上同时启动了有线和无线功能，为了避免不必要的麻烦，需要将有线和无线的 IP 地址分配至不同的网段，其中 192.168.1. ＊＊＊用于有线网，192.168.0.＊＊＊用于无线网。

2）将 ARM9 开发板接入无线局域网后实现最简单的无线通信。读者可自行网络编程，以实现无线控制盒和无线通信，可以根据实际情况和兴趣扩展编程内容。

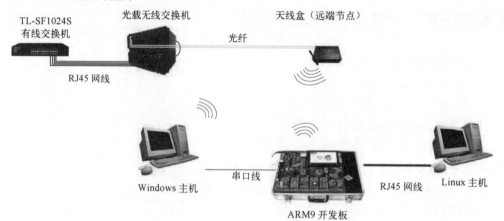

图 7-20　ARM 9 开发板接入 WiFi 拓扑图

4. 实训步骤

1）制作新的文件系统。在新的文件系统中，需要做以下几件事情：第一步，关闭 ARM 9 开发板默认的串口登录功能；第二步，开机启动 Telnetd 功能以及开机启动无线网，并联如指定的无线网络以及分配无线网 IP 地址。

① 进入 Linux 宿主机的嵌入式文件系统目录，即

```
#cd /UP-CUP2440/SRC/rootfs/rootfs/rootfs_src/etc（进入嵌入式文件系统/etc 目录）
#vim inittab                      （修改 inittab 文件）
```

注释掉其中的"：2345：respawn：/sbin/getty - L s3c2410_ serial0 115200 vt100"语句，这样 RS－232-0 串口就不会被控制台占据了，串口会被释放以供他用。

② 开机启动 Telnetd 功能，即

```
#cd rc. d          （进入嵌入式文件系统/etc/rc. d 目录）
#vim rc. sysinit          （修改 rc. sysinit 文件）
```

在文件的最后添加图 7-21 所示的命令行。

注意： IP 地址按实训 7.5.3 中的方式，为不同的 ARM 9 实训板分配不同的无线网 IP 地址。

完成上述两步后，制作新的文件系统并复制至 Windows 主机。

```
# start telnetd
/usr/sbin/telnetd
#enable the wireless connection
/sbin/ifconfig rausb0 up
/sbin/ifconfig rausb0 192.168.0.81
/sbin/iwconfig rausb0 essid "FRO_902_AP1"
```

图 7-21　开机启动 telnet 和连入无线网

除此之外，因为要把 ARM 9 开发板的有线 IP 设置到 192. 168. 1. ＊＊＊网段，所以在 Linux 还要对 NFS 服务器的设置进行些许修改，即

```
#vim /etc/exports
修改为 /UP-CUP2440　192. 168. 1. 0/255. 255. 255. 0（rw,async,no_root_squash）
#vim /etc/hosts. allow
修改为 nfsd:192. 168. 1. 0/255. 255. 255. 0
#service nfs restart                  （重新启动 NFS 服务器）
#ifconfig eth0 192. 168. 1. ＊＊＊（将 Linux 主机的有线网设置为 192. 168. 1. ＊＊＊网段）
```

2）Windows 主机下的工作。

第一步，将 USB 无线网卡插入 ARM 9 开发板的 USB 接口中。

第二步，将新制作的文件系统烧写至 ARM 9 开发板。

注意：在烧写文件系统的时候，需要 ARM 9 开发板与 Windows 主机有线相连，此时请关闭 Windows 主机上的无线网络，在之后通过无线网 Telnet 登录 ARM 9 嵌入式 Linux 系统的时候，需要拔掉网线，也就是在同一时间内，请确保 Windows 主机上的有线网和无线网不要同时工作。

烧写完成后，启动嵌入式 Linux 系统，此时通过超级终端上的显示会发现，系统停在图 7-22 所示界面，而不是会出现之前的登录界面，这是因为取消了该功能。与此同时出现了 usb_ rtusb_ open 字样，这是因为开机默认启动了 ARM 9 上的 USB-WiFi 模块。

将 Windows 主机连入"FRO_ 903_ AP1"无线网络，在命令提示符下测试是否能够 ping 通 ARM 9 开发板的无线网 IP 地址，如图 7-23 所示。

图 7-22 超级终端停止登录功能界面   图 7-23 测试是否能够 ping 通 ARM 9
开发板的无线网 IP 地址

在 Windows 主机上运行 putty. exe，按照图 7-24 进行配置选择后，单击"Open"按钮。

此时便可以通过 Telnet 登录嵌入式 Linux 系统了，如图 7-25 所示，可以发现登录界面和里面的内容与通过"超级终端 + 串口"的登录界面是一模一样的。

图 7-24 使用 putty   图 7-25 通过 Telnet 登录嵌入式 Linux 系统

用 RJ45 网线将 ARM 9 开发板和 Linux 主机相连，运行#ifconfig 命令，如图 7-26 所示，会发现此时 ARM 9 开发板的有线端（eth0）和无线端（rausb0）同时启动了，并分配有不同网段的 IP 地址，其中的有线 IP 地址 192. 168. 1. 193 为系统默认分配的，无须对其进行修改，因为此时要使 mount 的 NFS 服务器也处在 192. 168. 1. ＊＊＊网段。

3）测试串口程序。测试用 C 语言源代码 test_ serial. c 见本实训附录。

在 Linux 主机下，交叉编译源码生成可执行文件，并将可执行文件放至/UP-2440/SRC/exp 目录下。

在 Windows 主机下，利用 USB-串口线和 ARM 9 开发板的 RS‐232-0 口相连，打开 ComMaster. exe 串口大师，在 Telnet 嵌入式 Linux 控制台下 mount Linux 主机的/UP-CUP2440 目录，并运行 test_ serial 程序。此时从 ComMaster 上发送的字符串就可以在控制台上显示出来，分别如图 7-27 和图 7-28 所示，表明实验成功。

图 7-26　ARM 9 开发板下的有、无线配置

图 7-27　从 ComMaster 发送任意字符串

图 7-28　在控制台下收到了字符串

4）实训附录。test_ socket. c 源代码如下。

```
#include <stdio. h>
#include <unistd. h>
#include <sys/types. h>
#include <sys/ socket. h>
#include <arpa/inet. h>
#include <stdlib. h>
#include <string. h>
#define MAX_LINE 1000
int main( int argc, char * argv[ ])
```

```
{
    struct sockaddr_in sin;
//char buf[ MAX_LINE];
    int sfd;
    int port = 20001;                        //绑定了固定的端口号
    int c,i;
    bzero( &sin,sizeof( sin) );
    sin. sin_family = AF_INET;
    inet_pton( AF_INET,"192. 168. 0. 157" ,&sin. sin_addr);
    //绑定了固定的 IP 地址,读者需要根据自己 Windows 主机的无线网 IP 地址修改此值
    sin. sin_port = htons( port) ;
    sfd = socket( AF_INET,SOCK_STREAM,0) ;
    connect( sfd,( struct sockaddr ∗ ) &sin,sizeof( sin) ) ;
    while(1)
    {
        char buf[ MAX_LINE];
        for( i = 0;i < MAX_LINE-1&&( c = getchar( ) )! = EOF&&c! = '\n'; + + i)
            buf[ i] = c;
        if( c = = '\n')
        {
            buf[ i] = c;
            + + i;
            buf[ i] = '\0';
            printf( "% s\n" ,buf) ;
            write( sfd,buf,i + 1) ;
        }
    }
    close( sfd) ;
    return 0;
}
```

5. 实训结果及数据

1）修改嵌入式 Linux 系统启动脚本。

2）使用 Telnet 登录嵌入式 Linux。

3）利用 C 语言编写串口程序。

4）测试 ARM 9 开发板和 PC 之间的串口通信。

5）在 ARM 9 开发板上加载 USB 无线网卡驱动程序。

6）利用 iwconfig 将开发板接入无线局域网。

7）用 C 语言编写简单的网络程序，与 Windows 主机通信。

8）test_ socket 程序现在只能给 Windows 主机发送数据，修改程序，使之可以接受来自 Windows 主机的程序。

9）实训附带的源代码只有从串口读数据的功能，请扩展改代码，使其具备写数据的功能。

6. 考核标准

考核标准见表7-3。

表 7-3　考核标准

序号	考核内容	配分	评分标准	考核记录	扣分	得分
1	修改嵌入式 Linux 系统启动脚本并使用 Telnet 登录嵌入式 Linux	20	成功登录嵌入式 Linux 系统			
2	利用 C 语言编写串口程序，并测试 ARM 9 开发板与 PC 之间的串口通信	20	成功用串口程序实现通信			
3	在 ARM 9 开发板上加载 USB 无线网卡驱动程序，并利用 iwconfig 将开发板接入无线局域网	20	ARM 9 开发板能接入无线局域网			
4	编写程序实现开发板与 Windows 主机的无线和有线数据通信	20	拓展编程实现开发板与 Windows 主机之间的数据收发			
5	接线规范性及安全性	20	接线符合国家标准及安全要求			
6	分数总计	100				

7.6　习题

1. 嵌入式系统具有什么特点？举出 3 个嵌入式系统的实例。

2. 嵌入式系统由哪些部分组成？

3. 嵌入式系统的发展经历了哪些阶段？

4. 简述嵌入式系统的开发流程。

5. ARM 处理器的特点是什么？

6. ARM 处理器系列主要包括几大类？各自的特性是什么？

7. ARM 处理器有哪些处理器模式？各自如何切换？

8. Linux 主机和 ARM 9 Linux 之间的通信实现有哪几种方式？尝试如何具体实现。

9. 尝试在 Windows 主机下向 ARM 9 开发板烧写内核和文件系统。

10. 尝试利用 ARM 9 开发板上的串口与 Windows PC 通信，并实现串口转 WiFi，进行数据传输。

参 考 文 献

［1］Klaus Finkenzeller. 射频识别（RFID）核心技术［M］. 2 版. 陈大才，译. 北京：电子工业出版社，
　　2001.

［2］黄玉兰. 物联网射频识别（RFID）技术与应用［M］. 北京：人民邮电出版社，2016.

［3］米志强. 射频识别（RFID）技术与应用［M］. 北京：电子工业出版社，2011.

［4］毛丰江. 智能卡与 RFID 技术［M］. 北京：高等教育出版社，2012.

［5］闫连山. 物联网（通信）导论［M］. 北京：高等教育出版社，2012.

［6］彭力. 无线射频识别（RFID）技术基础［M］. 北京：北京航空航天大学出版社，2012.

［7］王志良. RFID 读写器制作实训教程［M］. 北京：机械工业出版社，2013.

［8］黄玉兰. 射频识别（RFID）核心技术详解［M］. 3 版. 北京：人民邮电出版社，2016.

［9］林为民，张涛，马媛媛，等. 射频识别（RFID）技术应用及其安全［M］. 北京：电子工业出版
　　社，2013.

［10］高建良，贺建飚. 物联网 RFID 原理与技术［M］. 北京：电子工业出版社，2013.

［11］戴娟. 单片机技术与应用［M］. 北京：高等教育出版社，2013.

［12］王静霞. 单片机应用技术［M］. 北京：电子工业出版社，2015.